彩图 3-1 小尾寒羊母羊  羊

彩图 3-3 白头杜泊母羊　　　彩图 3-4 白头杜泊公羊

彩图 3-5 黑头杜泊母羊　　　彩图 3-6 黑头杜泊公羊

彩图 3-7 东弗里生羊　　　彩图 3-8 东弗里生羊后躯

彩图 3-9　白头萨福克公羊

彩图 3-10　黑头萨福克公羊

彩图 3-11　特克赛尔羊

彩图 3-12　夏洛莱羊

彩图 3-13　波尔山羊公羊

彩图 3-14　波尔山羊母羊

彩图 3-15　南江黄羊（公羊）

彩图 3-16　努比亚山羊

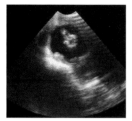
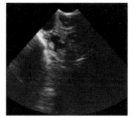
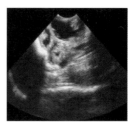

彩图 5-1　妊娠 30 天　　彩图 5-2　妊娠 35 天　　彩图 5-3　妊娠 40 天

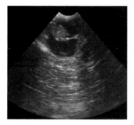
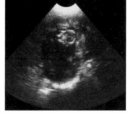
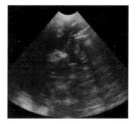

彩图 5-4　妊娠 50 天　　彩图 5-5　妊娠 60 天　　彩图 5-6　妊娠 70 天

彩图 9-1　羔羊痢疾　　　　　　　彩图 9-2　羔羊肺炎病变

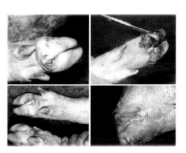

彩图 9-3　羔羊白肌病　　　　彩图 9-4　患口蹄疫病羊蹄甲脱落

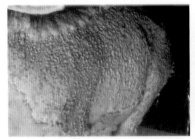

彩图 9-5　羊痘症状

彩图 9-6　布鲁氏菌病引起的流产

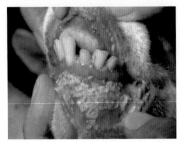

彩图 9-7　小反刍兽疫症状

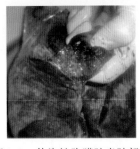

彩图 9-8　传染性胸膜肺炎肺部病变

彩图 9-9　羊局部疥螨感染

彩图 9-10　血液寄生虫引起的
消瘦、淋巴结肿胀

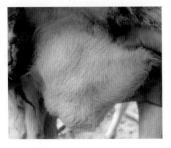

彩图 9-11　乳腺炎引起的乳房硬块

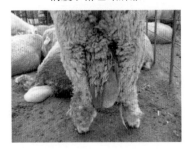

彩图 9-12　公羊睾丸炎

羊场养殖实用新技术

主 编 权 凯 刘永斌

副主编 白继武 郭延军

参 编 赵永静 薛 原 常亚北 张红闪 杜提英

高彦超 汪一平 孙 青 王 桢 燕秋玲

机械工业出版社

本书系统地介绍了羊场养殖的实用技术，主要内容包括概述、羊体质外貌及其鉴定、羊的品种及选育、羊场的规划设计、羊的繁殖技术、羊的营养及饲料加工、羊的饲养管理、羊的保健与疫病监测及羊常见病防治。

　　本书内容丰富，技术含量高，操作性强，可供羊场养殖技术人员、基层养殖技术推广人员使用，也可作为农业院校相关专业师生的参考用书。

图书在版编目（CIP）数据

羊场养殖实用新技术/权凯，刘永斌主编. —北京：机械工业出版社，2017.6

（经典实用技术丛书）

　ISBN 978-7-111-56489-8

Ⅰ.①羊… Ⅱ.①权… ②刘… Ⅲ.①羊－饲养管理 Ⅳ.①S826

中国版本图书馆 CIP 数据核字（2017）第 068404 号

机械工业出版社（北京市百万庄大街 22 号　邮政编码 100037）
策划编辑：周晓伟　郎　峰　责任编辑：周晓伟　孟晓琳
责任校对：王　欣　张　征　封面设计：马精明
责任印制：常天培
保定市中画美凯印刷有限公司印刷
2017 年 7 月第 1 版第 1 次印刷
148mm×210mm・9 印张・2 插页・294 千字
0001—5000 册
标准书号：ISBN 978-7-111-56489-8
定价：35.00 元

前　言

　　养羊业虽然在过去的几年得到了快速的发展，但随着养羊业由传统的放牧模式向高度集约化、现代化的模式转变，需要现代化的人才，实现现代化的饲养和管理；要充分利用现代化设施设备，借鉴猪、鸡、牛等养殖模式，结合羊的生理特点，减少劳动力使用；要充分利用现代化技术体系，加速肉羊养殖模式的转变。现代化企业的经营理念是发展现代标准化肉羊养殖的前提，要以现代化企业的经营理念经营肉羊产业。因此，养羊业要改变传统的养殖模式，就要进行技术创新、思想创新、价值创新和管理创新。

　　为此，作者编写了本书，主要从羊的生产技能操作方法着手，结合养羊业需要的各项技术，系统地介绍了羊场养殖的实用技术，主要内容包括概述、羊体质外貌及其鉴定、羊的品种及选育、羊场的规划设计、羊的繁殖技术、羊的营养及饲料加工、羊的饲养管理、羊的保健与疫病监测及羊常见病防治。

　　本书内容丰富，技术含量高，操作性强，可供羊场养殖技术人员、基层养殖技术推广人员使用，也可作为农业院校相关专业师生的参考用书。

　　需要特别说明的是，本书所用药物及其使用剂量仅供读者参考，不可照搬。在生产实际中，所用药物学名、常用名与实际商品名称有差异，药物浓度也有所不同，建议读者在使用每一种药物之前，参阅厂家提供的产品说明以确认药物用量、用药方法、用药时间及禁忌等。

　　由于编者的水平有限，不当和错漏之处在所难免，诚望批评指正。

编　者

目　录

第五章　羊的繁殖技术

第六章　羊的营养及饲料加工

第七章　羊的饲养管理

第八章　羊的保健与疫病监测

第九章　羊常见病防治

附录

参考文献

—第一章—
概　述

第一节　羊的生物学特点

羊有绵羊和山羊，属于食草反刍家畜，哺乳纲、偶蹄目、牛科、羊亚科。是牛科分布最广、成员最复杂的一个亚科，羊为六畜之一。绵羊和山羊有很多相似的生物学特性，又有较大差别，总的说来，相同点多于相异点。羊的饲养在我国已有5000余年的历史。羊全身是宝，其毛皮可制成多种毛织品和皮革制品。羊是纯食草动物，羊肉肉质细嫩，易消化，高蛋白、低脂肪、含磷脂多、胆固醇含量少，是绿色畜产品的首选。在医疗保健方面，羊更能发挥其独特的作用，羊肉、羊血、羊骨、羊肝、羊奶、羊胆等可用于多种疾病的治疗，具有较高的药用价值。

一　行为特点

绵羊性情温驯，行动较迟缓，缺乏自卫能力，合群性较强，警觉机灵，觅食力强，适应性广，全身覆盖毛绒，属沉静型小型反刍动物。山羊则性格勇敢活泼，动作灵活，合群性不及绵羊，善于攀登陡峭的山岩，有一定抵御兽害的能力。山羊比绵羊分布广，适应性更强，其被毛较稀短，多为发毛，较绵羊耐热、耐湿而不耐寒，属活泼型小型反刍动物。

二　生活习性

（1）采食力强，利用饲料广泛　绵羊和山羊具有薄而灵活的嘴唇和锋利的牙齿，能啃食短草，采食能力强。嘴较窄，喜食细叶小草，如羊茅和灌木嫩枝等。四肢强健有力，蹄质坚硬，能边走边采食。能利用的饲草饲料广泛，包括多种牧草、灌木、农副产品以及禾谷类籽实等。

（2）合群性强　羊的合群性强于其他家畜，绵羊又强于山羊，地方品种强于培育品种，毛用品种强于肉用品种。驱赶时，只要有"头羊"带头，其他羊只就会紧紧跟随，如进出羊圈、放牧、起卧、过河、过桥或通过狭窄处等。羊的合群性有利于放牧管理，但羊群之间距离太近时，往往容易混群。

（3）喜干燥、怕湿热　羊喜干燥，最怕潮湿的环境。放牧地和栖息场所都以高燥为宜。潮湿环境极易感染各种疾病，特别是肺炎、寄生虫病和腐蹄病，也会使羊毛品质降低。山羊对高温、高湿环境适应性明显高于绵羊。

（4）爱清洁　遇到有异味、污染、沾有粪便或腐败的饲料和饮水，宁可忍饥挨饿也不食用，甚至连自己践踏过的饲草也不吃。因此，舍饲的羊要有草架，料槽、水槽要清洁，饮水要勤换，放牧草场要定期更换，实行轮牧。

（5）性情温驯，胆小易惊　绵羊、山羊性情温驯，胆小，自卫能力差。突然的惊吓，容易"炸群"。所以，要加强放牧管理，保持羊群安静。

（6）母性强　羊的嗅觉灵敏，母羊主要凭嗅觉鉴别自己的羔羊，而视觉和听觉起辅助作用。羔羊出生后与母羊接触几分钟，母羊就能通过嗅觉鉴别出自己的羔羊。在大群的情况下，母子也能准确相识。利用这一点可解决孤羔代乳的问题。

（7）抗病力强　羊对疫病的耐受力比较强，在发病初期或遇小病时，往往不像其他家畜表现那么敏感。

（8）善游走　绵羊、山羊均善游走，有很好的放牧性能。但由于品种、年龄及放牧地的不同，也有差别。地方品种比培育品种游走距离大；肉用羊、奶用羊比其他羊游走距离小；年龄小的和年龄大的羊比成年羊游走距离小；在山区游走比平地上的距离小。在游牧地区，从春季草场至夏季草场的距离200多千米，都能顺利进行转移。

三　适应性

（1）喜干厌湿　羊宜在干燥通风的地方采食和卧息，湿热、湿冷的棚圈和低湿草场对羊不利。北方多在舍内勤换垫土，以保持圈舍干燥。羊蹄虽已角质化，但遇潮湿易变软，行走硬地时易磨露蹄底，影响放牧。绵羊蹄叉之间有一趾腺，易被淤泥堵塞而引起发炎，导致跛行。不同品种的绵羊对潮湿气候的适应程度也不一样，细毛羊喜欢温暖干燥、半干燥的气候条件，而肉用羊和肉毛兼用羊喜温暖湿润、全年温差不大的气候。

（2）怕热耐寒　绵羊全身披覆羊毛较长且密，能更好地保温抗寒，但在炎夏时，羊体内的热能不易散发，出现呼吸紧迫，心率加快，并相互低头于其他羊的腹下簇拥在一起，呼呼气喘，俗称"扎窝子"，尤其细毛羊最为严重，这样就必须每隔半小时轰赶驱散一次，以免发生"热射病"。由于绵羊不怕冷，气候适当季节，羊只喜露宿舍外。牧民把这种羊在露天过夜的方式叫"晾羊"。一般山羊比绵羊耐热而较怕冷，原因是山羊体较轻小，毛粗短、皮下脂肪少，散热性好，所以，当绵羊扎窝子时，山羊行动如常。

四　耐饿耐渴

羊抗灾度荒能力很强，在绝食绝水的情况下，可存活 30 天以上。

五　喜净厌污

羊的嗅觉灵敏，食性清洁，绵羊、山羊都喜欢干净的水、草和用具等。污浊的水、霉烂或被其他牲畜及自身践踏过的草，羊是拒食的。因此应设置草架投喂。可把长草切短些，拌料喂给，以免浪费。羊喜饮清洁的流水和井水，一般习惯在熟悉的地方饮水。放牧时间过长，羊饥渴时也会喝污水，这时应加以控制，以免感染寄生虫病，故在放牧前后，应让羊饮足水。

六　繁殖力强

肉用品种羊多四季发情，常年配种、多胎多产，高繁殖力是它兼有的优良特性之一。我国大、小尾寒羊和湖羊以及山羊中的济宁青山羊、成麻羊、陕南白山羊等母羊都是常年发情，一胎多产，最高达 1 胎产 7 ~ 8 只羔羊。小尾寒羊常是父配女、母子交配，虽高度近交，却很少发生严重的近亲弊病。

第二节　规模养羊生产现状

一　世界养羊业现状

世界肉羊产业总体保持平稳增长的趋势，不过近年来有所下滑。无论是从绝对量还是相对指标的变动趋势上看，发展中国家肉羊生产的发展速度

要远快于发达国家，世界肉羊生产的重心已由发达国家转向了发展中国家。

1. 羊肉需求缺口大

世界羊肉产量增长迅速。随着世界经济的发展和人类膳食结构的改变，国际市场对羊肉需求量逐年增加，使得羊肉产量持续增长。截至2014年12月，我国山羊、绵羊存栏量近3亿只。2015年我国肉类总产量8625万吨，比上年下降1.0%。其中羊肉产量441万吨，增长2.9%。

2. 羔羊肉消费加快

世界各国重视肉羊生产，尤其是羔羊肉的消费需求增加更快。顺应日益增长的国际市场需求，英国、法国、美国、新西兰等养羊大国现今养羊业主体已变为肉用羊的生产，历来以产毛为主的澳大利亚、阿根廷等国，其肉羊生产也居重要地位。世界养羊业出现了由毛用转向肉毛兼用甚至肉用的趋势，一些国家将养羊业的重点转移到羊肉生产上，用先进的科学技术建立起自己的羊肉生产体系。

由于羔羊生后最初几个月生长快、饲料报酬高，生产羔羊肉的成本较低，同时羔羊肉具有瘦肉多、脂肪少、味美、鲜嫩、易消化等特点，一些养羊比较发达的国家都开始进行肥羔生产，并已发展到专业化生产程度。

3. 重视科学、环保养殖

重视科学研究，绿色环保型羊肉备受消费者青睐。羊肉是世界公认的高档食品，国际贸易中价格较高，兽药和饲料添加剂使用少、用时短，没有有害物质残留；在草原上自由运动、自然生长的肉羊是真正的纯天然绿色食品，具备产品竞争优势，深受消费者青睐。

4. 肉羊品种良种化

世界肉羊品种良种化，杂交繁育发展迅猛。世界各国重视新的高产优质肉羊培育。新西兰是著名的肉羊业发达的国家之一。牧草终年繁茂，有"草地羊国"之称。美国的养羊业也是以生产羊肉为主，将萨福克羊作为肉羊的终端品种，重点生产羔羊肉。这两个国家羔羊肉的生产都占羊肉生产比例的90%以上，而英国是30多个肉用绵羊品种的育成地，这些绵羊品种对世界各国肉羊业的发展有很大影响。羊肉是英国养羊业的主产品，约占养羊业产值的85%。近年来，英国又培育出了新的肉羊品种，考勃来羊的育成是英国养羊业的一个重大突破。在羔羊生产方面，英国在山区利用山地品种羊纯繁，母羊育成后转到平原地区与早熟公羊品种杂交，其后代公羔用于羔羊生产，母羔转回再用早熟品种做终端品种进行杂交，获得了很高的经济效益。

这些新品种的主要特点是经济早熟，产肉性能好，繁殖力高，全年发情、配种与产羔，遗传性能稳定，适应性强等，主要有夏洛莱羊、剑桥羊、波利特羊、阿尔科特羊、南江黄羊等。杂交繁育已成为获取量多、质优和高效生产羊肉的主要手段，多数国家的绵羊肉生产以三元杂交为主，终端品种多用萨福克羊、无角或有角陶赛特羊、汉普夏羊等；山羊肉生产以二元杂交为主，终端品种多用波尔山羊、简那巴利羊、努比亚山羊等。

这些模式既充分利用了地区资源条件，又利用了杂种优势，对于我国的养羊业，展示了成功的经验，也提供了有益的启示。

5. 规范化的肉羊养殖、交易、屠宰和销售环节

就目前农区养羊的总体情况来看，肉羊业尚处于发展初期。农民自养绵、山羊仍占较大比重。长期以来主要利用淘汰老残羊和去势公羊生产羊肉。其特点是，规模小、饲养管理粗放、经营方式落后、生产水平低，远远不能满足市场的需求。而舍饲羊即将羊群置于圈舍进行人工饲养，是由传统养羊方式向现代化、集约化养羊发展的重要形式。其优点不仅表现在可以充分利用本地的良种繁育、杂种优势、配合饲料、疫病防治等科学技术，还表现在舍饲比放牧可平均减少维持消耗 25%（放牧羊只的行进、爬高等），增加收入 20%～30%。英国是世界养羊生产水平最高的国家之一，近年来，也积极提倡"零牧制度"，推广舍饲养羊。可见，舍饲养羊是养羊业的发展趋势。图 1-1 为羊的拍卖现场。

图 1-1　拍卖现场

二 我国养羊业现状

1. 肉羊生产情况

我国肉羊生产快速发展，生产水平不断提高，肉羊产业在畜牧业中的地位不断上升。整体来看，肉羊生产仍以家庭经营为主，规模化、专业化程度低。饲养规模在 100 只以下，年出栏量占全国的 80% 以上，其中饲养规模在 30 只以下的占全国的比重在 50% 左右。2015 年，全国肉羊养殖户共计 4032.76 万户，其中年出栏 100 只以下的户（场）数达 3022.7 万户，

占总户（场）数的 74.9%，而出栏 100 只以上的户（场）数仅占总数的 25.1%。

总体上来看，肉羊生产以散养为主，规模化程度不断上升，肉羊生产的区域化特征明显，产业集中度不断提高。2010—2015 年我国羊的存栏数和羊肉产量变化情况见表 1-1。

表 1-1　羊的存栏数和羊肉产量变化情况表

指　　标	2010	2011	2012	2013	2014	2015
羊年底只数/万只	28087.9	28084.9	28452.2	28226.8	28235.7	28504.1
山羊/万只	14203.9	15229.2	15050.1	14305.6	14274.2	14136.1
绵羊/万只	13884.0	12855.7	13402.1	13921.2	13961.5	14368.0
肉类产量/万吨	7925.8	7278.7	7649.7	7667.2	7965.1	8387.2
羊肉/万吨	398.9	380.3	389.4	390.5	401.0	441.0

2. 羊肉消费市场

羊肉消费量呈上升趋势，消费方式日渐多样化，羊肉产品消费在城乡之间、地域之间和不同收入水平之间存在明显差异。在肉类消费的国内市场上，羊肉产品价格始终在小幅波动中保持上扬的态势，在国际市场上，我国羊肉及其相关产品进口增加、出口减少，贸易逆差呈扩大之势。

长期以来，我国肉类产品市场消费结构中，猪肉比重较大，羊肉所占比重仅为 5.5%。随着我国城乡居民收入水平的不断提高，消费观念逐步转变，羊肉消费量呈上升趋势。在市场价格和国家扶持政策的拉动下，羊养殖规模化、标准化、产业化和组织化程度将大幅提高，预计 2020 年羊肉产量为 509 万吨；2024 年羊肉产量达 548 万吨左右，年均增长 2.5%。

考虑我国居民膳食结构、消费选择多元化，肉类价格、少数民族地区消费呈刚性增长等因素，未来我国羊肉消费将继续增加，但增速将逐年放缓。预计 2020 年羊肉消费量为 537 万吨，2024 年为 577 万吨，比 2014 年增长 26.8%。预计 2016 年始未来 10 年我国羊肉消费量年均增长率为 2.4%，低于过去 10 年。从我国国内羊产业发展速度和国际市场供给能力来看，我国羊肉供需矛盾依然存在，预计到 2024 年我国羊肉供需缺口在 30 万吨左右。

可以从表 1-2 看到，一直以来，牛羊肉处在一个稳定的上升阶段，而猪肉自 2010 年以后，呈现平稳甚至下降趋势。

表 1-2　羊肉人均消费变化情况比较表　（单位：千克）

指　　标	2009	2010	2011	2012	2013	2014	2015
猪肉	10.54	14.40	14.42	14.40	14.15	14.10	14.20
牛肉	0.40	0.63	0.98	1.02	1.30	1.28	1.36
羊肉	0.40	0.80	0.92	0.94	0.87	0.90	0.92

3. 良种肉羊备受青睐

在引进肉羊良种和加强肉羊原种场、繁育场建设的基础上，杂交改良步伐加快，肉羊良种供种能力明显提高，无角陶赛特、德国肉用美利奴、波尔山羊等良种肉羊开始大面积用于生产实际。

4. 农区肉羊养殖步伐加快

牧区广泛推行草原牧区禁牧、休牧、轮牧等草原生态保护建设措施，肉羊饲养由粗放放牧方式逐步向舍饲和半舍饲转变；农区半农区着重推广肉羊科学饲养管理技术，由饲喂单一饲料逐步向饲喂配合饲料转变，反刍配合料使用量逐步提高。通过良种良法相配套，改变了肉羊饲养多年出栏的传统习惯，羔羊当年育肥出栏比例由 2002 年的 20% 左右提高到 35%，出栏肉羊平均胴体重提高到 15.5 千克，瘦肉率明显提高，羊肉品质明显改善。

5. 养羊模式正在改变

肉羊养殖模式正在从传统养殖朝科学化、合理化到标准化方向转变，从单一的放牧形式向集约化、规模化转变。进入 20 世纪后期，绿色、健康食品开始快速发展，养羊业又开始从追求标准化，从单一追求数量开始朝数量、质量和生态效益并重的方向发展。

第三节　我国养羊业的发展优势

养羊业是草食畜牧业的重要组成部分，开展肉羊优势区域布局有利于增强肉羊产业可持续发展能力，有利于增加农民收入，有利于保障城乡居民肉类供给。农区肉羊生产呈现快速发展势头，成为农区小康建设的重点产业和农村经济新的增长点。加快肉羊养殖对推进畜牧业结构调整、促进农民增收，具有十分重要的意义和作用。

一　政策和区位优势

近年来，国家从政策和资金扶持上给予了重点倾斜，尤其是退耕还林

第一章　概述

还草工程的实施，为标准化养羊业的发展创造了良好条件。北方牧区由于放牧过度，长期超载，加上滥垦、乱挖和鼠、虫害的严重破坏，使天然草场退化、沙化严重，国家已采取退耕还林还草政策，限制过牧现象。过度放牧使得牧区牛羊发展的饲草资源受限，直接导致北方牧区羊只的出栏数量减少，而要满足市场羊肉的供给，必须大力发展农区养羊数量。

我国畜牧业中猪和草食动物发展极不平衡，以及居民肉类消费结构中草食动物比例偏低是一大特点。尽管这一现状与我国的历史和汉民族的生活习惯有密切的关系，但世界上成功地实现饮食革命的美国、英国、日本等国的经验证实，随着人们饮食结构中动物蛋白质平均消费量的增加，畜牧业在一定程度上必须朝草食动物方向发展。虽然我们的粮食供求已告别了紧缺时代，但也应该看到，现存的千家万户散养家畜这一养殖业生产模式，虽然在一定程度上减少了饲料用粮，但它并不意味着在生产模式改变的情况下，我们这个人口大国"人畜争粮"的矛盾就不存在了。因此，畜牧业结构的调整势在必行。

我国农业部 2015 年发布《关于促进草食畜牧业加快发展的指导意见》(以下简称《意见》)，明确了今后一个时期草食畜牧业发展的思路、目标和主要任务。根据《意见》，到 2020 年，我国牛羊肉总产量目标为 1300 万吨以上，奶类总产量目标为 4100 万吨以上。

发展草食畜牧业是加快农业"转方式、调结构"的重要着力点。《意见》指出，今后一个时期，我国草食畜牧业发展要以肉牛、肉羊、奶牛为重点，以转变发展方式为主线，以提高产业效益和素质为核心，坚持种养结合，优化区域布局，加大政策扶持，强化科技支撑，推动草食畜牧业可持续集约发展，不断提高草食畜牧业综合生产能力和市场竞争能力，切实保障畜产品市场有效供给。因此，发展养羊业，不仅是国情的客观要求，而且有相当大的发展空间。

二 市场优势

国内外市场对羊肉需求量很大。随着生活水平的提高，人们的饮食结构正开始从温饱型向科学型、健康型转变。羊肉以其细嫩、多汁、味美、营养丰富、胆固醇含量低等特点越来越受到消费者的青睐，羊肉串、涮羊肉、烤羊排等已成为人们不可缺少的食物。羊肉的消费每年正在以成倍的速度增加，但这些羊肉的来源目前依然以牧区羊肉为主。同时，国际市场对羊肉的需求也在不断增加，使肉羊生产前景乐观。国际、国内市场上对羊肉的需求日趋旺盛，且价格一路上扬。

近几年来，随着人们对健康营养食品消费的追求，畜禽饲料中抗生素及抗菌药物的残留，矿物元素的超标，非法添加激素、镇静催眠药物以及环境化学污染的现状引起了社会的广泛关注。而我国居民肉类消费量较高的猪肉、鸡肉也因为"耗粮"所带来的安全问题、肉质风味品质下降等原因，使得人们对其消费产生了担忧。而羊肉则不同，由于羊以食草为主，很少喂精饲料和添加剂，加之羊具有较强的抗病力，用药少以及羊肉与其他日常的食用肉类相比，胆固醇含量低，可以减少人类心血管系统疾病的发生，正在受到越来越多的消费者的青睐。随着羊肉消费者的增加，羊肉的市场价格也在持续增长。国家发展和改革委员会价格中心的羊肉价格统计显示，2015 年年底，我国城市羊肉平均价格 48 元/千克，天津则达到 50 元/千克。羊肉除供应国内市场外，近年来已试销活羊出口。如农区的大尾寒羊、小尾寒羊，体重 35～50 千克，每只平均 50 美元，受到伊斯兰国家的欢迎；湖南湖北一带的马头山羊肉生产的冻卷肉，每吨价格为1800 美元，也出口到伊朗、科威特等国。

当前，针对西部草原存在 90% 不同程度的退化，草原载畜过牧严重，草原得不到休养生息，其生产力下降的情况，国家出台了退牧禁牧等措施，使原羊肉主产区的商品羊出栏率减少，这无疑为农区的舍饲养羊业提供了客观的发展机遇和良好的政策环境。

三 资源优势

（1）饲料资源 农区秸秆资源丰富。政府大力宣传严禁焚烧秸秆资源，但是却屡禁不止，不仅浪费了大量的资源，而且造成了极大的环境污染。如果利用秸秆进行养羊，不仅能节约资源，提高农民收入，而且能极大地推动养羊业及相关产业的发展。

羊可采食多种饲草，主要有青绿饲草和农副产品秸秆，农区在这两类草料的生产上具有得天独厚的优势。我国目前年产粮食 4 亿多吨，同时也产生 5 亿吨的秸秆，这相当于北方草原每年打草量的 50 倍。充分合理有效地利用农作物秸秆（如氨化、青贮、EM 菌发酵处理等）将会大大促进草食家畜的发展。此外，我国农区有相当面积的草山、草坡和滩涂，农区每年产出各种饼粕约 2000 万吨、糠麸 5000 万吨、糟渣和薯类 2000 万吨以上，这些丰富的草场、农副产品、作物秸秆资源，为农区发展养羊业提供了可靠的物质保证。

第一章 概述

当然，解决农区养羊业饲草供应问题的途径不只是利用农副产品和作物秸秆。饲草供应的主渠道，首先应考虑利用极少量的土地，种植优质高产牧草，来满足养羊业对饲草 75%～85% 的需要量。

（2）品种资源 我国重要的农区主要有东南农区和黄淮海农区，约占我国土地面积的 18.4% 以上，饲养的山羊、绵羊分别占我国山羊、绵羊总数的 40.2% 和 13.7%。其中肉用性能较好的绵羊品种有：分布在华北平原的大尾寒羊、黄淮海冲积平原较发达农区的小尾寒羊、太湖周围的湖羊；山羊品种有：黄淮山羊、湖南湖北一带的马头山羊、原产地为山东的济宁青山羊、江苏南通地区的海门山羊、四川的南江黄羊等。以上品种均具有良好的肉用性能，尤其湖羊还是我国特有的羔皮用绵羊，海门山羊羊毛则是制毛笔的上好原料。特别是我国古老的优良地方绵羊品种小尾寒羊，以其体格高大，生长发育快（周岁公、母羊体重分别为 60 千克、40千克以上），公羊和母羊性成熟早（母羊 5～6 月龄可发情，公羊 7～8 月龄可用于配种），母羊四季发情，多胎多产，大多数每胎 2 羔，平均产羔率为 265%～281%，胴体品质好等优点受到国内外的关注。小尾寒羊目前已经推广到我国 20 余个省（自治区），作为肉羊经济杂交的母本品种或作为培育肉羊新品种的母系品种均具有非常好的应用前景。

近年来，农区已经引进了许多具有很好的肉用体型、体格大、适应性较好的国外品种羊，绵羊品种如夏洛莱和无角陶赛特羊，山羊品种如波尔山羊等。不少地区已经开展了杂交改良并取得了较显著的成果。这些都为农区的肉羊业生产奠定了坚实的品种基础。

畜禽品种、营养饲料和饲养环境已经成为现代化养殖业的三大支柱科学，从以上可以看出，农区养羊业有着巨大的品种潜力、丰富的饲草资源和优良的生态环境，这些构成了农区舍饲养羊业发展的强大优势。

——第二章——
羊体质外貌及其鉴定

体质外貌鉴定是规模化养羊场相关技术人员的必备技能。羊体质外貌鉴定主要包括体尺指标的测定、体质外貌鉴定及年龄的鉴定。除了在正常进行育种的情况下，每年还要进行种公羊选择、种公羊群调整及后备种羊的体质外貌鉴定。

第一节　羊体各部位名称及形态特征

一　概述

羊整个躯体分为：头颈部、前躯、中躯和后躯四大部分（图2-1）。

头颈部在躯体的最前端，它以鬐甲和肩端的连线与躯干分界，包括头和颈两部分。前躯是在颈之后、肩胛骨后缘垂直切线之前，以前肢诸骨为基础的体表部位，包括鬐甲、前肢、胸等主要部位。中躯是肩、臂之后，腰角与大腿之前的中间躯段，包括背、腰、胸（肋）、腹四个部位。后躯是从腰角的前缘与中躯分界，为体躯的后端，是以荐骨和后肢诸骨为基础的体表部位，包括：尻、臀、后肢、尾、乳房和生殖器官等部位。

掌握羊的体质外貌鉴定技术，必须对羊各部位的名称、范围、形态结构和要求有所了解。图2-2所示为绵羊的体质外貌部位名称，图2-3所示为山羊的体质外貌部位名称。

二　羊的体质外貌特征的一般要求

羊的体质外貌就是羊的外部形态表现，在一定程度上能够反映机体内部功能、生产性能和健康状况，对体质外貌进行直接的观察和评价比较方

便，所以在生产中应用很广泛。

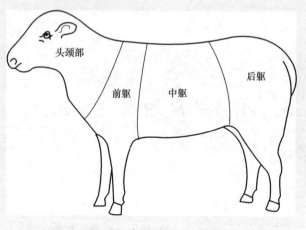

图 2-1　羊整个躯体示意图

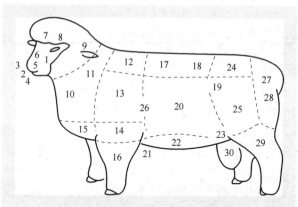

图 2-2　绵羊的体质外貌部位

1—脸　2—口　3—鼻孔　4—唇　5—鼻　6—鼻梁　7—额

8—眼　9—耳　10—颈　11—肩前沟　12—鬐甲　13—肩

14—胸　15—前胸　16—前肢　17—背　18—腰　19—腰角部

20—肋骨部　21—前肋　22—腹　23—后肋　24—荐部

25—股　26—胸带部　27—尾根　28—尻部

29—后肢　30—生殖器官

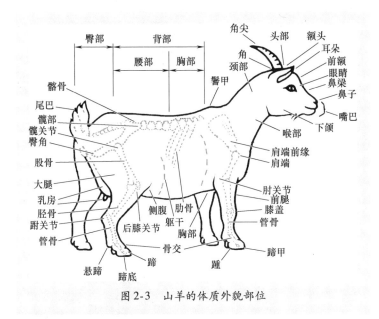

图 2-3　山羊的体质外貌部位

图中标注：臀部　背部　腰部　胸部　角尖　头部　额头　角　耳朵　颈部　前额　眼睛　鼻梁　鼻子　髻甲　嘴巴　髂骨　下颌　喉部　尾巴　髋部　髋关节　臀角　肩端前缘　肩端　股骨　肘关节　前腿　膝盖　大腿　乳房　胫骨　跗关节　管骨　侧腹　肋骨　躯干　胸部　管骨　后膝关节　骨交　蹄甲　悬蹄　蹄底　蹄　踵　踵

1. 头部

羊的头部以头骨为基础，不同用途的羊头部结构有差异，一般来说以肉用为主的羊，头短而宽；以毛用为主的羊，头部较长，面部较大；以乳用为主的羊，头不是很大，外形干燥，皮肤薄，头部显得突出。羊头部耳朵形状、犄角的有无与形状、肤色、被毛的长短与颜色、胡须、肉垂等构成了不同羊品种的头部特征。

（1）耳朵　羊的耳朵大小、形状差异很大，不同羊品种的耳朵大小不同，甚至同一羊品种的内耳朵也分为大、中、小3种，并且耳朵的伸展方向也不同，一般耳朵较大的垂向地面，耳朵较小的朝前或朝向两侧。所以，羊耳朵的形状及大小属于品种特征。羊不同的耳形及朝向见图2-4～图2-6。

图2-4　大而下垂的耳朵

图2-5　小而平伸的耳朵　　　图2-6　大而朝前的耳朵

（2）犄角　有的羊品种公、母
羊均有角，成年公羊角一般较母羊
角粗、长，螺旋明显；有的羊品种
公、母羊均无角，也有的羊品种公
羊有角，母羊无角。羊角的大小、
形状及伸展方向多种多样，在不同
的品种间具有种属特异性，因此犄
角的有无及形状是品种特征。羊角
有无的遗传有时呈现从性遗传现象。
部分羊角的形状见图2-7～图2-9。

图2-7　大而螺旋的角

图2-8　大而直立的角　　　图2-9　小而直立的角

（3）**头部肤色**　羊头部肤色一般与羊的被毛颜色有关，被毛深色则头脸部肤色相对较深，被毛白色则头脸部肤色一般为肉粉色，也有的品种在口鼻部呈深色，其他部位为肉粉色。羊头部肤色见图2-10～图2-12。

图2-10　头部浅肤色　　　　图2-11　头部肤色深浅嵌合

（4）**须髯**　绵羊均无须。山羊的须髯因品种而异，有的山羊品种仅有须，有的品种既有须又有髯。

（5）**肉垂**　有的山羊品种颈下部有两个肉垂，如萨能奶山羊群体中有部分个体有肉垂，吐根堡山羊也有肉垂。

2. 颈部

颈部以颈椎为基础且因羊的种类、品种、性别及生产类型的不同而有长短、粗细、平直、凹陷与有无皱褶之分。颈与躯干连接要自然，结合部位不应有凹陷。一般要求颈部的长短与厚薄发育适度。乳用羊的颈部相对扁而浅，颈部皮肤很薄；肉用羊的颈部则短、宽、深，呈圆形；毛用羊的颈部较长，一般有2～3个皮肤皱褶。羊的颈部过长过薄则表示过度发育，大头小颈是严重的"失格"。

图2-12　头部深肤色

3. 鬐甲

鬐甲亦称肩峰，是以第二至第六背椎棘突和肩胛软骨为解剖基础，是连接颈、前肢和躯干的枢纽，有长短、宽窄、高低和分岔等几个类型。它连接得好坏，对能否保证前肢自由运动至关重要。一般要求鬐甲高长适度，厚而结实，并和肩部相接紧密。肉用羊鬐甲宽，与背部呈水平；毛用羊的鬐甲大多比背线高，比肉用羊的鬐甲窄；乳用羊的鬐甲高而窄。

4. 胸部

胸部位于两肢之间，胸腔由胸椎、肋骨和胸骨构成，是呼吸、循环系统所在地，其容积的大小是反映心、肺发育程度的标志，对羊的健康和生产性能影响较大。一般要求有较大的长度、宽度和深度。从前面看羊，可以看出胸的宽度和肋骨的扩张情况。肋骨扩张越好，弯曲呈弓形，则胸部呈筒形，胸腔的容积大，其心、肺也较发达。从侧面看羊，可以看出胸的深度和长度。狭胸平肋或胸短而浅属于严重的缺点。一般来说，肉用羊的胸部宽而深，但较短；毛用羊的胸部长而深，但宽度不足；乳用羊的胸部较长，但宽度和深度不足。

5. 背部

背部以最后 6~8 个胸椎为基础，有长、短、宽、窄、凹、凸和平直等几个类型。良好的背应该是长、直、平、宽，与腰结合良好，由鬐甲到十字部形成一条水平线，不可有凹陷或拱起。如果羊背部过长，且伴有狭胸平肋，则为体质衰弱的表现。背的宽窄决定于肋骨的弯曲度，弯曲度大则为宽背，反之为窄背。背的平直和凹凸主要取决于背椎体的结构、背椎肌肉与韧带的松弛程度。背椎体结合不良，背椎肌肉和韧带松弛，可表现为背部的上拱、下陷、瘤状突起、波浪弯曲和鞍形凹凸等不同形式。一般来说，肉用羊的背部要求宽而平，毛用羊的背部比肉用羊背部窄，乳用羊的背部很窄，呈尖形。

6. 腰部

腰部以腰椎为基础，要求宽广平直，肌肉发达。羊的腰部过窄和凹凸都是"损征"。如果腰椎过长，同时两侧肌肉又不发达，则形成锐腰。腰椎体结合不良会导致凹腰与凸腰，使得腰部软弱无力。肉用羊的腰部需平直，宽而多肉；乳用羊的腰窄，肌肉不发达，脂肪不足；毛用羊的腰部则介于二者之间。

7. 腹部

腹部在背腰下侧无骨部分，是消化器官和生殖器官的所在地，腹部应大而圆，腹线与背线平行。"垂腹""卷腹"属于不良性状。垂腹也叫"草腹"，表现为腹部左侧显得特别膨大而下垂，多为幼年期营养不良，采食大量质量低劣的粗料，瘤胃扩张，腹肌松弛的结果。垂腹多与凹背相伴，是体质衰弱、消化力不强的标志。尤其对于公羊，垂腹妨碍交配（采精），不宜选作种用。卷腹与垂腹相反，多是由于幼年期长期采食体积小的精饲料，腹部两侧扁平，下侧向上收缩成卷腹状态。一般要求肉用羊的腹部大而圆，腹线与背线平行；乳用羊的腹部前窄后宽呈三角形；毛用羊的腹部介于二者之间。

8. 尻部

尻部由骨盆、荐骨及第一尾椎连接而成，尻部要求长、宽、平直，肌肉丰满。母羊尻部宽广，有利于繁殖和分娩，而且两后肢相距也宽，有利于乳房的发育，产肉量也多。这对乳用羊和肉羊尤为重要。尖尻和斜尻都是尻部的严重缺陷，往往会造成后肢软弱和肌肉发育不良。

9. 臀部

臀部位于尻的下方，由坐骨结节及两后大腿形成。臀的宽窄决定于尻的宽窄。宽大的臀对各种用途的羊都适合，特别是对肉羊更要求臀部宽大。肌肉丰满，羊的优质肉产量会高。

10. 四肢

羊的四肢要求具有端正的肢势，即由前面观察，前肢覆盖后肢；由侧面观察，一边的前后肢覆盖另一边的前后肢；由后面观察，后肢覆盖前肢。四肢要求结实有力，关节明显，蹄质致密，管部干燥，筋腱明显。忌"X"形和"O"形肢势（图2-13）。肉用羊的四肢应具有宽而端正的肢势，四肢较短而细；毛用羊的四肢较长而稍粗；乳用羊的四肢较长而细。

"X"形肢势　　　　　"O"形肢势　　　　　正常肢势

图2-13　羊的肢势

11. 乳房

乳房是母羊的重要器官，特别是对乳用羊和乳肉兼用羊更要求乳房形状巨大，乳腺发达，但结缔组织不宜过分发达。鉴别乳房时应注意其形状、大小、品质和乳腺的发育情况，乳头的形状、大小、位置及乳静脉、乳井的发育情况等。

12. 生殖器官

生殖器官是种羊鉴定时极为重要的部分，公羊要求有成对的发育良好的睾丸，两侧大小、长短一致，阴囊紧缩不松弛，包皮干燥不肥厚，单睾和隐睾不能做种用。母羊要有发育良好的阴门，外形正常，以利于分娩。

13. 尾

羊尾的长短、粗细肥瘦，因品种、性别、体质而不同。山羊尾一般较小，并且大部分上翘。绵羊尾有四种：细短尾，尾细无明显的脂肪沉积，尾端在飞节以上，如西藏羊。细长尾，尾细、尾端在飞节以下，如新疆细毛羊；脂尾，脂肪在尾部积聚成垫状，形状和大小不一，尾端在飞节以上的称短脂尾羊，如小尾寒羊、蒙古羊、卡拉库尔羊等；尾端在飞节以下的称长脂尾羊，如大尾寒羊等。肥臀，脂肪在臀部积聚成垫状，尾椎数少，尾短，呈"W"形，如哈萨克羊。

无论哪种尾形，一般要求尾根不宜过粗，要着生良好。几种常见的羊尾形状见图2-14~图2-17。

图2-14　脂尾（短脂尾，长脂尾）　　图2-15　细尾（短尾，长尾）

图 2-16　肥臀　　　图 2-17　山羊尾

14. 皮肤和被毛

羊的皮肤分为厚的、薄的、紧密的和疏松的四类。一般情况下，皮厚的羊生长的毛粗，皮薄的羊生长的毛细，皮肤紧密的羊生长的毛稠密，皮肤疏松的羊生长的毛稀疏而软。不同品种、用途的羊皮肤差异很大，肉用羊的皮肤大多数薄而疏松，毛用羊的皮肤较厚而紧密，乳用羊的皮肤薄而紧密。同一头羊在身体的不同部位，皮肤厚度也不相同，一般颈部、背部、尾根部的皮肤较厚，肋部、腹部、阴囊基部的皮肤较薄。年龄对皮肤品质也有影响，幼龄羊的皮薄、柔软、疏松，年老的羊皮肤失去了柔软性、弹性和坚实性。

羊被毛的类型很多，总体来说大多数绵羊的毛密、长，只有杜泊羊的毛稀而短。毛用绵羊的被毛大体分为粗毛、细毛和半细毛 3 种类型。羔皮、裘皮用绵羊的被毛则呈不同的颜色、毛穗和花案。山羊的被毛因用途不同而差异很大，绒用羊粗毛被下着生浓密的绒毛，羔皮、裘皮用山羊的被毛花案漂亮、花穗独特。乳用山羊的被毛一般较短而稀。

被毛的颜色是羊的品种特征之一，大部分羊的毛色是白色的，也有黑色、灰色、褐色和杂色的品种，羊被毛的颜色与经济效益有关，鉴别时对毛色要求应适当严格，特别是对种公羊的毛色要求应较严格。有的品种的羊在幼年时期，毛色尚未固定，羔羊初生后毛色较深，以后随着年龄的增长，毛色逐渐变浅，如卡拉库尔羊的毛色就是如此。

三　注意事项

1）参与羊体质外貌鉴定的人员必须具备丰富的实践经验，并且对所

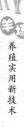

鉴定的羊品种类型、外形特征有深入的了解，初学者不适合单独评价。

2）对羊进行体质外貌鉴定时，先要远观羊的整体，从羊的前面、侧面及后面进行整体结构观察，了解其体型是否与生产方向相符，体质是否健康结实，结构是否协调匀称，品种特征是否典型，个体大小和营养情况及主要的优缺点等，获得整体轮廓认识后再详细审查各重要部位的具体结构。

3）对羊只进行体质外貌鉴定时，注意参与人员不要过多，尽量不要引起羊群的惊慌。

第二节　羊体尺指标及测定

羊的体重和体尺都是衡量羊只生长发育的主要指标，测定羊体尺和体重是羊育种工作中一项主要的实际技术。体尺测量是羊外貌鉴别的重要方法之一，其目的是补充肉眼鉴别的不足，且能使初学鉴别的人提高鉴别能力。对于一个羊的品种及其类群或品系，如果想要求出其平均的、足以代表其一般体型结构的体尺，也必须运用体尺测量。测量后应将其所得数据加以整理和生物统计处理，求出平均值、标准差和变异系数等，然后用来代表这个羊群、品种或品系的平均体尺，这是比较准确的。体尺测量是以羊的骨骼结构为基础的，因此测量者应熟练掌握羊的解剖结构，测量时能找到正确的起始部位，羊的骨骼结构见图 2-18。

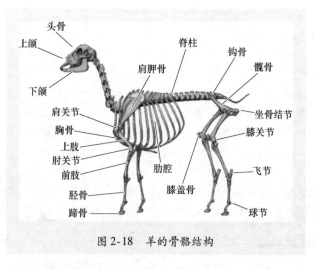

图 2-18　羊的骨骼结构

一 羊体重、体尺测量

1. 测量用具及使用方法

(1) 体重 羊称重一般多采用地磅,没有地磅的采用移动磅秤或者估重。

(2) 体尺 羊体表各部位,不论是长度、宽度、高度和角度,凡用数字表示其大小者均称为体尺。一般在羊称重的同时进行羊的体尺测量,体尺测量所用的仪器有测杖、卷尺、圆形测定器。

1) 测杖。由两部分组成,外侧为木制、钢制圆形外壳,内部为钢尺,并附有两条横尺,钢尺三面刻有刻度,可以测量羊的高度、长度和宽度等。

2) 卷尺。一般以铜圈外缘作为计算的起点,使用时要进行校对。

3) 圆形测定器。为圆形两脚规,基部附有带刻度的弧尺,其刻度为 0～90 厘米,根据量角规的开张度,可以在弧尺上读出羊体某部位的长度和宽度。

2. 体重、体尺测量

(1) 体重 体重是检查饲养管理好坏的主要依据,称量体重应在早晨空腹情况下进行。称重的具体项目包括羔羊的初生重、断奶重、育成羊配种前体重以及成年羊的 1 岁重、1 岁半重、2 岁重、产羔前重、产羔后重、3 岁重及 4 岁重等。

若无磅称称测,可根据 Shaeffer 方程来估算羊体重。下列公式中体重单位为千克,体长和胸围单位为厘米。体长为体斜长,即肩胛骨前缘到坐骨结节后突起的长度。胸围为肩胛后缘围绕胸廓一周的长度。

$$羊体重 = \frac{胸围^2 \times 体长}{10815.45}$$

(2) 用测杖测量的项目(见图 2-19)

1) 体高(鬐甲高)。用测杖测量鬐甲最高点至地面的垂直距离。先使主尺垂直竖立在羊体左前肢附近,再将上端横尺平放于鬐甲的最高点(横尺与主尺须成直角),即可读出主尺上的高度。

2) 背高。用测杖测量背部最低点至地面的垂直距离。

3) 尻高(荐高)。用测杖测量荐部最高点至地面的垂直距离。

4) 胸深。用杖尺量取鬐甲至胸骨下缘的垂直距离。量时沿肩胛后缘的垂直切线,将上下两横尺夹住背线和胸底,并使之保持垂直位置。

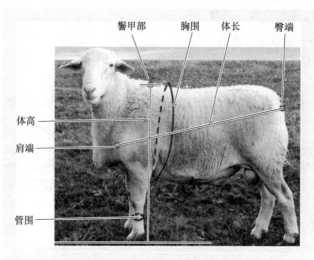

图 2-19　羊的体尺指标

5）胸宽。将杖尺的两横尺夹住两端肩胛后缘下面的胸部最宽处，便可读出其宽度。

6）体长（体斜长）。体长是肩端前缘到臀端后缘的直线距离。用杖尺和卷尺都可量取，前者得数比后者略小一些，故在此体尺后面，应注明所用何种量具。

7）臀端高（坐骨端高）。用测杖测量臀端上缘到地面的垂直距离。

（3）用卷尺测量的项目

1）身长。用卷尺量取羊的两耳连线中点到尾根的水平距离。

2）颈长。用卷尺量取由枕骨脊中点到肩胛前缘下 1/3 处的距离。

3）胸围。用卷尺在肩胛后缘处测量的胸部垂直周径。

4）腹围。用卷尺量取腹部最大处的垂直周径（较多用之于猪）。

5）管围。用卷尺量取管部最细处的水平周径，其位置一般在掌骨的上 1/3 处。

6）腿臀围（半臀围）。用卷尺由左侧后膝前缘突起，绕经两股后面，至右侧后膝前缘突起的水平半周。该体尺一般多用于肉用羊，表示腿部肌肉的发育程度。

（4）用圆形测定器测量的项目

1）头长。用圆形测定器测量额顶至鼻镜上缘的直线距离。

2）额宽。有两种测量方法，较多测量的是最大额宽。

① 最大额宽。用圆形测定器量取两侧眼眶外缘间的直线距离。

② 最小额宽。用圆形测定器量取两侧颞颥外缘间的直线距离。

3）腰角宽。用圆形测定器量取两腰角外缘间的水平距离。

4）臀端宽（坐骨结节宽）。用圆形测定器量取两臀端外缘间的水平距离。

5）尻长。用圆形测定器量取腰角前缘到臀端后缘的直线距离。

二 注意事项

1）进入羊场和羊舍前要注意消毒，并保持安静。

2）接触羊只时，应从其左前方缓慢接近，确保羊只安静，测量成年公羊时确保人身安全。

3）按测定项目所要求的部位顺序，逐一进行测量，并确保熟悉每个部位的名称、起止范围、外部形态和内部结构。

4）随时注意测量器械的校正和正确使用。

5）将量具轻轻对准测量点，并注意量具的松紧程度，使其紧贴体表，不能悬空量取。

6）所测羊只站立的地面要平坦。不能在斜坡或高低不平的地面上测量。站立姿势也要保持正确。

第三节　肉羊的体质外貌特点及其评定

一 肉羊的体质外貌特点

肉用羊一般头短而宽，鼻梁稍向内弯曲或呈弓形，眼睛大而明亮，眼和两耳间的距离较远，颈部一般较短、深、宽而呈圆形。肉用羊整体骨骼结构比较粗短，尤其是全身长形骨骼粗短化现象明显；肉羊鬐甲宽，与背部平行，肌肉发达，背线与鬐甲构成一条直线；背腰宽而平、厚实有肉感；胸部胸肋骨开张良好，胸腔圆而宽，肌肉丰满结实，附着有力；后躯臀部与背部、腰部一致，肌肉丰满，从后面看，两后腿间距大；肉用羊四肢短而粗，端正直立，开张良好，坚实有力；肉用羊毛短、光亮、紧密、皮薄而疏松。

二 肉羊的体质外貌评定

体质外貌评定的方法主要有两种，一种是肉眼鉴定法，一种是评分鉴

定法。

1. 肉眼鉴定法

肉眼鉴定法主要是通过肉眼观察羊的体质外貌,借以判定整体结构与个别部位的优劣,根据观察所得印象综合分析,定出等级。这种方法沿用已久,至今仍广泛应用。鉴定时,人与羊保持2~3米的距离,由羊的前面、侧面、后面进行整体轮廓的观察,了解品种特征、体型、体质、生产力方向、健康状况、协调程度、营养情况和损征等,大体了解后再详细审查重要部位的具体结构,最后综合评价。

肉眼鉴定法不用特殊的器械,简单易行,不受时间和地点的限制,被测羊只也不会过分紧张,但是要求鉴定人员具有丰富的实践经验,对所鉴定羊只的品种类型和体质外貌特征要有深入的了解,尤其是对留种个体的鉴定更要仔细。肉眼鉴定时还容易因个人喜好而使鉴定结果带有主观成分,因此不同的人对同一只羊鉴定时可能会得出不同的结论,最好能综合考虑不同鉴定者的意见。

2. 评分鉴定法

评分鉴定法是依据体质外貌评分逐项进行鉴定,根据肉用羊的理想体质外貌制定给分标准,符合理想型要求的给以满分,不符合理想型要求的予以扣分。不同部位评分的比例是根据各部位生产力的相对重要性而定的,重要部位的评分高些,次要部位的评分低些,最后根据被测个体各项评分结果算出总分,定出该羊的相应等级。

鉴定时间一般对于种公羊的鉴定每年都进行一次,便于选留种公羊和调整种公羊群。同时每年还开展2次后备种羊的体型外貌鉴定。第1次是在羔羊115日龄左右时进行,第2次是在羊满2周岁后,决定选种和出售前进行。

肉羊采用评分法鉴定体质外貌时满分为100分,达80分及80分以上者为优秀,达65分至80分者为良好,达50分至65分者为及格。现将肉羊体质外貌评定和记分的方法分述如下:

(1) 羊的整体评定(满分34分) 以各品种理想型的羊只为标准,无可挑剔的理想型羊记满分34分,有不足者,视情况扣分,羊总体表现评定的各项要求及给分方法如下:

1)羊大小的评定。依据品种的月龄或年龄应达到的体格和体重的大小衡量,达标者给满分6分,较差者视情况扣分。

2)体型结构的评定。据品种要求,看羊体躯的长、宽、深及前、中、后躯比例关系，凡匀称、协调并结合良好者，给满分10分，较差者视情况扣分。

3）肌肉分布及附着状态的评定。据品种要求，前胸、两肩、背、臀、四腿和尾根肌肉分布均匀并附着良好，看上去肉很多和很丰满的给满分10分，较差者视情况扣分。

4）骨、皮、毛综合表现的评定。据品种要求，骨骼相对较细、坚实，皮肤薄、致密且有弹性，被毛着生良好和较细较长并品质好者给满分8分，较差者视情况扣分。

（2）头、颈部的评定（满分7分）　据品种要求，头适中，口大、唇薄和齿好的给1分，眼大而明亮的给1分，脸短而细致的给1分，额宽丰满并头长、宽比例适当的给1分，耳相对纤细灵活的给1分，头部表现无缺点者共计给5分；颈长短适度并颈肩结合良好者给2分。头、颈部的满分共计7分。有缺点者视情况扣分。

（3）前躯的评定（满分7分）　据品种要求，肩丰满、紧凑、厚实的给4分；前胸较宽、丰满、厚实，肌肉直达前腿的给2分；前肢直立、腿短并距离较宽且胫细者给1分。以上3项共计满分给7分。有不足者视情况扣分。

（4）体躯（中躯）的评定（满分27分）　据品种要求，胸宽、深，胸围大的给5分；背宽平，长短适度且肌肉发达的给8分；腰宽、平、长、直且肌肉丰满的给9分；肋开张、长而紧密的给3分；肋腰部低厚，并在腹下成直线的给2分。以上5项共计满分给27分。有不足者视情况扣分。

（5）后躯的评定（满分16分）　据品种要求，荐腰结合良好、平直、开张的给2分；臀长、宽、平直达尾根的给5分；大腿肌肉厚实和后裆开阔的给5分；小腿肥厚成大弧形的给3分；后肢短直、坚强且胫相对较细的给1分。以上5项共计满分给16分，有不足者视情况扣分。

（6）被毛着生及其品质的评定（满分9分）　据品种要求，被毛覆盖良好，较细、较柔的给3分；被毛较长的给3分；被毛光泽好、油汗量适中、较清洁的给3分。以上3项共计满分给9分，不足者视情况扣分。

三　肉羊、种用羊等级的划分

羊只应根据性能的高低，可分为种用羊和经济用羊2个等级。

1. 种用羊等级划分

在种用羊等级中，又将其分为特级（优秀级）、一级（公羊又称

为推荐级，母羊又称为良好级）和二级（一般种用级）。种用二级公羊只能在本交配种中使用，一级公羊可用于人工授精，特级公羊才可用于冻精。经济用羊不能用于配种繁殖。公羊、母羊等级划分的方法和标准如下：

（1）公羊等级的划分方法　公羔在进行饲养测定以前，可据其哺乳期平均日增重，4月龄体重和体形外貌评分3项指标，在不同阶段，把相应的羔羊按标准暂时划分为种用羊（后备种公羊）和经济用羊2等。进行完饲养测定后，据其哺乳期平均日增重、4月龄体重、体形外貌评分和165日龄平均日增重4项指标，按标准将后备种公羊暂划分为相应的不同等级。

特级和一级的种用公羊，在1岁之前，均应及时地安排与一级母羊配种，进行后裔测定。每只后裔测定的种公羊，至少要有20～30只公羔的饲养测定成绩，以及有30只母羔繁殖指数和泌乳能力的成绩。凡公羔、母羔165日龄平均日增重、繁殖指数和泌乳能力的平均值及其本身1岁和成年体重达特一级指标者，可将原定等级确定下来，否则降低1级。此次确定的等级，可作为终身等级。

（2）母羊等级的划分办法　母羔在4月龄前，可据已测定指标，按标准暂时划分为种用羊（后备种母羊）和经济用羊2等。达4月龄后，再根据后备种母羊的哺乳期平均日增重、4月龄体重和体形外貌评分3项指标，按标准将其暂时划分为特级、一级、二级和经济用4个等级。产羔后，再据其1岁和成年体重及繁殖指数和泌乳能力的成绩，按标准把其终身等级定下。

2. 经济用羊等级判定

经济用羊是指不留作种用而直接育肥使用的羊，肉用羊等级鉴定的年龄和时间的确定，应以肉用性状已经充分表现，能正确、客观地评定羊只为准，其等级评定主要是肥度的判定，人们在长期的生产实践中总结出了行之有效的经验：

（1）根据饱星的大小来评定肉用羊的肥度　所谓饱星，就是指羊肩前的淋巴结。由于羊体脂肪的积蓄，在前躯多，在后躯少，颈浅淋巴结的大小变化可证明脂肪蓄积的多少，所以在羊膘肥之后，这一疙瘩周围包被的脂肪增多，反之则变小。评定肉羊肥瘦时，评定人骑在羊背上固定羊体，用手去揣摸饱星的大小。判断歌诀是"勾九、叉八、捏七、圆六"。其中以叉八的饱星最大，一般绝对大小有鹅蛋那么大，体膘最肥，勾九次之，捏七又次，圆六最小，其绝对大小有杏核那么大的饱星，体膘最瘦。

"又八"就是指食指叉开呈一"八"字形才能叉住饱星，这类羊脂肪蓄积最多；"勾九"就是指食指弯曲起来，像个"九"字形，饱星就套在这个"九"字形内，这类羊膘情比叉八差，体脂肪蓄积也比叉八少；"捏七"就是指拇指、食指和中指都弯曲如鼎足，才可把饱星捏住，这类羊膘情和体内蓄积脂肪又差于勾九；"圆六"就是指拇指和食指并在一起，才可能把饱星捏住，这类羊膘情最差，体内脂肪蓄积最少。

（2）检查毛被变化 毛被变化代表着羊吸收营养好坏。当春季羊的营养不良时，毛上的附着物少，毛干而灰暗，且蓬松凌乱。羊吃上青草以后，随着膘情的好转，皮脂腺分泌物增多，毛色光润发亮，毛的营养充分，毛开始变粗，这是膘情好转的开始。当皮肤紧张，毛的顶部弯曲很明显，这时说明肉羊已满膘。

（3）毛被挂霜 鉴定羊的肥度，也可在秋后的早晨观察饲养在露天羊圈里的羊群，膘好的羊身上挂一层霜，肥度越好挂霜就越多。这是因为羊皮下脂肪多，毛粗而密，油汗多，体热散失少而慢，霜能在身上挂住。而瘦肉羊体热散失快，有霜则很快会被溶化，挂不住霜。

四　羊体质外貌鉴定注意事项

1. 做好鉴定的准备工作

1）做好鉴定工作计划　在工作计划中规定出鉴定时间、地点、鉴定羊只数量、鉴定方法、用品、结果登记和资料整理等。

2）准备鉴定用品　按照鉴定计划准备鉴定表格、耳标、耳标钳、钢字号码、临时羊栏、消毒药品和工作服等。

3）鉴定人员准备　参与鉴定人员一起学习、讨论和熟悉鉴定标准，统一鉴定认识，统一不同等级羊只的要求和理想型的标准。

4）鉴定场地准备　圈舍、运动场或放牧地作为鉴定地点时，确保有狭窄的通道通往鉴定员处，便于羊只通过。在鉴定场地面挖两个坑，保定人员站在右侧坑内，鉴定人员站在左侧坑内，羊只站在两坑之间，以鉴定人员的目光平视羊只背部为宜。

2. 鉴定时注意事项

1）羊只站立姿势要正确，对羊只耳号识别正确，鉴定结果记录清楚。

2）鉴定种公羊时首先检查睾丸，如发现隐睾和单睾的羊只，不再继续进行个体鉴定。

3）观察羊只体质外貌有无严重缺陷，如体躯有缺陷或羊的上、下唇不能吻合等就要及时淘汰。

4）要检查羊只有无疾病，应特别注意生殖器官及乳房的疾病。

5）鉴定结束后要进行复查，如果分级有误，则及时调整，调整结束后按等级在耳上剪缺刻编号。

6）等级标记方法：纯种羊等级刻在右耳上，杂种羊等级刻在左耳上。特级羊在耳尖上剪 1 缺刻，一级羊在耳下缘剪 1 缺刻，二级羊在耳下缘剪 2 缺刻，三级羊在耳上缘剪 1 缺刻，四级羊在耳上下缘各剪 1 缺刻。

第四节　羊的年龄鉴定

一　概述

识别羊的年龄，一般常用的简便方法是看羊的牙齿。羊的年龄可以根据羊的牙齿来判断。小羔羊出生 3～4 周内，8 个门齿就已出齐，这种羔羊称"原口"或"乳口"。这时的牙齿为乳白色，比较整齐，形状高而窄，接近长柱形，这种牙齿叫乳齿，共 20 枚。羔羊的乳齿往往在 1 年后才换成永久齿，但也略有早晚，成年山羊的牙齿已换为永久齿，共 32 枚。永久齿比乳齿大，略有发黄，形状宽而矮，接近正方形。羊没有上门齿，下门齿有 8 枚，白齿 24 枚。在 8 个下门齿中间的 1 对叫切齿，切齿两边的 2 枚叫内中间齿，内中间齿外边 2 枚门齿叫外中间齿，最外面的 1 对叫隅齿。乳齿与永久齿的区别见表2-1。

表2-1　乳齿与永久齿的区别

项　目	乳齿	永久齿
色　泽	白色	乳黄色
齿　颈	明显	不明显
齿　根	插入齿槽较浅，附着不稳	插入齿槽较深，附着稳定
大　小	小而薄，有齿间隙	大而厚，无齿间隙
排列情况	牙齿排列整齐，齿表面平坦	排列不整齐，表面有浅槽

人们在长期的生产实践中，总结了通过换牙来判断羊年龄的经验，并编成简单易记的歌诀，以便掌握应用。这条歌诀是："一岁不扎牙（不换牙），两岁一对牙（切齿长出），三岁两对牙（内中间齿长出），四岁三对牙（外中间齿长出），五齐（隅齿长出来），六平（六岁时牙齿吃草磨损后，牙齿上部由尖变平），七斜（齿龈凹陷，有的牙齿开始活动），八歪（牙齿与牙齿之间有了空隙），九掉（牙齿脱落）。"

二 鉴定方法

1. 根据牙齿鉴定年龄

不同年龄的羊，其生产性能、体型体态和鉴定标准都有所不同。现在比较可靠的年龄鉴定法仍然是牙齿鉴定。

羊的牙齿生长发育、形状、脱换、磨损及松动都有一定的规律，人们就是利用这些规律，比较准确地进行羊的年龄鉴定。成年羊共有32枚牙齿，上颌有12枚，每边各6枚，上颌无门齿，下颌有20枚牙齿，其中12枚是白齿，每边6枚，8枚是门齿，也叫切齿。利用牙齿鉴定年龄主要是根据下颌门齿的发生、更换、磨损和脱落情况来判断。

羔羊一出生下颌就长有6枚门齿；约在1月龄，8枚门齿长齐，这种羔羊称"原口"或"乳口"，这时的牙齿为乳白色，比较整齐，形状高而窄，接近长柱形，这种牙齿叫乳齿。1.5岁左右，乳齿齿冠有一定程度的磨损，钳齿脱落，随之在原脱落部位长出第一对永久齿；2岁时中间齿更换，长出第二对永久齿；约在3岁时，第四对乳齿更换为永久齿；4岁时，8枚门齿的咀嚼面磨得较为平直，俗称齐口；5岁时，可以见到个别牙齿有明显的齿星，说明齿冠部已基本磨完，暴露了齿髓；6岁时已磨到齿颈部，门齿间出现了明显的缝隙；7岁时缝隙更大，出现露孔现象。为了便于记忆，总结出顺口溜：一岁半，中齿换；到两岁，换两对；两岁半，三对全；满三岁，牙换齐；四磨平；五齿星；六现缝；七露孔；八松动；九掉牙；十磨尽。图2-20为羊的牙齿脱换示意图。

绵羊的牙齿随年龄的变化如图2-21～图2-25所示。

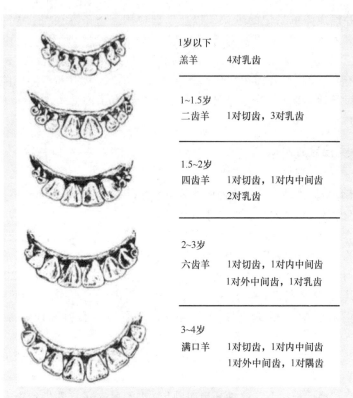

	1岁以下	
	羔羊	4对乳齿
	1~1.5岁	
	二齿羊	1对切齿，3对乳齿
	1.5~2岁	
	四齿羊	1对切齿，1对内中间齿 2对乳齿
	2~3岁	
	六齿羊	1对切齿，1对内中间齿 1对外中间齿，1对乳齿
	3~4岁	
	满口羊	1对切齿，1对内中间齿 1对外中间齿，1对隅齿

图 2-20　羊的齿龄鉴定示意图

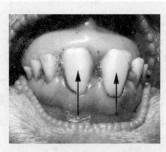

图2-21　绵羊12月龄1对永久齿

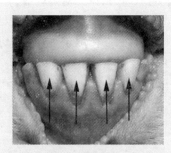

图2-22　绵羊2岁2对永久齿

图2-23 绵羊4岁4对永久齿（齐口）　图2-24 绵羊6～8岁牙缝加宽

山羊的牙齿随年龄的变化如图2-26～图2-30所示。

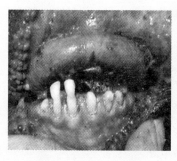

图2-25 山羊8～12岁牙齿脱落

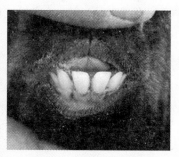

图2-26 山羊2周龄的乳齿

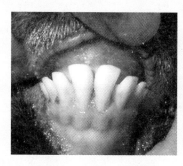

图2-27 山羊10周龄的乳齿

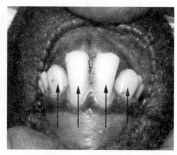

图2-28 山羊1.5～2岁2对永久齿

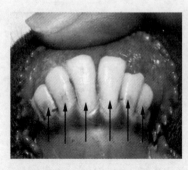
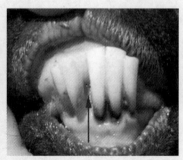

图 2-29　山羊 3 岁 3 对永久齿　　　图 2-30　山羊 10 岁牙齿脱落

2. 根据羊的角轮判定年龄

对于有角羊来说，每一个角轮就代表 1 岁，根据羊角轮的多少，就可知道羊的年龄。

三　注意事项

1）要求鉴定人员经验丰富，熟悉羊牙齿脱换的规律及脱换的时间范围，确保鉴定准确。

2）鉴定过程中要注意羊只切实保定，避免羊只过分挣扎而受伤。

—第三章—
羊的品种及选育

羊的品种对生产有着重要的作用，品种也是养羊实现盈利的先决条件。因此，如何选择适合当地环境要求的配种，如何进行品种的选育，对养羊有着最为直接的影响。

第一节　小尾寒羊

一　概述

小尾寒羊是我国乃至世界著名的肉裘兼用型绵羊品种，主要产于山东省的西南部地区和河南省的北部地区。在世界羊业品种中，小尾寒羊产量高、个头大、效益佳，被国家定为名畜良种，被人们誉为我国的"国宝"、世界"超级羊"及"高腿羊"品种。近年来全国各地大力发展小尾寒羊，其数量目前已达 200 万只以上。小尾寒羊具有以下优点：

1. 早熟、多胎、多羔

小尾寒羊 6 月龄即可配种受胎，年产 2 胎，每胎产 2～6 只，有时高达 8 只；平均产羔率每胎达 266% 以上，每年产羔率达 500% 以上。

2. 生长快、体格大、产肉多、肉质好

小尾寒羊 4 月龄即可育肥出栏，年出栏率 400% 以上；体重 6 月龄可达 50 千克，周岁时可达 100 千克，成年羊可达 130～190 千克。周岁育肥羊屠宰率为 55.6%，净肉率为 45.89%。小尾寒羊肉质细嫩，肌间脂肪呈大理石纹状样，肥瘦适度，鲜美多汁，肥而不腻，鲜而不膻，而且营养丰富，蛋白质含量高，胆固醇含量低，富含人体必需的各种氨基酸、维生素和矿物质元素等。

3. 裘皮质量好

小尾寒羊 4~6 月龄羔皮，制革价值高，加工熟制后，板质薄，重量轻，质地坚韧，毛色洁白如玉，光泽柔和，花弯扭结紧密，花案清晰美观。其制裘价值可与我国著名的滩羊二毛皮相媲美，而皮张面积却比滩羊二毛皮大得多。小尾寒羊 1~6 月龄羔皮，毛股花弯多，花穗美观，是冬季御寒的佳品。成年羊皮面积大，质地坚韧，适于制革，一张成年公羊皮面积可达 12 240~13 493 厘米^2，相当于国家标准的 2.48 张特级皮面积。因此，制革价值很高，加工鞣制后，是制作各式皮衣、皮包等革制品及工业用皮的优质原料。

4. 遗传性稳定

小尾寒羊遗传性能稳定，高产后代能够很好地继承亲本的生产潜力，品种特征保持明显，尤其是小尾寒羊的多羔、多产特性能够稳定遗传。

5. 适应性强

小尾寒羊虽是蒙古羊系，但由于千百年来在鲁西南地区已养成"舍饲圈养"的习惯，因此日晒、雨淋、严寒等自然条件均可由圈舍调节，很少受地区气候因素的影响。小尾寒羊在全国各地都能饲养，北至黑龙江及内蒙古，南至贵州和云南，均能正常生长、发育和繁衍。凡是不违背小尾寒羊生活习性的地区，饲养均可获得成功。

二 品种特性

2008 年 12 月 31 日发布的国家标准《小尾寒羊》（GB/T 22909—2008）规定了小尾寒羊的品种特性和等级评定，本标准适用于小尾寒羊的品种鉴定和等级评定。

1. 产地及分布

小尾寒羊原产于山东省西南部的梁山、郓城、嘉祥、东平、鄄城、汶上、巨野、阳谷等县，河南省东北部和河北省东南部。

2. 体质外貌

体格高大，体躯匀称、呈圆筒形，头大小适中，头颈结合良好。眼大有神，嘴头齐，鼻大且鼻梁隆起，耳中等大小，下垂。头部有黑色或褐色斑。公羊头大颈粗，有螺旋形大角，角形端正；母羊头小颈长，无角或有小角。四肢高，健壮端正，脂尾呈圆扇形，尾尖上翻内扣，尾长不超过飞节。公羊睾丸大小适中，发育良好，附睾明显。母羊乳房发育良好，皮薄毛稀，弹性适中，乳头分布均匀，大小适中，泌乳能力好。被毛白色，毛股清晰，花穗明显。被毛可分为裘皮型、细毛型和粗毛型3类。裘皮型毛股清晰、弯曲明显；细毛型毛细密，弯曲小；粗毛型毛粗，弯曲大。小尾寒羊外貌特征见彩图3-1、彩图3-2。

3. 生产性能

（1）体重体尺 一级羊体重体尺指标见表3-1。

表3-1 小尾寒羊一级羊体重体尺指标

性　别	年　龄	体重/千克	体高/厘米	体长/厘米	胸围/厘米
公羊	6月龄	64	80	82	95
	周岁	104	91	92	106
	2岁	116	95	96	108
母羊	6月龄	36	71	72	85
	周岁	50	75	78	90
	2岁	58	82	84	98

（2）产肉性能 6月龄公羊屠宰率在47%以上，净肉率在37%以上。

（3）繁殖性能 公、母羊初情期在5~6月龄，公羊初次配种时间为7.5~8月龄，母羊初次配种时间为6~7月龄。公羊每次射精量1.5毫升以上，精子密度$2.5×10^9$个/毫升以上，精子活力0.7以上。母羊发情周期为17~18天，妊娠期为143天±3天。母羊常年发情，春、秋季较为集中。初产母羊产羔率在200%以上，经产母羊产羔率在250%以上。

（4）毛皮品质 裘皮皮板轻薄，花穗明显，花案美观；板皮质地坚韧、弹性好，适宜制裘制革。

（5）产毛性能 成年公羊年剪毛量为4千克左右，母羊2千克以上；净毛率在60%以上；被毛白色，异质毛，有少量干死毛。

三 等级评定

（1）评定时间 等级评定在6月龄、1周岁和2周岁进行。

（2）评定内容 包括体质外貌、体尺体重和生产性能。

（3）评定方法

1）体质外貌评定。按照体质外貌评定表进行评定，确定等级。体质外貌评定见表3-2。

表3-2　小尾寒羊体质外貌评定

部　位	评 定 要 求	评　分	
		公羊	母羊
整体结构	体质结实，结构匀称，体格高大，体躯呈圆筒形；被毛白色，为异质毛，有少量干死毛；头部有黑色或褐色色斑；裘皮型毛股清晰，弯曲明显，细毛型毛细密，弯曲小，粗毛型毛粗，弯曲大	25	25
头颈部	头大小适中，头颈结合良好；眼大有神，嘴头齐，鼻大且鼻梁隆起，耳中等大小，下垂；公羊头大颈粗，有螺旋形大角，角形端正；母羊头小颈长，无角或有小角。前胸宽阔，肋骨开张；腹部紧凑而不下垂；尻部长、宽、平；四肢高且粗壮，蹄圆大	10	10
体躯部	胸背腰发育和结合良好，胸部宽深，坚实，蹄形端正；脂尾呈圆扇形，尾尖上翻内扣，尾长不超过飞节	45	50
生殖器官	母羊乳房发育良好，皮薄毛稀，乳头大小适中；公羊睾丸大小适中，发育良好，附睾明显	20	15
合计		100	100
分级	特级100~90，一级89~80，二级79~70，三级69~60		

2）体重体尺评定。根据体重体尺实测值，按照评定标准评分，确定等级。体重体尺评定标准见表3-3~表3-5。

表3-3　6月龄小尾寒羊体重体尺评定

项目	母　羊					公　羊				
评分范围	特级 100~90	一级 89~80	二级 79~70	三级 69~60	系数 (%)	特级 100~90	一级 89~80	二级 79~70	三级 69~60	系数 (%)
体重/千克	36以上	36~32	31~28	27~25	27	64以上	64~60	59~55	54~50	27
体长/厘米	74以上	74~72	71~69	68~66	23	85以上	85~82	81~78	77~74	23
体高/厘米	73以上	73~71	70~68	67~65	23	83以上	83~80	80~77	76~73	23
胸围/厘米	88以上	87~85	84~82	81~79	27	100以上	100~95	94~90	89~85	27
	合计				100	合计				100

表 3-4　1 周岁小尾寒羊体重体尺评定

项目 评分范围	母羊					公羊				
	特级 100~90	一级 89~80	二级 79~70	三级 69~60	系数 (%)	特级 100~90	一级 89~80	二级 79~70	三级 69~60	系数 (%)
体重/千克	53 以上	53~50	49~46	45~42	27	108 以上	108~104	103~99	98~95	27
体长/厘米	80 以上	80~78	77~75	74~72	23	85 以上	85~82	81~78	77~74	23
体高/厘米	78 以上	78~76	75~73	72~70	23	83 以上	83~80	80~77	76~73	23
胸围/厘米	93 以上	93~90	89~86	85~82	27	100 以上	100~95	94~90	89~85	27
	合计				100	合计				100

表 3-5　2 周岁小尾寒羊体重体尺评定

项目 评分范围	母羊					公羊				
	特级 100~90	一级 89~80	二级 79~70	三级 69~60	系数 (%)	特级 100~90	一级 89~80	二级 79~70	三级 69~60	系数 (%)
体重/千克	61 以上	61~58	57~53	52~49	27	120 以上	120~115	114~110	109~105	27
体长/厘米	86 以上	86~84	83~81	80~78	23	100 以上	99~95	94~90	89~85	23
体高/厘米	84 以上	84~82	81~79	78~76	23	95 以上	94~90	89~85	84~80	23
胸围/厘米	101 以上	101~98	97~94	93~90	27	110 以上	109~105	104~100	99~95	27
	合计				100	合计				100

3）繁殖性能评定。以窝产羔数定等级，母羊窝产羔数 3 个以上的为特级，经产母羊产 3 羔者为一级，产 2 羔者为二级，产 1 羔者为三级。

4）综合评定。按照体质外貌、体重体尺、繁殖性能的单项评定办法，分别评定体质外貌、体重体尺、繁殖性能的等级，然后按照综合评定办法确定个体综合等级。综合评定标准见表 3-6。

四　品种利用

小尾寒羊肉用性能优良，早期生长发育快，成熟早，易育肥，适于早期屠宰，因此小尾寒羊的主要用途是纯种繁育进行肉羊生产或作为羔羊肉生产杂交的优良母本素材。

表3-6　小尾寒羊综合评定

体质外貌等级	体重体尺等级	繁殖性能等级	总评等级	体质外貌等级	体重体尺等级	繁殖性能等级	总评等级
特	特	特	特	一	一	一	一
特	特	一	特	一	一	二	一
特	特	二	一	一	一	三	二
特	特	三	二	一	二		二
特	一		一	一	二		三
特	一	三		一	二	三	三
特	二		三	一	三		三
特	二		三	一	三		三
特	二	三	三			三	三
特	三		三			三	三

　　小尾寒羊的双羔或多羔特性具有遗传性，在选留种公、母羊时，其上代公、母羊最好是从一胎双羔以上的后备羊群中选出。这些具有良好遗传基础的公、母羊留作种用，能在饲养中充分发挥其遗传潜能，提高母羊一胎多羔的概率。

　　小尾寒羊产单羔较少，一般只见于初产羊，而双羔的比例较高。母羊一生中以3～4岁时繁殖率最强，繁殖年限一般为8年。合理调整羊群结构，有计划地补充青年母羊，适当增加3～4岁母羊在羊群中的比例，及时发现并淘汰老、弱或繁殖力低下的母羊，以提高羊群的整体繁殖率。

第二节　湖羊

一　概述

　　湖羊是稀有白色羔皮羊品种，为我国一级保护地方畜禽品种，分布于我国太湖地区，是终年舍饲的我国羔皮用绵羊品种。

　　湖羊具有早熟、四季发情、多胎多羔、繁殖力强、泌乳能力强、生长发育快、有理想产肉性能、肉质好、耐高温高湿等优良性状。湖羊主要具有以下优点：

1. 早熟、多胎、多羔

　　湖羊性成熟早，3～4月龄羔羊就有性行为表现，5～6月龄达性成熟，初配年龄为 8～10 月龄；四季发情、排卵，终年配种产羔。在正常饲养条件下，可年产 2 胎或 2 年产 3 胎，每胎一般 2～3 羔，经产母羊平均产羔率达 220% 以上。

2. 主产品著称于世

主产品小湖羊皮以花纹美观著称于世。小湖羊皮为出生 1～2 天所宰剥的羔皮，毛色洁白，具有扑而不散的波浪花和片花及其他花纹，光泽好，皮板轻薄而致密，是我国传统出口特产之一，被誉为"软宝石"，是目前世界上稀有的一种白色羔皮。

其他产品还有：袍羔皮，为 3 月龄左右羔羊所宰剥的毛皮，毛股长 5～6 厘米，花纹松散，皮板轻薄；老羊皮，成年羊屠宰后所剥下的湖羊皮，是制革的好原料。

3. 羔羊生长快

羔羊生长发育快，3 月龄断奶体重，公羔为 25 千克以上，母羔为 22 千克以上。成年羊体重，公羊为 65 千克以上，母羊为 40 千克以上。成年羊屠宰率为 50% 左右，净肉率为 38% 左右。

二 品种特性

2006 年 9 月 4 日发布的国家标准《湖羊》（GB 4631—2006）规定了湖羊的品种特性和等级评定，本标准适用于湖羊的品种鉴定和等级评定。

1. 产地及分布

湖羊原产我国太湖流域，主要分布于浙江省嘉兴市、湖州市、杭州市余杭区，以及江苏省苏州市和上海市部分地区。

2. 体型外貌

湖羊属短脂尾绵羊，为白色羔皮羊品种。湖羊体格中等，被毛白色，公母均无角，头狭长，鼻梁稍隆起，多数耳大下垂，颈细长，体躯偏下长，背腰平直，腹微下垂，尾扁圆，尾尖上翘，四肢偏细而高。公羊体型大，前躯发达，胸宽深，胸毛粗长。湖羊的外貌特征如图 3-1 所示。

图 3-1 湖羊

3. 生产性能

（1）毛皮品质 湖羊羔

皮湖羊为我国特有的羔皮用绵羊品种，湖羊羔皮毛色洁白，具有扑而不散的波浪花和片花及其他花纹，光泽好，皮板软薄而致密。

（2）体重体尺 湖羊早期生长发育较快。初生重 2.0 千克以上，45 日龄断奶重 10 千克以上。一级羊各生长阶段体重体尺平均值见表 3-7。

表 3-7 湖羊一级羊体重体尺指标

性别	年 龄	体重/千克	体高/厘米	体斜长/厘米	胸宽/厘米
公羊	3 月龄	25	—	—	—
	6 月龄	38	64	73	19
	周岁	50	77	80	25
	成年（1.5 周岁以上）	65	92	85	28
母羊	3 月龄	22	—	—	—
	6 月龄	32	60	70	17
	周岁	40	65	75	20
	成年（1.5 周岁以上）	43	65	75	20

（3）产肉性能 适宜屠宰日龄为 8 月龄。在舍饲条件下 8 月龄屠宰率：公羊为 49%，母羊为 46%；净肉率为 38%。在舍饲条件下，成年羊屠宰率：公羊为 55%，母羊为 52%；成年羊净肉率：公羊为 46%，母羊为 44%。

（4）繁殖性能 湖羊性成熟早，四季发情、排卵，终年可配种产羔，泌乳能力强，可年产 2 胎或 2 年产 3 胎。产羔率：初产母羊为 180% 以上，经产母羊为 250% 以上。

（5）产毛性能 湖羊毛属异质毛，成年公羊年产毛 1.5 千克，成年母羊年产毛 1.0 千克，年剪毛 2 次，春秋季各剪 1 次。

三 等级评定

湖羊等级评定分为初生评定和 6 月龄评定，以初生评定为主，6 月龄评定作为补充。

（1）初生评定

1）评定时间。于羔羊出生后 24 小时内进行。

2）评定内容。包括外貌评定和产羔数评定。

3）评定方法。分特级、一级、二级和三级，评定项目见表 3-8。

① 特级。凡符合下列条件之一的一级优良个体，可列为特级：

a. 花纹面积 4/4 者。

b. 花纹特别优良者。

c. 同胎三羔以上者。

② 一级。同胎双羔，具有典型的波浪形花纹，花纹面积占 2/4 以上，十字部毛长 2 厘米以下，花纹宽度 1.5 厘米以下。花纹明显、清晰，紧贴皮板，光泽正常，发育良好，体质结实。

③ 二级。同胎双羔，具有波浪形花或较紧密的片花，花纹面积占 2/4 以上，十字部毛长 2.5 厘米以下，花纹较明显，尚清晰，紧贴度较好；或花纹欠明显，紧贴度较差，但花纹面积在 3/4 以上。花纹宽度 2.5 厘米以下，光泽正常，发育良好，体质结实，或偏细致、粗糙。

④ 三级。具有波浪形花或片花，花纹面积占 2/4 以上，十字部毛长 3 厘米以下，花纹不明显，紧贴度差，花纹宽度不等，光泽较差，发育良好。

表 3-8　初生羔羊评定登记表

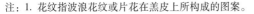

序号	父羊号	母羊号	羔羊号	出生日期	同胎羔数	性别	初生重/千克	毛色	花纹类型	花纹面积	十字部毛长/厘米	花纹宽度/厘米	花纹明显度	花纹紧贴度	光泽	体质类型	等级	备注

注：1. 花纹指波浪花纹或片花在羔皮上所构成的图案。

注：1. 花纹指波浪花纹或片花在羔皮上所构成的图案。

2. 花纹面积指花纹在羔皮体躯主要部位分布的面积。自羔羊的尾根至鬐甲分四等分（包括体侧，不包括腹部），根据花纹所占的面积，分别以 1/4、2/4、3/4 和 4/4 表示。

3. 十字部（荐部）毛长指以尖镊子将羔羊十字部一小撮被毛拉直，用小钢尺紧贴毛根量取其伸直长度，准确度为 0.5 毫米。

4. 花纹明显度指波浪花和片花花纹的明显程度，分明显、欠明显和不明显 3 种，记载时以"明""明一"和"明二"表示。

5. 花纹紧贴度指波浪花和片花花纹紧贴皮肤（皮板）的程度，是否扑而不散。分紧贴、欠紧贴和不紧贴 3 种。记载时以"紧""紧一""紧二"表示。

6. 花纹宽度指波浪同侧隆起最高点之间的宽度，要量取占主导地位的花纹的宽度。

7. 被毛光泽分好、正常和不足 3 种。记载时以"光+""光"和"光-"表示。

41

（2）6月龄评定

6月龄左右需在初生评定基础上进行补充评定。评定项目主要为体型外貌、生长发育情况及被毛状况和体质类型。要求6月龄羊在体型外貌上具有本品种特征，生长发育良好，健康无病，体质结实，被毛中干死毛较少。要求公羊体重在38千克以上，母羊在32千克以上。评定结论分及格和不及格两种，不及格者应对初生评定等级做酌情降级。6月龄评定项目见表3-9。

表3-9　湖羊6月龄评定登记表

序号	个体号	父羊号	母羊号	性别	初生评定等级	体型外貌	体重/千克	被毛状况	体质类型	评定结论	备注

四　品种利用

湖羊主要用于纯种繁育生产羔皮羊和肥羔，生产中注意防止近交衰退，注意强化种公羊管理，引进体型大、生长发育快的良种公羊并经常串换，以避免近亲繁殖。

产区湖羊产羔及使用安排为：第1胎4～5月配种，9～10月产羔，留种或作为肥羔；第2胎2～3月配种、7～8月产羔，全部屠宰剥取羔皮；第3胎9～10月配种，第二年2～3月产羔，生产肥羔，年底出售。

第三节　杜泊羊

一　概述

杜泊羊原产于南非共和国，是该国在1942—1950年，用从英国引入的有角陶赛特公羊与当地的波斯黑头母羊杂交，经选择和培育而成的肉用羊品种。南非于1950年成立杜泊肉用绵羊品种协会，促使该品种得到迅速发展。目前，杜泊羊品种已分布到南非各地。杜泊羊分长毛型和短毛型。长毛型羊生产地毯毛，较适应寒冷的气候条件；短毛型羊毛短，被毛没有纺织价值，但能较好地抗炎热和雨淋。大多数南非人喜欢饲养短毛型杜泊羊，因而，现在该品种的选育方向主要是短毛型。

二 品种特性

1. 产地及分布

杜泊羊在培育时主要适应于南非较干旱的地区，但现在已广泛分布于南非各地。在多种不同草地草原和饲养条件下，它都有良好表现，在精养条件下表现更佳。我国山东、河南、辽宁、北京等省（市）近年来已有引进，杜泊羊被推广到我国温带各气候类型地带，都表现出良好的适应性、耐热抗寒，耐粗饲，唯因体宽腿短，30℃以上坡地放牧稍差，但在较平缓的丘陵地区放牧采食和游走表现很好。

2. 体质外型

根据杜泊羊头颈的颜色，分为白头杜泊和黑头杜泊两种。这两种羊体驱和四肢皆为白色，头顶部平直、长度适中，额宽，鼻梁隆起，耳大稍垂，既不短也不过宽。颈粗短，肩宽厚，背平直，肋骨拱圆，前胸丰满，后驱肌肉发达。四肢强健而长度适中，肢势端正。整个身体犹如一架高大的马车。杜泊绵羊分长毛型和短毛型两个品系。长毛型羊生产地毯毛，较适应寒冷的气候条件；短毛型羊被毛较短（由发毛或绒毛组成），能较好地抗炎热和雨淋，杜泊羊一年四季不用剪毛，因为它的毛可以自由脱落。杜泊羊体质外型见彩图3-3～彩图3-6。

3. 生产性能

（1）产肉性能 杜泊羊个体高度中等，体躯丰满，体重较大。成年公羊和母羊的体重分别在 120 千克和 85 千克左右。杜泊羔羊生长迅速，羔羊平均日增重 200 克以上，断奶体重大，尤以产肥羔肉见长，3.5～4月龄的杜泊羊体重可达 36 千克，屠宰胴体约为 16 千克，4 月龄屠宰率达51%，净肉率为 45% 左右，肉骨比为 9.1:1，料重比为 1.8:1。胴体品质好，肉质细嫩、多汁、色鲜、瘦肉率高，被国际誉为"钻石级肉"。羔羊不仅生长快，而且具有早期采食的能力，特别适合生产肥羔。

（2）繁殖性能 杜泊羊公羊 5～6 月龄性成熟，母羊 5 月龄性成熟；公、母羊分别为 12～14 月龄和 8～10 月龄体成熟，杜泊羊为常年发情，不受季节限制。在良好的生产管理条件下，杜泊母羊可在一年四季的任何时期产羔，母羊的产羔间隔期为 8 个月。在饲料条件和管理条件较好的情况下，母羊可达到 2 年 3 胎，一般产羔率能达到 150%，在一般放养条件下，产羔率为 100%。由大量初产母羊组成的羊群中，产羔率在 120% 左右。该品种具有很好的保姆性与泌乳能力，这是羔羊成活率高的重要因素。

第三章 羊的品种及选育

（3）产毛性能 杜泊羊年剪毛 1 ~ 2 次，剪毛量成年公羊 2 ~ 2.5 千克，母羊 1.5 ~ 2 千克，被毛多为同质细毛，个别个体为细的半粗毛，毛短而细，春毛平均 6.13 厘米，秋毛平均 4.92 厘米，羊毛主体细度为 64 支，少数达 70 支或以上；净毛率为 50% ~ 55%。

（4）种用性能 杜泊羊遗传性能稳定，无论纯繁后代还是改良后代，都表现出极好的生产性能与适应能力，特别是产肉性能，我国引进和国产的肉用绵羊品种都是不可比拟的。该品种皮质优良，也是理想的制革原料。

三　品种利用

杜泊羊具有良好的抗逆性。在较差的放牧条件下，许多品种羊不能生存时，它却能继续存活。即使在相当恶劣的条件下，母羊也能产出并带好 1 头质量较好的羊羔。由于杜泊羊能够适应较差的环境，加之这种羊具备内在的强健性和非选择的食草性，因此使得该品种在肉绵羊中有较高的地位。

杜泊羊食草性强，对各种草不会挑剔，这一优势很有利于饲养管理。在大多数羊场中，可以进行放养，也可饲喂其他品种家畜较难利用或不能利用的各种草料。羊场中既可单养杜泊羊，也可混养少量的其他品种，使较难利用的饲草资源得到利用。

第四节　东弗里生羊

一　概述

东弗里生羊源于生长于欧洲北海群岛及沿海岸的沼泽绵羊。荷兰的弗里生省既是包括荷斯坦奶牛在内的弗里生（黑白花）奶牛的发源地，也是弗里生奶绵羊的发源地之一。东弗里生羊原产于德国东北部，是目前世界绵羊品种中产奶性能最好的品种。

二　品种特性

1. 产地及分布

东弗里生羊原产于德国东北部，有的国家利用东弗里生羊培育合成母系和新的乳用品种。我国也引入了该品种。

2. 体质外型

东弗里生羊体格大，体型结构良好。公、母羊均无角，被毛白色，偶有纯黑色个体出现。体躯宽长，腰部结实，肋骨拱圆，臀部略有倾斜，尾瘦长无毛。乳房结构优良、宽广，乳头良好。外貌特点见彩图3-7、彩图3-8。

3. 生产性能

（1）体重　活重成年公羊为90~120千克，成年母羊为70~90千克。

（2）剪毛量　成年公羊剪毛量为5~6千克，成年母羊剪毛量为4.5千克。羊毛长度为10~15厘米。羊毛同质，羊毛细度为46~56支，净毛率为60%~70%。

（3）繁殖性能　母羔在4月龄达初情期，发情季节持续时间约为5个月，平均正常发情8.8次。欧洲北部的东弗里生羊与芬兰兰德瑞斯羊和俄罗斯罗曼诺夫羊都属于高繁殖率品种，东弗里生羊的产羔率为200%~230%。

（4）产奶性能　成年母羊260~300天产奶量为500~810千克，乳脂率为6%~6.5%。波兰的东弗里生羊日产奶量为3.75千克，最高纪录达到一个泌乳期产奶1498千克。

三　品种利用

东弗里生羊是经过几个世纪的良好饲养管理和认真的遗传改良培育出的高产奶量品种。该品种性情温顺，适于固定式挤奶系统。这一品种用来同其他品种进行杂交来提高产奶量和繁殖力。

第五节　萨福克羊

一　概述

萨福克羊号称世界上长得最快的肉用型绵羊品种，在英国、美国是用作终端杂交的主要公羊。1888年引入加拿大，现在为加拿大最主要的绵羊品种。

二　品种特性

1. 产地及分布

萨福克羊原产英国东部和南部丘陵地，南丘公羊和黑面有角诺福克母羊杂交，在后代中经严选择和横交固定育成，以萨福克郡命名。现广布世界各地，是世界公认的用于终端杂交的优良父本品种。澳洲白萨福克是在原有基础上导入白头和多产基因新培育而成的优秀肉用品种。

2. 体质外型

萨福克羊体格大，头、耳较长，公、母羊均无角。颈长而粗，胸宽而深，背腰平直，腹大而紧凑，后躯发育丰满，呈桶型，四肢健壮，蹄质结实。公羊睾丸发育良好，大小适中、左右对称；母羊乳房发育良好，柔软而有弹性。体躯被毛白色，脸和四肢黑色或深棕色，并覆盖刺毛。萨福克羊体质外型见彩图 3-9、彩图 3-10。

3. 生产性能

（1）**产肉性能** 萨福克羊具有适应性强、生长速度快、产肉多等特点，适于做羊肉生产的终端父本。萨福克成年公羊体重可达 114~136 千克、母羊可达 60~90 千克。萨福克羊早期生长速度快，羔羊日增重 400~600 克，萨福克公、母羊 4 月龄平均体重 47.7 千克，屠宰率为 50.7%，7 月龄平均体重 70.4 千克，胴体重 38.7 千克，胴体瘦肉率高，屠宰率为 54.9%。

用萨福克羊做终端父本与长毛种半细毛羊杂交，4~5 月龄杂交羔羊体重可达 35~40 千克，胴体重 18~20 千克。

（2）**产毛性能** 萨福克羊产剪毛量 2.5~3.0 千克，毛细度为 56~58 支，毛纤维长度为 7.5~10 厘米，净毛率达 60%。

（3）**繁殖性能** 萨福克羊性成熟早，部分 3~5 月龄的公、母羊有互相追逐、爬跨现象，4~5 月龄有性行为，7 月龄性成熟。1 年内多次发情，发情周期为 17 天，受胎率高，第一个发情期受胎率为 91.6%，第二个发情期受胎率为 100%，总妊娠率为 100%。妊娠周期短，一般为 144~152 天。产羔率达 140%。

三 品种利用

我国新疆和内蒙古等地从澳大利亚引入该品种羊，除进行纯种繁育外，还同当地粗毛羊及细毛杂种羊杂交来生产肉羔。萨福克与国内细毛杂种羊、哈萨克羊、阿勒泰羊、蒙古羊等杂交，在相同的饲养管理条件下，杂种羔羊具有明显的肉用体型。杂种 1 代羔羊 4~6 月龄体重高于国内品种 3~8 千克，胴体重高于国内品种 1~5 千克，净肉重高于国内品种 1~5 千克。利用这种方式进行专门化的羊肉生产，羔羊当年即可出栏屠宰，使羊肉生产水平和效率显著提高。

萨福克羊的头和四肢为黑色，被毛中有黑色纤维，杂交后代多为杂色被毛，所以在细毛羊产区要慎重使用。

第六节 特克赛尔羊

一 概述

特克赛尔羊原产于荷兰，为短毛型肉用细毛羊品种，是用林肯羊和莱斯特羊与当地羊杂交选育而成的。具有多胎、羔羊生长快、体大、产肉和产毛性能好等特征，是国外肉脂绵羊名种之一。

二　品种特性

1. 产地及分布

特克赛尔羊为短毛型肉用细毛羊品种，主要分布于荷兰，是在19世纪中叶由林肯羊、边区莱斯特羊的公羊，改良当地沿海低湿地区的一种晚熟但毛质好的土种母羊选育而成。特克赛尔羊主要繁殖在荷兰，在荷兰养殖已有160多年。该品种曾被引入欧洲、美洲和非洲的许多国家。我国也已经引入，分布于黑龙江、陕西、北京和河北等地，是肉羊育种和经济杂交非常优良的父本品种。

2. 体质外型

特克赛尔羊体躯呈长圆筒状，额宽，耳长大，无角，颈短粗，肩宽平，胸宽深，背腰长而平，后躯发育好，肌肉充实。被毛白色，头部无前额毛，四肢无被毛，四蹄为黑色。体质外型见彩图3-11。

3. 生产性能

（1）产肉性能　特克赛尔羊体型较大，成年公羊体重可达85～140千克，母羊达60～90千克。公羔平均初生重为5.0千克，2月龄体重为26千克，平均日增重350克；4月龄平均体重为45千克，2～4月龄平均日增重317克；6月龄平均体重为59千克。母羔平均初生重为4.0千克，2月龄平均体重为22千克，平均日增重300克；4月龄平均体重为38千克，2～4月龄平均日增重为267克；6月龄平均体重为48千克。4～6月龄羔羊可出栏屠宰，屠宰率为55%～60%，瘦肉率和胴体出肉率高。

（2）产毛性能　成年公羊剪毛量平均为5千克，成年母羊为4.5千克，净毛率为60%，羊毛长度10～15厘米，羊毛细度48～50支。

（3）繁殖性能　特克赛尔羊性成熟早，母羊7～8月龄便可配种，且发情季节较长。80%的母羊产双羔，产羔率为150%～200%。

三　品种利用

特克赛尔羊羔羊肉品质好，肌肉发达，瘦肉率和胴体分割率高，市场竞争力强，因此，该品种已广泛分布到比利时、卢森堡、丹麦、德国、法国、英国、美国和新西兰等国，成为这些国家推荐饲养的优良品种和用作经济杂交生产肉羔的父本。我国引入后主要用于肉羊的改良育种和杂种优势利用的杂交父本。

第七节 夏洛莱羊

一 概述

夏洛莱羊属于肉用型绵羊引入品种，原产于法国中部的夏洛莱丘陵和谷地。夏洛莱地区过去饲养本地羊，主要作为肉羊供应首都巴黎。后因羊毛工业兴起，曾引进美利奴羊进行杂交。1980 年法国引入莱斯特羊与当地兰德瑞斯绵羊杂交，形成了一个比较一致的品种类型。1963年将其命名为"夏洛莱肉羊"，1974 年法国农业部正式承认其为品种。我国在 1988 年开始引进，现主要分布于辽宁、内蒙古、新疆、宁夏、河北、河南、山东和山西等地。夏洛莱羊具有早熟、生长发育快、母性和泌乳性能好、体重大、胴体瘦肉率高、育肥性能好等特点，是用于经济杂交生产肥羔较理想的父本。夏洛莱羊可采取全放牧、半舍饲和全舍饲进行饲养，在良好的饲养环境下，能表现出较好的适应性。该羊活泼好动，对外界反应灵敏，稍有动静，就竖耳静立不动，胆小谨慎，人不易接近，很难捕捉。但是夏洛莱羊合群性强，不易与其他羊混群，在刚引进时，其对寒冷气候有一定的应激反应，会出现感冒症状，如打寒战、流鼻涕，常在羊舍内集堆。

二 品种特性

1. 体型外貌

夏洛莱公、母羊均无角，耳修长，向斜前方直立。额宽，头和面部无覆盖毛，皮肤略带粉红色或灰色，个别羊唇端或耳缘有黑色斑点。肉用体型良好，颈短粗，肩宽平，体躯长而圆，胸腰宽深，背腰平直，全身肌肉丰满，后躯发育良好，呈圆筒状。后肢间距宽，呈"倒挂 U"形。四肢健壮。全身被毛为白色，被毛同质。夏洛莱羊体型外貌见彩图 3-12。

2. 生产性能

夏洛莱羊生长速度快，4 月龄育肥羔羊体重 35 ~ 45 千克，6 月龄公羔体重 48 ~ 53 千克、母羔 38 ~ 43 千克，周岁体重公羊 70 ~ 90 千克、母羊80 ~ 100 千克。产肉性能好，4 ~ 6 月龄羔羊胴体重 20 ~ 23 千克，屠宰率为 50%。成年剪毛量公羊 3 ~ 4 千克、母羊 2.0 ~ 2.5 千克，毛长度为 4 ~7cm，毛细度为 56 ~ 58 支。母羊季节性发情，发情时间集中在 9 ~ 10 月，妊娠期 144～148 天，平均受胎率为 95%。初产母羊产羔率为 135%，经产母羊产羔率达 190%。

夏洛莱肥羔羊胴体较重，骨细小，脂肪少，后腿浑圆，肌肉丰满。肉色鲜、味美、肉嫩、精肉多、肥瘦相间，肉呈大理石花纹状，膻味轻，易消化，属于国际一级肉。4～6 月龄肥羔优质肉达 55% 以上。

三　品种利用

夏洛莱羔羊出生后 4～7 天就有效仿采食行为，14～18 日龄就开始采食叶片，如苹果树叶、柳树叶等。夏洛莱羊采食能力极强且采食范围广泛，采食速度快，耐粗饲，但是，应注意每天添加的精饲料量超过 0.75千克时，要分 2～3 顿饲喂，防止发生急性瘤胃鼓胀和前胃迟缓等病。一般的禾本科和豆科植物都能食饱，例如小麦秸、谷秸等。舍饲时，每次15～20 分钟就能食饱，最喜食盐分较高的、略带咸味和苦味的植物。气温在 34℃和 -32℃时仍能采食，当温度过低的时候，夏洛莱羊偏喜食含糖量较高的食物。正常情况下，成年夏洛莱羊每天饮水 5～7 升，双羔泌乳期的母羊每天可饮水 15 升。夏洛莱羊排粪、排尿多在趴卧反刍后站起时，成年羊每年的排粪量约为 650 千克。

夏洛莱羊适宜在干燥、凉爽的环境中生存。长期生活在低洼潮湿的场所，易使羊只感染疾病，生产性能下降。在较好的环境下，其抵抗力较强，很少生病，只要做好定期的驱虫和防疫，给足草料和水，满足其生长和生产需要即可。但在恶劣的环境和较差的营养条件下，其抗病能力将大大减弱，生病后治疗效果不佳。

第八节　波尔山羊

一　概述

波尔山羊原产于南非，后被引入德国、新西兰、澳大利亚等国，我国也有引入，是目前世界上最著名的肉用山羊品种。

波尔山羊具有生长快、抗病力强、繁殖率高、屠宰率和饲料报酬高的特点，同时具备肉质好、胴体瘦肉率高、膻味小、多汁鲜嫩等优质羊肉的特点，是世界上唯一经多年生产性能测验、目前最受欢迎的肉用山羊品种。波尔山羊性情温顺，易于饲养管理，对各种不同的环境条件具有较强的适应性。

二 品种特性

2003 年 11 月 10 日发布的国家标准《波尔山羊》（GB 19376—2003）规定了波尔山羊的品种特性、外貌特征、生产性能和种羊等级指标，本标准适用于波尔山羊的品种鉴别和种羊的等级评定。波尔山羊是肉用山羊品种，具有体型大、生长快；屠宰率高，肉质细嫩；繁殖率强，泌乳性能好；板皮厚，品质好；适应性强，耐粗饲；抗病力强和遗传性能稳定等特点。

1. 体型外貌

（1）头部 头部粗大，眼大有神呈棕色；额部突出，鼻呈鹰钩状；角坚实，长度适中。公羊角基粗大，角向后、向外弯曲。母羊角细而直立。公羊有髯。耳长而大，宽阔下垂。

（2）颈肩部 颈粗，长度适中，与体长相称；肩宽肉厚，颈肩结合良好。

（3）体躯与腹部 前躯发达，肌肉丰满；鬐甲宽阔，胸宽而深，肋骨开张，背部肌肉宽厚；体躯呈圆筒形；腹部紧凑；尻部宽，臀部和腿部肌肉丰满；尾根粗而平直，上翘；母羊乳房发育良好。

（4）四肢 四肢粗壮，长度适中、匀称；系部关节坚韧，蹄壳坚实，呈黑色。

（5）皮肤与被毛 全身皮肤松软，颈部和胸部有明显皱褶，尤以公羊为甚。眼睑和无毛部分有棕红色斑。全身被毛短而密，有光泽，有少量绒毛。头颈部和耳为棕红色或棕色，允许延伸到肩胛部。额端和唇端有一条不规则的白鼻通。体躯、胸、腹部与四肢为白色，尾部为棕红色或棕色，允许延伸到臀部。尾下无毛区着色面积应达 75% 以上，呈棕红色。允许少数全身被毛棕红色或棕色。

（6）性器官 公羊阴囊下垂明显，两个睾丸大小均匀，结构良好。

波尔山羊体型外貌见彩图 3-13、彩图 3-14。

2. 生产性能

（1）生长发育 羔羊初生重平均为公羊 3.8 千克，母羊 3.5 千克；6 月龄平均体重为公羊 35 千克，母羊 30 千克；成年羊体重为公羊 80 ~ 110 千克，母羊 60 ~ 75 千克。300 日龄日增重 135 ~ 140 克。

（2）肉用性能

1）屠宰率。6 ~ 8 月龄活重 40 千克时屠宰率为 48% ~ 52%，成年羊屠宰率为 52% ~ 56%。

2）皮脂厚度。1.2~3.4毫米。

3）骨肉比。1:(6~7)。

（3）繁殖性能

1）性成熟。公羊8月龄性成熟，12月龄以上用于配种；母羊7月龄性成熟，10月龄以上配种。

2）产羔。经产母羊产羔率为190%~230%。

三 等级评定

（1）等级评定依据 体型外貌在符合品种特性的前提下，主要应以体尺、体重作为等级评定依据。

（2）体尺与体重 波尔山羊体尺与体重见表3-10。

表3-10 波尔山羊体尺与体重

年 龄	性 别	等 级	体高/厘米	体斜长/厘米	胸围/厘米	体重/千克
周岁	公羊	特级	65	75	85	55
		一级	60	70	80	50
		二级	55	65	76	45
	母羊	特级	60	65	78	45
		一级	56	60	75	42
		二级	52	55	72	38
成年	公羊	特级	80	90	110	100
		一级	75	84	97	90
		二级	70	78	90	80
	母羊	特级	72	80	95	75
		一级	67	76	90	70
		二级	62	72	85	65

注：体重体尺测量方法，下同。

1. 测量用具：测量体重用台秤或地秤测量。测量体高、体长用测杖；测量胸围用软尺。

2. 体重：在早晨空腹时进行，使用以千克为计量单位的台秤或地秤称重。

3. 体高：由鬐甲最高点至地面的垂直距离。

4. 体斜长：肩胛前缘至坐骨结节的直线距离。

5. 胸围：切于肩胛后缘绕经前胸部的周长。

6. 测量要求：测量时要使羊站在平坦、坚实的地面上，四肢直立，并分别在一条直线上，头部自然前伸。

（3）种羊登记与评定

1）周岁以后方可申请登记和等级评定。

2）等级评定按本标准执行，并建立相关档案。

（4）种羊出售

1）种羊出售应符合《种畜禽管理条例》有关规定。

2）后备羊出场应在6月龄以上，并符合本标准规定的品种特征。

3）用于人工授精的种公羊应达到一级以上。

四 品种利用

波尔羊体质强壮，适应性强，善于长距离放牧采食，适于灌木林及山区放牧，适宜热带、亚热带及温带气候环境饲养。抗逆性强，能防止寄生虫感染。与地方山羊品种杂交，能显著提高后代的生长速度及产肉性能。

我国引入波尔山羊主要用于杂交改良地方山羊，提高后代的肉用性能，一般作为终端杂交父本使用，进行肉羊生产。也有的地方用该品种进行级进杂交，彻底改变了地方山羊的生产方向，显著提高了杂交后代的肉用性能。

第九节 南江黄羊

一 概述

南江黄羊是四川南江县以纽宾奶山羊、成都麻羊、金堂黑山羊为父本，南江县本地山羊为母本，采用复杂育成杂交方法培育的，后又导入吐根堡奶山羊的血液，经过长期的选育而成的肉用型山羊品种，1995年10月经过南江黄羊新品种审定委员会审定，1996年11月通过国家畜禽遗传资源管理委员会羊品种审定委员会实地复审，1998年4月被农业部批准正式命名。南江黄羊不仅具有性成熟早、生长发育快、繁殖力强、产肉性能好、适应性强、耐粗饲、遗传性稳定的特点，而且肉质细嫩、适口性好，板皮品质优。南江黄羊适于农区、山区饲养。南江黄羊是目前在我国山羊品种中是产肉性能较好的品种群。

二 品种特性

该书引用的是国家标准《南江黄羊》（NY 809—2004），该标准是2004年8月25日发布，2004年9月1日开始实施的。本标准规定了南江黄羊的品种特性和等级评定，用于南江黄羊的品种鉴别和种羊的等级评定。

1. 产地及分布

南江黄羊原产于四川省南江县。

2. 体型外貌

南江黄羊全身被毛黄褐色，毛短富有光泽。颜面黑黄，鼻梁两侧有一对称的浅黄色条纹。公羊颈部及前胸被毛黑黄粗长。枕部沿背脊有 1 条黑色毛带，十字部后渐浅。头大小适中，母羊颜面清秀。大多数有角，少数无角。耳较长或微垂，鼻梁微隆。公、母羊均有毛髯，少数羊颈下有肉髯。颈长短适中，与肩部结合良好；胸深而广，肋骨开张；背腰平直，尻部倾斜适中；四肢粗壮，肢势端正，蹄质结实。体质结实，结构匀称。体躯略呈圆筒形。公羊额宽，头部雄壮，睾丸发育良好。母羊乳房发育良好。南江黄羊成年公、母羊体质外型见彩图 3-15。

3. 生产性能

（1）体重 一级羊体重体尺标准下限见表 3-11。

表 3-11 一级羊体重体尺标准下限

年　龄	性　别	体重/千克	体高/厘米	体长/厘米	胸围/厘米
6 月龄	公羊	25	55	57	65
	母羊	20	52	54	60
周岁	公羊	35	60	63	75
	母羊	28	56	59	70
成年	公羊	60	72	77	90
	母羊	40	65	68	80

（2）产肉性能 10 月龄羯羊胴体重 12 千克以上，屠宰率为 44% 以上，净肉率为 32% 以上。

（3）繁殖性能 母羊的初情期在 3～5 月龄，公羊性成熟期在 5～6 月龄。初配年龄公羊在 10～12 月龄，母羊在 8～10 月龄。母羊常年发情，发情周期 19.5±3 天，发情持续期 34±6 小时，妊娠期为 148±3 天，产羔率初产母羊为 140%，经产母羊达 200%。

三 等级评定

（1）评定时间 6 月龄、周岁、成年 3 个阶段。

（2）评定内容　体型外貌、体重体尺、繁殖性能和系谱。

（3）评定方法

1）外貌等级划分。按体型外貌评分表评出总分，再按外貌等级标准划出等级。体型外貌评分见表3-12，外貌等级划分见表3-13。

表3-12　体型外貌评分

项　目		评分要求	满　分	
			公	母
外貌	被毛	被毛黄色，富有光泽，自枕部沿背脊有1条由粗到细的黑色毛带，至十字部后不明显，被毛短浅，公羊颈与前胸有粗黑长毛和深色毛髯，母羊毛髯细短色浅	14	13
	头型	头大小适中，额宽面平，鼻微拱，耳大长直或微垂	8	6
	外形	体躯略呈圆筒形，公羊雄壮，母羊清秀	6	5
	小计		28	24
体躯	颈	公羊粗短，母羊较长，与肩部结合良好	6	6
	前躯	胸部深广，肋骨开张	10	10
	中躯	背腰平直，腹部较平直	10	10
	后躯	荐宽，尻丰满斜平适中。母羊乳房呈梨形，发育良好，无附加乳头	12	16
	四肢	粗壮端正，蹄质结实	10	10
	小计		48	52
发育	外生殖器官	发育良好，公羊睾丸对称，母羊外阴正常	10	10
	整体结构	肌肉丰满，膘情适中，体质结实，各部结构匀称、紧凑	14	14
	小计		24	24
	总计		100	100

表 3-13　外貌等级划分

等　级	公　羊	母　羊
特级	≥95	≥95
一级	≥85	≥85
二级	≥80	≥75
三级	≥75	≥65

2）体重体尺等级划分。体重体尺等级划分见表 3-14。

表 3-14　体重体尺等级划分

年　　龄	等　　级	公　羊				母　羊			
		体高/厘米	体长/厘米	胸围/厘米	体重/千克	体高/厘米	体长/厘米	胸围/厘米	体重/千克
6 月龄	特	62	65	72	28	58	60	65	23
	一	55	57	65	25	52	54	60	20
	二	50	52	60	22	48	50	55	17
	三	45	47	55	19	44	46	50	15
周岁	特	67	70	82	40	62	66	77	32
	一	60	63	75	35	56	59	70	28
	二	55	58	70	30	52	55	65	24
	三	50	53	65	25	48	51	60	21
成年	特	79	85	99	69	72	75	87	45
	一	72	77	90	60	65	68	80	40
	二	67	72	84	55	60	63	75	36
	三	62	66	78	50	55	58	70	32

注：成年公羊 3 岁，成年母羊 2.5 岁。

3）繁殖性能等级划分。

① 种母羊繁殖性能。种母羊繁殖性能划分见表 3-15。

表 3-15　繁殖性能等级划分

等　级	年产窝数	窝产羔数
特	≥2.0	≥2.5

等　　级	年产窝数	窝产羔数
一	≥1.8	≥2.0
二	≥1.5	≥1.5
三	≥1.2	≥1.2

②种公羊精液品质。南江黄羊种公羊每次射精量在 1.0 毫升以上，精子密度每毫升达 20 亿个以上，活力为 0.7 以上。公羊每天采精 2 次，连续采精 3 天休息 1 天。

4）个体品质等级评定。个体品质根据体重（经济重要性权重为 0.36）、体尺（经济重要性权重为 0.24）、繁殖性能（经济重要性权重为 0.3）、体型外貌（经济重要性权重为 0.1）指标进行等级综合评定。综合评定见表 3-16。

表 3-16　个体品质等级评定

体型外貌	体重体尺															
	特				一				二				三			
	繁殖性能				繁殖性能				繁殖性能				繁殖性能			
	特	一	二	三	特	一	二	三	特	一	二	三	特	一	二	三
特	特	特	特	一	一	一	二	二	二	二	二	三	三	三	三	三
一	特	特	一	一	一	一	二	二	二	二	二	三	三	三	三	三
二	特	一	一	一	一	二	二	二	二	二	三	三	三	三	三	三
三	一	一	一	二	二	二	二	二	三	三	三	三	三	三	三	三

5）系谱评定等级划分。系谱评定等级划分见表 3-17。

表 3-17　系谱评定等级划分

母　　羊	公　　羊			
	特	一	二	三
特	特	一	一	二
一	特	一	二	二
二	一	一	二	三
三	二	二	二	三

6）综合评定。种羊等级综合评定，以个体品质（经济重要性权重为

0.7)、系谱（经济重要性权重为 0.3）两项指标进行评定，见表 3-18。

表 3-18　种羊等级综合评定

系谱	个体品质			
	特	一	二	三
特	特 特 特 特	一 一 一 二	一 二 二 二	二 二 二 三
一	特 特 特	一 一 二 二	一 二 二 二	二 二 二 三
二	特 一			
三	三			

四　品种利用

南江黄羊是国家农业部重点推广的肉用山羊品种之一，该品种已被推广到福建、浙江、陕西、河南、湖北等 10 多个省（自治区），对各地方山羊品种的改良效果显著。

第十节　努比亚山羊

一　概述

努比亚山羊是世界著名的肉、乳、皮兼用型山羊品种之一，原产于非洲的埃及，体高与萨能羊相当，产肉量高于萨能羊，性情温顺，繁殖力强，不耐寒冷但耐热性能强。

二　品种特性

1. 产地及分布

努比亚山羊原产于非洲东北部的埃及、苏丹及邻近的埃塞俄比亚、利比亚、阿尔及利亚等国，在英国、美国、印度、南非及东欧等国都有分布，具有性情温顺、繁殖力强等特点。我国引入的努比亚山羊多来源于美国、英国和澳大利亚等国，主要饲养于四川省成都、简阳市，广西壮族自治区及湖北省房县等地。

2. 体质外型

努比亚山羊体格较大，外表清秀，具有"贵族"气质。头短小，耳大下垂，公、母羊无须无角，面部轮廓清晰，鼻骨隆起，为典型的"罗马鼻"。耳长宽，紧贴头下部下垂。颈部较长，前胸肌肉较丰满。体躯较短，

呈圆筒状，尻部较短，四肢较长。毛短细，色较杂，以带白斑的黑色、红色和暗红色居多，也有纯白者。在公羊背部和股部常见短粗毛。体质外型见彩图 3-16。

3. 生产性能

（1）产肉性能 羔羊生长快，产肉多。成年公羊平均体重为 79.38 千克，成年母羊为 61.23 千克。

（2）泌乳性能 努比亚山羊性情温顺，泌乳性能好，母羊乳房发育良好，多呈球形。泌乳期一般为 5 ~ 6 个月，产奶量一般在 300 ~ 800 千克，盛产期日产奶 2 ~ 3 千克，高者可达 4 千克以上，乳脂率为 4% ~ 7%，奶的风味好。我国四川省饲养的努比亚奶山羊，平均一胎 261 天产奶 375.7 千克，二胎 257 天产奶 445.3 千克。

（3）繁殖性能 努比亚奶山羊繁殖力强，1 年可产 2 胎，每胎 2 ~ 3 羔。四川省简阳市饲养的努比亚奶山羊，怀孕期 149 天，各胎平均产羔率达 190%，其中一胎为 173%，二胎为 204%，三胎为 217%。

三 品种利用

努比亚奶山羊原产于干旱炎热地区，因而耐热性好，我国广西壮族自治区、四川省简阳市、湖北省房县从英国和澳大利亚等国引入饲养，与地方山羊杂交，提高了当地山羊的肉用性能和繁殖性能，深受养殖户的喜爱。努比亚奶山羊是较好的杂交肉羊生产母本，也是改良本地山羊较好的父本，四川省用它与简阳本地山羊杂交，获得较好的杂交优势，形成了全国知名的简阳大耳羊品种类群。

第十一节 羊的选种及选配

我国的羊品种繁多，除了我国自己育成的羊品种之外，还从其他国家引进一些优秀品种，而每一个品种都是在一定的自然条件下，经过人工选育和自然淘汰逐步形成的，每个品种都具有独特的生物学特点和生产性能及适宜的生长发育条件。

在羊产业发展的过程中，种羊的好坏是养羊业成败的关键因素，对种羊进行选择就称为选种。选种工作开展得是否科学、是否到位，不仅影响到种羊群生产潜力的发挥，更主要的是影响后代的生产性能和养羊业的经济效益。因此选择种羊主要的目的是提高后代的数量和质量，具体地说就是选择理想的公、母羊留种，淘汰较差的个体，使群体中的优秀个体具有更多的繁殖后代的机会，以提高后代群体的遗传素质和生产性能。

做好选种工作之后，还要做好种羊的选配工作，确保优秀的种羊生产出优秀的后代，为种羊群的持续发展、提高其生产性能奠定基础。

一 种羊的选择

1. 选种的根据

选种是在羊只个体鉴定的基础上进行的，主要根据体型外貌、生产性能、后代品质和血缘4个方面对羊只进行选择。

(1) 体型外貌　体型外貌在纯种繁育中非常重要，凡是不符合本品种特征的羊不能作为选种对象。不同阶段羊的体型外貌和生理特征可以反映种羊的生长发育和健康状况等，因此可以作为选种的参考依据。从羔羊到育成羊、繁殖羊，每一个阶段都要按该品种的固有特征，确定选择标准进行选择，这种选择方法简单易行。

我国先后引进一些国外羊种，参与我国羊的改良工作，在选种的过程中同样要注意纯种繁育后应该按照该品种的外貌特征选留种羊，杂交羊如果后期不进行杂交配套，尽量不留种用。

(2) 生产性能　生产性能包括体重、屠宰率、繁殖力、泌乳力，早熟性、产毛量、羔裘皮的品质等方面。

羊的生产性能可以通过遗传传给后代，因此选择生产性能好的种羊是选育的关键环节。但要在各个方面都优于其他品种是不可能的，应突出主要优点。

(3) 后裔　种羊本身是否具备优良性能是选种的前提条件，但它的生产性能水平是否能真实稳定地遗传给后代，就要根据其所产后代（后裔）的成绩进行评定，这样就能比较正确地选出优秀种羊个体。但是这种选择方法经历的时间长，耗费的人力、物力多，一般只有非常重要的选种工作才会开展后裔测定，如通过近交建系法建立优秀家系则可以采用此法。在选种过程中，要不断地选留那些性能好的后代作为后备种羊。

(4) 血缘　血缘即系谱，这种选择方法适合于尚无生产性能记录的羔羊、育成羊或后备种羊，根据它们的双亲和祖代的记录成绩和遗传结果进行选择。系谱选择主要是通过比较其祖先的生产性能记录来推测它们稳定遗传祖先优秀性状的能力，据遗传原理可知，血缘关系越近的祖先对后代的影响越大，所以选种时最重要的参考资料是父母的生产记录，

第三章　羊的品种及选育

其次是祖代的记录。系谱选择对于低遗传力性状如繁殖性能的选择效果较好。

2. 选种的方法

生产中种羊的选择方法主要有根据体型外貌和生理特点选择和根据生产性能记录资料选择两种方法，选种时群体选择和个体选择交叉进行。

（1）根据体型外貌和生理特点选择 选种要在对羊只进行体型外貌和生理特点鉴定的基础上进行。羊的鉴定有个体鉴定和等级鉴定两种，都按鉴定的项目和等级标准准确地进行等级评定。个体鉴定要按项目进行逐项记载，等级鉴定则不做具体的个体记录，只写等级编号。

需要进行个体鉴定的羊包括特级、一级公羊和其他各级种用公羊，准备出售的成年公羊和公羔，特级母羊和指定做后裔测验的母羊及其羔羊。除进行个体鉴定的羊只以外都作等级鉴定，前面所介绍的羊品种中有国家标准和农业行业标准的我们已经一一列出，没有相关标准的羊品种等级标准可根据育种目标的要求自行制定选育标准，等级鉴定的相关内容在此不再赘述。

羊的鉴定一般在体型外貌、生产性能达到充分表现，且有可能做出正确判断的时候进行。公羊一般是在成年，母羊是在第一次产羔后，对其生产性能予以测定。为了培育优良羔羊，在初生、断奶、6月龄、周岁的时候都要进行鉴定，裘皮型的羔羊，在羔皮和裘皮品质最好时进行鉴定。后代的品质也要进行鉴定，主要通过各项生产性能测定来进行。对后代品质的鉴定，是选种的重要依据。凡是不符合要求的及时淘汰，合乎标准的作为种用。除了对个体鉴定和后裔的测验之外，对种羊和后裔的适应性、抗病力等方面也要进行考察。

1）羊的个体鉴定具体方法。个体鉴定首先要确定羊只的健康情况，健康是生产的最重要基础。健康无病的羊只一般活泼、好动，肢势端正，乳房形态、功能好，体况良好，不过肥也不过瘦，精神饱满，食欲良好，不会离群索居。有红眼病、腐蹄病、瘸腿的羊只都不宜作为种用。

在健康的基础上进行羊的外貌鉴定，体形外貌应符合品种标准，无明显失格：

① 嘴形。正常的羊嘴是上颌和下颌对齐。上颌和下颌轻度对合不良，问题不大，但比较严重时就会影响正常采食。要确定羊上颌和下颌齐合情况，宜从侧面观察。若下颌或上颌突出，则属于遗传缺陷。下颌短者，俗称鹦鹉嘴。上颌短者，俗称猴子嘴。羊的嘴形见图3-2。

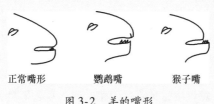

正常嘴形　　　鹦鹉嘴　　　猴子嘴

图 3-2　羊的嘴形

② 牙齿。羊的牙齿状况依赖于它的食物及其生活的土壤环境。采食粗饲料多的羊只，其牙齿磨损较快。在咀嚼功能方面，臼齿较切齿更重要。它们主要负责磨碎食物。要评价羊的牙齿磨损情况，需要进行检查。不要直接将手指伸进羊口中，否则会被咬伤。臼齿有问题的羊多伴有呼吸急促等现象。有牙病者不宜留种。

③ 蹄部和腿部。健康的羊只应是肢势端正，球节和膝部关节坚实，角度合适。肩胛部、髋骨、球节倾角适宜，一般应为45°左右，不能太直，也不能过分倾斜。蹄腿部有轻微毛病者一般不影响生活力和生产性能，但失格比较严重的往往生活力较差。蹄甲过长、畸形、开裂者或蹄甲张开过度的羊只均不宜留种。

④ 体型和体格。不同用途的羊，体型应符合主生产力方向的要求，如肉羊体型应呈细致疏松型，乳用羊体型为细致紧凑型，而毛用羊体型则为细致疏松型。各种用途的羊的体格都要求骨骼坚实，各部结合良好，躯体大。个体过小者应被淘汰。公羊应外表健壮，雄性十足，肌肉丰满。母羊一般体质细腻，头清秀细长，身体各部角度线条比较清晰。

⑤ 乳房。乳房发育不良的母羊没有种用价值。母羊乳房大小因年龄和生理状态不同而异。应触诊乳房，确定是否健康无病和功能正常。若乳房坚硬或有肿块者，应及时淘汰。乳房应有两个功能性的乳头，乳头应无失格。乳房下垂、乳头过大者都不宜留种。此外，也应对公羊的乳头进行检查。公羊也应有两个发育适度的乳头。

⑥ 睾丸。公羊睾丸的检查需要触诊。正常的睾丸应是质地坚实，大小均衡，在阴囊中移动比较灵活。若有硬块，有可能患有睾丸炎或附睾炎。若睾丸质地正常，但睾丸和阴囊周径较小，也不宜留种。阴囊周径随品种、体况、季节变化，青年公羊的阴囊大小一般应在 30 厘米以上，成年公羊的应在 32 厘米以上。

2）羊的生产性能鉴定。羊的生产性能主要指的是主要经济性状的生产能力，包括产肉性能、产毛皮性能、产乳性能、生长发育性能、生活力和繁殖性能等，第二章我们介绍了羊的生产性能评价指标和羊的生产性能测定方法，依据评价指标在生产中对种羊的生产性能进行评定，指导种羊群的选种和育种工作。同时，必须系统记录羊的生产性能测定结果，根据测定内容设计不同形式的记录表格，可以是纸质表格，也可以建立电子记录档案，保存在计算机中，特别是记录时间长、数据量大时使用电子记录更便于进行相关数据分析。

（2）根据记录资料进行选择　种羊场应该做好羊只主要经济性状的成绩记录，应用记录资料的统计结果采取适当的选种方法，能够获得更好的选育效果。

1）根据系谱资料进行选择。这种选择方法适合于尚无生产性能记录的羔羊、育成羊或后备种羊，根据它们的双亲和祖代的记录成绩和遗传结果进行选择。系谱选择主要是通过比较其祖先的生产性能记录来推测它们稳定遗传祖先优秀性状的能力，据遗传原理可知，血缘关系越近的祖先对后代的影响越大，所以选种时最重要的参考资料是父、母的生产记录，其次是祖代的记录。系谱选择对于低遗传力性状如繁殖性状的选择效果较好。

系谱审查要求有详细记载，因此凡是自繁的种羊应做详细的记载，购买种羊时要向出售单位和个人索取卡片资料，在缺少记载的情况下，只能根据羊的个体鉴定作为选种的依据，无法进行血缘的审查。

2）根据本身成绩进行选择。本身成绩是羊生产性能在一定饲养管理条件下的现实表现，它反映了羊自身已经达到的生产水平，是种羊选择的重要依据。这种选择法对遗传力高的性状（如肉用性能）选择效果较好，因为这类性状稳定遗传的可能性大，只要选择了好的亲本就容易获得好的后代。

①据本身成绩选择公羊。公羊对群体生产性能的改良作用巨大，选择优秀公羊可以改善每只羔羊的生产性能，加快群体重要经济性状的遗传进展。在一般中小型羊场，80%～90%的遗传进展是通过选择公羊得到的，其余10%～20%通过选择母羊而得。小型羊场一般都需要从外面购买公羊，这时要特别重视公羊的质量。

在使用多个公羊的群体内，可用羔羊断奶重和断奶重比率来进行公羊种用价值评定。在评估公羊生产性能时，需要考虑公羊和母羊的比率，将母羊羔羊窝重调整为公羊羔羊窝重。公羊生产性能评估见表3-19。

表 3-19　公羊生产性能评估

公 羊 号	羔羊数目	矫正羔羊 90 日龄断奶重	羔羊断奶重比率

注：矫正羔羊 90 日龄断奶重 = 断奶重 ÷ 断奶日龄 × 90

　　羔羊断奶重比率 = 某羔羊 90 日龄断奶重 ÷ 羔羊群体平均 90 日龄断奶重 × 100

② 据母羊本身成绩选择母羊。对于每只母羊，可用实际断奶重或矫正 90 日龄断奶重进行评价。也可以计算母羊生产效率评价：

母羊生产效率 = 每年羔羊断奶窝重 ÷ 断奶时母羊体重 × 100

从上面的公式可见，母羊生产效率在 50% ~ 100%。生产效率越高，则饲料转化率越高，利润越大。

3）根据同胞成绩进行选择。可根据全同胞和半同胞 2 种成绩进行选择。同父同母的后代个体间互称全同胞，同父异母或同母异父的后代个体间互称半同胞。它们之间有共同的祖先，在遗传上有一定的相似性，它能对种羊本身不表现性状的生产优势做出判断。这种选择方法适合限性性状或活体难于量性状的选择，如种公羊的产羔潜力、产乳潜力就只能根据同胞、半同胞母羊的产羔或产乳成绩来选择，种羊的屠宰性能则根据屠宰的同胞、半同胞的实测成绩来选择。

4）根据后裔成绩进行选择。根据系谱、本身记录和同胞成绩选择可以确定选择种羊个体的生产性能，但它的生产性能是否能真实稳定地遗传给后代，就要根据其所产后代（后裔）的成绩进行评定，这样就能比较正确地选出优秀种羊个体。但是这种选择方法经历的时间长，耗费的人力、物力多，一般只有非常重要的选种工作才会开展后裔测定，如通过近交建系法建立优秀家系则可以采用此法。

公羊后裔测定的基本方法是：使公羊与相同数量、生产性能相似的母羊进行交配。然后记录母羊号、母羊年龄、产羔数、羔羊初生重、断奶日龄等信息，计算矫正 90 日龄断奶重、断奶重比率等指标，然后进行比较。在产羔数相近的情况下，以断奶重和断奶重比率为主比较公羊的优劣。

5）根据综合记录资料进行选择。反映种羊生产性能的有多个性状，每个性状的选择可靠性对不同的记录资料有一定差异。对成年种羊来说其亲本、后代、自身等均有生产性能记录资料，就可以根据不同性状与这些资料的相关性大小，上下代成绩表现进行综合选择，以选留更好的种羊。

3. 做好后备种羊的选留工作

为了保障选种工作的顺利进行，选留好后备种羊是非常必要的。后备种羊的选留要从以下几个方面进行：

(1) 选窝（看祖先） 从优良的公、母羊交配后代中及全窝都发育良好的羔羊中选择。母羊需要选择第二胎以上的经产多羔羊。

(2) 选个体 要在初生重和生长各阶段增重快、体尺好、发情早的羔羊中选择。

(3) 选后代 要看种羊所产后代的生产性能，是不是将父母代的优良性能传给了后代，凡是没有这方面的遗传，不能选留。

后备母羊的数量，一般要达到需要数的 3 ~ 5 倍，后备公羊的数也要多于需要数，以防在育种过程中有不合格的羊不能种用而数量不足。

二 种羊的选配

选配是指在选种的基础上，有目的、有计划地选择优秀公、母羊进行交配，有意识地组合后代的遗传基础、获得体型外貌理想和生产性能优良的后代。选配是选种工作的继续，决定着整个羊群以后的改进和发展方向，选配是双向的，既要为母羊选取最合适的与配公羊，也要为公羊选取最合适的与配母羊。

1. 选配的原则

1）选配要与选种紧密结合起来，选种要考虑选配的需要，为其提供必要的资料；选配要和选种配合，使双亲有益性状固定下来并传给后代。

2）要用最好的公羊选配最好的母羊，但要求公羊的品质和生产性能必须高于母羊，较差的母羊也要尽可能与较好的公羊交配，使后代得到一定程度的改善，一般二、三级公羊不能做种用，不允许有相同缺点的公、母羊进行选配。

3）要尽量利用好的种公羊，最好经过后裔测验，在遗传性未经证实之前，选配可按羊体型外貌和生产性能进行。

4）种羊的优劣要根据后代品质做出判断，因此要有详细和系统的记载。

2. 选配的方法

羊的选配主要包括个体选配和种群选配。个体选配又分为品质选配和亲缘选配；种群选配又分为纯种繁育和杂交繁育，种群选配的内容将在下一个项目中叙述。

个体选配是在羊的个体鉴定的基础上进行的选配。它主要根据个体鉴定、生产性能、血缘和后代品质等情况决定交配双方。

（1）**品质选配** 品质选配又可分为同质选配、异质选配及等级选配。搞好品质选配，既能巩固优秀公羊的良好品质，又能改善品质欠佳的母羊品质，故肉用羊应广泛采取品质选配。

1）同质选配是一种以表型相似性为基础的选配，它是指选用性状相同、性能表现一致或育种值相似的优秀公、母羊配种，以获得与亲代品质相似的优秀后代，这种选配常用于优良性状的固定及杂交育种过程中理想型的横交固定。

生产中不要过分强调同质选配的优点，否则容易造成单方面的过度发育，使体质变弱，生活力降低。因此，在繁育过程中的同质选配，可根据育种工作的实际需要而定。

2）异质选配是一种以表型不同为基础的选配，主要是选择具有不同优异性状的公、母羊相配，以期将公、母羊所具备的不同优良性状结合起来，获得兼备双亲不同优点的后代；或者是利用公羊的优点纠正或克服母羊的缺点或不足而进行的选配。

这种选配方式的优缺点，在某种程度上与同质选配相反。

3）等级选配是根据公、母羊的综合评定等级，选择适合的公、母羊进行交配，它既可以是同质选配（特级、一级母羊与特级、一级公羊的选配），也可以是异质选配（二级以下的母羊与二级及其以上等级公羊的选配）。

（2）**亲缘选配** 亲缘选配是指选择有一定亲缘关系的公、母羊交配。按交配双方血缘关系的远近又可分为近交和远交2种。近交是指交配双方到共同祖先的代数之和在6代以内的个体间的交配；反之，则为远交。近交在养羊业中主要用来固定优良性状，保持优良血统，提高羊群的同质性，揭露有害基因。近交在育种工作中具有其特殊作用，但近交又有其危害性（近交衰退），故在生产中应尽量避免近交，不可滥用。

亲缘选配的作用在于遗传性稳定，这是优点，但亲缘选配容易引起后代的生活力降低，羔羊体质弱，体格变小，生产性能降低。亲缘交配，应采取下列措施，预防不良后果的产生：

1）严格选择和淘汰。必须根据体型和外貌来选配，使用强壮的公、母羊配种可以减轻不良后果。亲缘选配所产生的后代，要仔细鉴别，选留那些体质坚实和健壮的个体继续做种羊。凡体质弱、生活力低的个体应予以淘汰。

2）血缘更新。就是把亲缘选配的后代与没有血缘关系、并培育在不同条件下的同品种个体进行选配，可以获得生活力强和生产性能好的后代。

第十二节 羊的引种

一 根据生产需要，确定引入品种

1. 结合当地气候环境和生产性能选择品种

在引入羊种之前，要明确本养殖场的主要生产方向，全面了解拟引进品种羊的生产性能，以确保引入羊种与生产方向一致。如长江以南地区，适于山羊饲养，在寒冷的北方则比较适合绵羊饲养，山区丘陵地区也较适于山羊饲养。有的地区也有相当数量的地方羊种，只是生产水平相对较低，这时引入的羊种应该以肉用性能为主，同时兼顾其他方面的生产性能。可以通过厂家的生产记录、近期测定站公布的测定结果以及有关专家或权威机构的认可程度了解该羊种的生产性能，包括对生长发育、生活力和繁殖力、产肉性能、饲料消耗、适应性等进行全面了解。

同时要根据相应级别（品种场、育种场、原种场、商品生产场）选择良种。如有的地区引进纯系原种，其主要目的是改良地方品种，培育新品种、品系或利用杂交优势进行商品羊生产；也有的羊场引进杂种代直接进行肉羊生产。

确保引进生产性能高而稳定的羊种。根据不同的生产目的，有选择性地引入生产性高且稳定的品种，对各品种的生产特性进行正确比较。如从肉羊生产角度出发，既要考虑其生长速度、出栏时间和体重，尽可能高地增加肉羊生产效益，又要考虑其繁殖能力，有的时候还应考虑肉质，同时要求各种性状保持稳定和统一。

2. 选择市场需求的品种

根据市场调研结果，引入能满足市场需要的羊种。不同的市场需要不同的品种，如有些地区喜欢购买山羊肉，有些地区则喜食绵羊肉，并且对肉质的需求也不尽相同。生产中则要根据当地市场需求和产品的主要销售地区选择合适的羊种。

3. 根据养殖实力选择羊种

要根据自己的财力，合理确定引羊数量，做到既有钱买羊，又有钱养羊。俗话说"兵马出征，粮草先行"，准备购羊前要备足草料，修缮羊舍，配备必要的设施。刚步入该行业的养殖户不宜投入太多引进国外品种，也不适合搞种羊培育工作。最好先从商品肉羊生产入手，因为种羊生产投入高、技术要求高，相对来说风险大，待到养殖经验丰富、资金积累成熟时再从事种羊养殖、制种推广。

引入的良种要物尽其用，各级单位要充分考虑到引入羊种的经济、社会和生态效益，做好原种保存、制种繁殖和选育提高的育种计划。

二 合理选择供种地（场）

引羊时要注意供种地点和羊场的选择，一般建议到该品种的主产地去引种。首先可登录国家种畜禽生产经营许可证管理系统确认该羊场是否有种羊供应资质，未被录入该系统的羊场，均不具备供应种羊的资质。

引种时要主动与当地畜牧部门取得联系，获得专业的帮助。另外，引种前要先进行实地考察，对不同羊场来源的种羊进行对比，确定最终供种地（场）。

三 注意事项

1. 做到引种程序规范、技术资料齐全

（1）签订正规引种合同　引种时一定要与供种场家签订引种合同，应注明品种、性别、数量、生产性能指标、售后服务项目及责任、违约索赔事宜等。

（2）索要相关技术资料　不同羊种、不同生理阶段，其生产性能、营养需求和饲养管理技术手段都会有差异，因此引种时向供种方索要相关生产技术材料有利于生产中参考。

（3）了解种羊的免疫情况　不同羊场的种羊免疫程序和免疫种类可能有差异，因此必须了解供种场家已经对种羊做过何种免疫，避免引种后重复免疫或者漏免造成不必要的损失。

2. 保证引进健康、适龄种羊

羊只的挑选是引种的关键，因此到现场参与引羊的人，最好是有养羊经验的人，能够准确把握羊的外貌鉴定，能够挑选出品质优良的个体，会看羊的年龄，了解羊的品质。到种羊场去引羊，首先要了解该羊场是否有畜牧部门签发的《种畜禽生产许可证》、《种羊合格证》及《系谱耳号登记》，三者必须齐全。

若到主产地农户家收购，应主动与当地畜牧部门联系，也可委托畜牧部门办理，让他们把好质量关口。挑选时，要看羊的外貌特征是否符合品种标准，公羊要选择1~2岁的，手摸睾丸富有弹性，注意不购买单睾羊；手摸有痛感的多患有睾丸炎，膘情要求中、上等但不要过肥或过瘦。

母羊多选择6月龄左右，这些羊基本没参加配种，繁殖疾病较少，繁殖传染病同样少。6月龄母羊在引入后2个月基本进入配种期，也适应了当地的气候环境，过了应激期。

3. 确定适宜的引羊时间

引羊最适季节为春、秋两季，因为这两个季节气温不高，也不太冷。冬季在华南、华中地区也能进行，但要注意采取保温措施。引羊最忌在夏季，6～9月天气炎热、多雨，大都不利于远距离运羊。如果引羊距离较近，所用时间不超过一天，可不考虑引羊的季节。如果引地方良种羊，这些羊大都集中在农户手中，所以要尽量避开"夏收"和"三秋"农忙时节，这时大部分农户顾不上卖羊，选择面窄，难以把羊引好。

4. 运输注意事项

羊只装车不要太拥挤，夏天要适当少些，汽车运输要匀速行驶，避免急刹车，一般每1小时左右要停车检查一下，要将趴下的羊及时拉起，防止被踩、压，特别是山地运输更要小心。

5. 严格检疫，做好隔离饲养

引种时必须符合国家法规规定的检疫要求，认真检疫，办齐一切检疫手续。严禁进入疫区引种。引入品种必须单独隔离饲养，一般种羊引进隔离饲养观察2周，重大引种则需要隔离观察1个月，经观察确认无病后方可入场。有条件的羊场可对引入品种及时进行重要疫病的检测。

6. 要注意加强饲养管理和适应性锻炼

引种第一年是关键性的一年，应加强饲养管理，做好引入种羊的接运工作，并根据其原来的饲养习惯，创造良好的饲养管理条件，选用适宜的日粮类型和饲养方法。在迁运过程中，为防止水土不服，应携带原产地饲料以供途中或到达目的地时使用。根据引进种羊对环境的要求，采取必要的降温或防寒措施。

第四章
羊场的规划设计

羊场的科学规划设计，是提高羊生产性能的保证，可以减少建设投资，使生产流程通畅、提高劳动效率，使生产潜力得以发挥，降低生产成本。反之，不合理的规划设计将导致生产指标无法实现、羊场直接亏损甚至破产。

第一节　场址的选择和布局

一　场址的选择

羊场场址的选择是养羊的重要环节，也是决定养羊成败的关键，无论是新建羊场，还是在现有设施的基础上进行改建或扩建，选址时必须综合考虑自然环境、社会经济状况、畜群的生理和行为需求、卫生防疫条件、生产流通及组织管理等各种因素，科学和因地制宜地处理好相互之间的关系。

因此，羊场场址的选择要从羊的生理特点着手，结合当地环境、资源等基础条件，为羊创造一个最佳的生活环境。在《农产品安全质量 无公害畜禽肉产地环境要求》（GB/T 18407.3—2001）和《无公害食品 肉羊饲养管理准则》（NY/T 5151—2002）所要求的基础上进行合理的选择。

1. 地形地势

地形是指场地的形状、范围以及地物，包括山岭、河流、道路、草地、树林、居民点等的相对平面位置状况；地势是指场地的高低起伏状况。羊场的场地应选在地势较高、干燥平坦、排水良好和背风向阳的

地方。

（1）平原地区　一般场地比较平坦、开阔，场址应注意选择在较周围地段稍高的地方，以利排水。地下水位要低，以低于建筑物地基深度0.5米以下为宜。

（2）靠近河流、湖泊的地区　场地要选择在较高的地方，应比当地水文资料中最高水位高1~2米，以防涨水时受水淹没。

（3）山区　建场应尽量选择在背风向阳、面积较大的缓坡地带。应选在稍平缓坡上，坡面向阳，总坡度不超过25°，建筑区坡度应在2.5°以内。如果坡度过大，不但在施工中需要大量填挖土方，增加工程投资，而且在建成投产后也会给场内运输和管理工作造成不便。山区建场还要注意地质构造情况，避开断层、滑坡、塌方的地段，也要避开坡底和谷地以及风口，以免受山洪和暴风雪的袭击。

羊有喜干燥厌潮湿的生活习性，如长期生活在低洼潮湿环境中，不仅影响生产性能的发挥，而且容易引发寄生虫病等一些疾病。因而，切忌将羊场建在低洼地、山谷、朝阴、冬季风口等处。土质黏性过重，透气透水性差，不易排水的地方，也不适宜建场。地下水位应在2米以下，土质以沙壤土为好，且舍外运动场具有5°~10°的小坡度。这样，既有利于防洪排涝而又不至于发生断层、陷落、滑坡或塌方，地形比较平坦，土层透水性好。

2. 饲草料来源

饲草料是羊赖以生存的最基本条件，在以放牧为主的牧场，必须有足够的牧地和草场。以舍饲为主的农区、垦区和较集中的肉羊育肥产区，必须有足够的饲草、饲料基地或便利的饲料原料来源。羊场周围及附近饲草，特别是像花生秧、甘薯秧、大蒜秆、大豆秸等优质农副秸秆资源必须丰富。建羊场要考虑有稳定的饲料供给，如放牧地、饲料生产基地或打草场等。

因此，对以舍饲为主的羊场，必须有足够的饲草饲料基地和便利的饲料原料来源；对以放牧为主的羊场，必须有足够的牧地和草场。切忌在草料缺乏或附近无牧地的地方建立羊场。

3. 水、电资源

水资源应符合《无公害食品 畜禽饮用水水质标准》（NY 5027—2001）。具有清洁而充足的水源，是建羊场必须考虑的基本条件。羊场要求四季供水充足，取用方便，最好使用自来水、泉水、井水和流动的河水；并且水质良好，水中大肠杆菌数、固形物总量、硝酸盐和亚硝酸盐的总含量应低于规定指标。

水源水质关系着生产和生活用水与建筑施工用水，要给以足够的重视。首先要了解水源的情况，如地面水（河流、湖泊）的流量及汛期水位；地下水的初见水位和最高水位，含水层的层次、厚度和流向。对水质情况需了解酸碱度、硬度、透明度、有无污染源和有害化学物质等，并应提取水样做水质的物理、化学和生物污染等方面的化验分析。了解水源水质状况是为了便于计算拟建场地地段范围内的水的资源，供水能力能否满足羊场生产、生活及消防用水要求。

在仅有地下水源地区建场，第一步应先打一眼井。如果打井时出现任何意外，如流速慢、泥沙或水质问题，最好另选场址，这样可减少损失。对羊场而言，建立自己的水源，确保供水是十分必要的。此外，水源和水质与建筑工程施工用水也有关系，主要与砂浆和钢筋混凝土搅拌用水的质量要求有关。水中的有机质在混凝土凝固过程中发生化学反应，会降低混凝土的强度，锈蚀钢筋，形成对钢混结构的破坏。

如羊场附近有排污水的工厂，应将羊场建于其上游。切忌在严重缺水或水源严重污染的地方建立羊场。尽量要求有电或水电问题较易解决；不造成社会公用水源的污染；土地开发利用价值低的地方。

羊场内生产和生活用电都要求有可靠的供电条件。因此，需了解供电源的位置、与羊场的距离、最大供电允许量、是否经常停电、有无可能双路供电等。通常，建设羊场要求有Ⅱ级供电电源。在Ⅲ级以下供电电源时，则需自备发电机，以保证场内供电的稳定可靠。为减少供电投资，应尽可能靠近输电线路，以缩短新线路敷设距离。

4. 交通

羊场要求建在交通便利的地方，便于饲草和羊只的运输。羊场的交通方便而又不紧邻交通要道。距离公路、铁路交通要道远近适宜，同时考虑交通运输的便利和防疫两个方面的因素。要与村落保持150米以上的距离，并尽量处在村落下风向和低于农舍、水井的地方。但为了防疫的需要，羊场应距离村镇不少于500米，离交通干线1000米、一般路道500米以上。同时，应考虑能提供充足的能源和方便的电讯条件，特别是电力供应要正常。

还应有充足的能源和方便的电讯条件，这是现代养羊生产对外交流、合作的必备条件，也便于商品流通。应根据国家畜牧业发展规划和各地畜禽品种发展区划，将羊场选在适合当地主要发展品种的中心。

5. 防疫

羊场场地及周围地区必须为无疫病区，放牧地和打草场均未被污染。羊场周围的畜群和居民宜少，应尽量避开附近单位的羊群转场通道，以便在一旦发生疫病时容易隔离、封锁。选址时要充分了解当地和周围的疫情状况，切忌将养羊场建在羊传染病和寄生虫病流行的疫区，也不能将羊场建于化工厂、屠宰场、制革厂等易造成环境污染的企业的下风向。同时，羊场也不能污染周围环境，应处于居民点的下风向。

6. 环境生态

遵循国家《恶臭污染物排放标准》（GB 14554—1993）和《畜禽场环境质量标准》（NY/T 388—1999）。了解国家羊生产相关政策、地方生产发展方向和资源利用等。在开始建设以前，应获得市政、建设、环保等有关部门的批准。此外，还必须取得符合实用法规的施工许可证。

选择场址必须符合本地区农牧业生产发展总体规划、土地利用发展规划和城乡建设发展规划的用地要求。必须遵守十分珍惜和合理利用土地的原则，不得占用基本农田，尽量利用荒地和劣地建场。大型羊企业分期建设时，场址选择应一次完成，分期征地。近期工程应集中布置，征用土地应满足本期工程所需面积。远期工程可预留用地，随建随征。以下地区或地段的土地不宜征用：①规定的自然保护区、生活饮用水水源保护区、风景旅游区；②受洪水或山洪威胁及有泥石流、滑坡等自然灾害多发地带；③自然环境污染严重的地区。

二 羊场的布局

羊场的功能分区是否合理，各区建筑物布局是否得当，不仅影响基建投资、经营管理、生产组织、劳动生产率和经济效益，而且影响场区的环境状况和防疫卫生。因此，应认真做好羊场的分区规划，确定场区各种建筑物的合理布局。

1. 羊场的功能分区

羊场通常分为生活管理区、辅助生产区、生产区和隔离区。生活管理区和辅助生产区应位于场区常年主导风向的上风处和地势较高处，隔离区应位于场区常年主导风向的下风处和地势较低处（图4-1）。

2. 羊场的规划布置（图4-2）

（1）生活管理区 主要包括管理人员办公室、技术人员业务用房、接

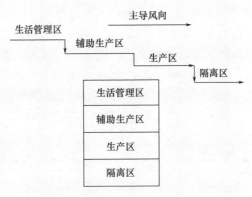

图 4-1　按地势、风向的分区规划图

待室、会议室、技术资料室、化验室、食堂、职工值班宿舍、厕所、传达室、警卫值班室以及围墙和大门、外来人员第一次更衣消毒室和车辆消毒设施等。

图 4-2　某规模羊场布局图

对生活管理区的具体规划因羊场规模而定。生活管理区一般应位于场区全年主导风向的上风处或侧风处，并且应在紧邻场区大门内侧集中布置。羊场大门应位于场区主干道与场外道路连接处，设施布置应使外来人员或车辆经过强制性消毒，并经门卫放行才能进场。

生活管理区应与生产区严格分开，与生产区之间有一定缓冲地带，生产区入口处设置第二次人员更衣消毒室和车辆消毒设施。

（2）**辅助生产区**　主要是供水、供电、供热、设备维修、物资仓库及饲料贮存等设施，这些设施应靠近生产区的负荷中心布置，与生活管理区没有严格的界限要求。对于饲料仓库，则要求仓库的卸料口开在辅助生产区内，仓库的取料口开在生产区内，杜绝外来车辆进入生产区，保证生产区内外运料车互不交叉使用。

（3）**生产区**　主要布置不同类型的羊舍、剪毛间、采精室、人工授精室、羊装车台及选种展示厅等建筑。这些设施都应设置两个出入口，分

别与生活管理区和生产区相通。

（4）隔离区 隔离区内主要是兽医室、隔离羊舍、尸体解剖室、病尸高压灭菌或焚烧处理设备及粪便和污水储存与处理设施。隔离区应位于全场常年主导风向的下风处和全场场区最低处，与生产区的间距应满足兽医卫生防疫要求。绿化隔离带、隔离区内部的粪便污水处理设施和其他设施也需有适当的卫生防疫间距。隔离区内的粪便污水处理设施与生产区有专用道路相连，与场区外有专用大门和道路相通。

第二节　羊舍的建设

羊舍是羊只生活的主要环境之一，羊舍的建设是否利于羊生产的需要，在一定程度上成为养羊成败的关键。羊舍的规划建设必须结合不同地域和气候环境进行。

一　羊舍建设的基本要求

要结合当地气候环境，南方地区由于天气较热，羊舍建设主要以防暑降温为主；而北方地区则以保温防寒为主；尽量使建设成本降低，经济实用；创造有利于羊生产的环境；圈舍的结构要有利于防疫；保证人员出入、饲喂羊群、清扫栏圈方便；舍内光线充足、空气流通、羊群居住舒适。同时，主要圈舍应选择南北朝向，后备羊舍、产羔舍及羔羊舍要合理布局，而且要留有一定间距。

1. 地点要求

根据羊的生物学特性，应选地势高燥、排水良好、背风向阳、通风干燥、水源充足、环境安静、交通便利、方便防疫的地点建造羊舍。山区或丘陵地区可建在靠山向阳坡，但坡度不宜过大，南面应有广阔的运动场。低洼、潮湿的地方容易发生羊的腐蹄病和滋生各种微生物病，诱发各种疾病，不利于羊的健康，不适合羊舍建设。羊舍应接近放牧地及水源，要根据羊群的分布而适当布局。羊舍要充分利用冬季阳光采暖，朝向一般为坐北朝南，位于办公室和住房的下风向，屋角对着冬、春季的主导风向。用于冬季产羔的羊舍，要选择背山、避风、冬春季容易保温的地方。

2. 面积要求

各类羊只所需羊舍面积，取决于羊的品种、性别、年龄、生理状态、数量、气候条件和饲养方式。一般以冬季防寒、夏季防暑和防潮、通风及便于管理为原则。

羊舍应有足够的面积，使羊在舍内不感到拥挤，可以自由活动。如果羊舍面积过大，则既浪费土地，又浪费建筑材料；如果面积过小，则舍内拥挤潮湿、空气污染严重，有碍于羊体健康，管理不便，生产效率不高。

　　各类羊只羊舍所需面积见表4-1。

表4-1　各类羊舍所需面积

羊　别	面积（米²/只）	羊　别	面积（米²/只）
单饲公羊	4.0 ~ 6.0	育成母羊	0.7 ~ 0.8
群饲公羊	1.5 ~ 2.0	去势羔羊	0.6 ~ 0.8
春季产羔母羊	1.2 ~ 1.4	3~4月龄羔羊	0.3 ~ 0.4
冬季产羔母羊	1.6 ~ 2.0	育肥羯羊、淘汰羊	0.7 ~ 0.8
育成公羊	1 ~ 1.5	—	—

　　农区多为传统的公、母、大、小混群饲养，其占地面积应为 0.8 ~ 1.2 米²。产羔室可按基础母羊数的 20% ~ 25% 计算面积。运动场面积一般为羊舍面积的 2 ~ 2.5 倍。成年羊运动场面积可按 4 米²/只计算。

　　在产羔舍内附设产房，产房内有取暖设备，必要时可以加温，使产房保持一定的温度。产房面积根据母羊群的大小决定，在冬季产羔的情况下，一般可占羊舍面积的 25% 左右。

3. 高度要求

　　羊舍高度要依据羊群大小、羊舍类型及当地气候特点而定。羊数越多，羊舍可越高一些，以保证足量的空气。但如果过高则保温不良，而且建筑费用也高，一般高度宜为 2.5 米，双坡式羊舍净高（地面至顶棚的高度）不宜低于 2 米。单坡式羊舍前墙高度不宜低于 2.5 米，后墙高度不宜低于 1.8 米。南方地区的羊舍，防暑防潮重于防寒，羊舍高度应适当增加。羊舍剖面图见图4-3。

彩钢板
PVC覆膜
隔热层
栏杆
路面
栏杆
漏粪地板

图4-3　羊舍剖面图

4. 通风采光要求

一般羊舍冬季温度保持在0℃以上，羔羊舍温度不超过8℃，产羔室温度在8~10℃比较适宜。由于绵羊有厚而密的被毛，抗寒能力较强，所以舍内温度不宜过高。山羊舍内温度应高于绵羊舍内温度。为了保持羊舍干燥和空气新鲜，必须有良好的通气设备。羊舍的通气装置，既要保证有足够的新鲜空气，又能避开贼风。可以在屋顶上设通气孔，孔上有活门，必要时可以关闭。在安设通气装置时，要考虑每只羊每小时需要3~4米³的新鲜空气，要特别注意南方羊舍夏季的通风要求，以降低舍内的温度。

羊舍内应有足够的光线，以保证舍内卫生。窗户面积一般占地面面积的1/15，冬季阳光可以照射到室内，既能消毒又能增加室内温度；夏季敞开窗户，增大通风面积，降低室温（图4-4）。在农区，绵羊舍主要注重通风，山羊舍要兼顾保温。

图4-4　羊舍的通风采光

5. 造价要求

羊舍的建筑材料以就地取材、经济耐用为原则。土坯、石头、砖瓦、木材、芦苇、树枝等都可以作为建筑材料。在有条件的地区及重点羊场内应利用砖、石、水泥、木材等修建一些坚固的永久性羊舍，这样可以减少维修的劳动力和费用。

6. 内外高差

羊舍内地面标高应高于舍外地面标高0.2~0.4米，并与场区道路标高相协调。场区道路设计标高应略高于场外路面标高。场区地面标高除应防止场地被淹外，还应与场外标高相协调。场区地形复杂或坡度较大时，应做台阶式布置，每个台阶高度应能满足行车坡度要求。

二　羊舍建筑形式

羊舍建筑形式按其封闭程度可分为开放舍（图4-5）、半开放舍和密闭舍（图4-6）。从屋顶结构来分，有单坡式、双坡式及圆拱式。从平面结构来分，有长方形、正方形及半圆形。从建筑用材来分，有砖木结构、土木结构及敞篷围栏结构等。

图 4-5 开放舍

图 4-6 密闭舍

单坡式羊舍的跨度小，自然采光好，适于小规模羊群和简易羊舍选用；双坡式羊舍跨度大，保暖能力强，但自然采光、通风差，适于寒冷地区采用，双坡式羊舍是最常用的一种类型。在寒冷地区，还可选用拱式、双折式、平屋顶等类型；天气炎热地区可选用钟楼式羊舍。

应根据不同类型羊舍的特点，结合当地的气候特点、经济状况及建筑习惯等因素，选择适合本地、本场实际情况的羊舍建筑形式。

三 羊舍的布局

羊舍修建宜坐北朝南，东西走向。羊场布局以产房为中心，周围依次为羔羊舍、青年羊舍、母羊舍与带仔母羊舍。公羊舍建在母羊舍与青年母羊舍之间，羊舍与羊舍相距保持 15 米，中间种植树木或草。隔离病房建在远离其他羊舍地势较低的下风向。羊场内清洁通道与排污通道分设。办公区与生产区隔开，其他设施则以方便防疫、方便操作为宜。

1. 羊舍的排列

（1）单列式 单列式布置虽然使场区的净污道路分工明确，但会使道路和工程管线线路过长。此种布局是小规模羊场和因场地狭窄限制的一种布置方式，地面宽度足够的大型羊场不宜采用（图4-7）。

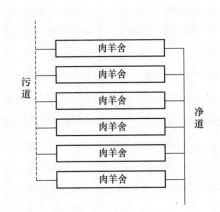
图 4-7 单列式羊舍

（2）**双列式** 双列式布置是羊场最常使用的布置方式，其优点是既能保证场区净污道路分流明确，又能缩短道路和工程管线的长度（图4-8）。

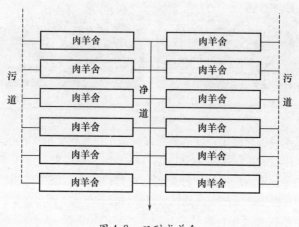

图4-8 双列式羊舍

（3）**多列式** 多列式布置在一些大型羊场使用，此种布置方式应重点解决场区道路的净污分道，避免因线路交叉而引起互相污染（图4-9）。

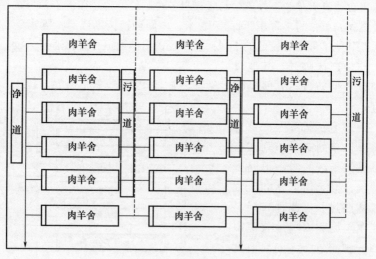

图4-9 多列式羊舍

2. 羊舍朝向

羊舍朝向的选择与当地的地理纬度、地段环境、局部气候特征及建筑用地条件等因素有关。适宜的朝向一方面可以合理地利用太阳辐射能，避免夏季过多的热量进入舍内，而冬季则最大限度地允许太阳辐射能进入舍内以提高舍温；另一方面，可以合理利用主导风向，改善通风条件，以获得良好的羊舍环境。

羊舍要充分利用场区原有的地形、地势，在保证建筑物具有合理的朝向，满足采光、通风要求的前提下，尽量使建筑物长轴沿场区等高线布置，以最大限度减少土石方工程量和基础工程费用。生产区羊舍朝向一般应以其长轴南向，或南偏东或偏西40°以内为宜。

四 羊舍基本构造

羊舍的基本构造包括：基础、地基、地面、墙、门窗、屋顶和运动场。

1. 基础和地基

基础是羊舍地面以下承受羊舍的各种负载，并将其传递给地基的构件。基础应具备坚固、耐久、防潮、防震、抗冻和抗机械作用能力。在北方通常用毛石做基础，埋在冻土层以下，埋深厚度30～40厘米，防潮层应设在地面以下60毫米处。

地基是基础下面承受负载的土层，有天然、人工地基之分。天然地基的土层应具备一定的厚度和足够的承重能力，沙砾、碎石及不易受地下水冲刷的沙质土层是良好的天然地基。

2. 地面

地面是羊躺卧休息、排泄和生产的地方，是羊舍建筑中重要组成部分，对羊只的健康有直接的影响。通常情况下羊舍地面要高出舍外地面20厘米以上。由于我国南方和北方气候差异很大，地面的选材必须因地制宜、就地取材。羊舍地面有以下几种类型。

（1）土质地面 属于暖地面（软地面）类型。土质地面柔软，富有弹性也不光滑，易于保温，造价低廉。缺点是不够坚固，容易出现小坑，不便于清扫消毒，易形成潮湿的环境。只能在干燥地区采用。用土质地面时，可混入石灰增强黄土的黏固性，粉状石灰和松散的粉土按3∶7或4∶6的体积比加适量水拌和而成灰土地面。也可用石灰∶黏土∶碎石、碎砖或矿渣＝1∶2∶4或1∶3∶6拌制成三合土。一般石灰用量为石灰土总重的

6%～12%，石灰含量越大，强度和耐水性越高。

（2）砖砌地面　属于冷地面（硬地面）类型。因砖的孔隙较多，导热性小，具有一定的保温性能。成年母羊舍粪尿相混的污水较多，容易造成不良环境，又由于砖砌地面易吸收大量水分，破坏其本身的导热性，地面易变冷变硬。砖地吸水后，经冻易破碎，加上本身易磨损的特点，容易形成坑穴，不便于清扫消毒。所以，用砖砌地面时，砖宜立砌，不宜平铺。

（3）水泥地面　属于硬地面类型。其优点是结实、不透水、便于清扫消毒。缺点是造价高，地面太硬，导热性强，保温性差。为防止地面湿滑，可将表面做成麻面。水泥地面的羊舍内最好设木床，供羊休息、宿卧。

（4）漏缝地板　漏缝地面（图4-10）能给羊提供干燥的卧地，集约化羊场和种羊场可用漏缝地板。国外典型漏缝地面羊舍为封闭双坡式，跨度为6.0米，地面漏缝木条宽50毫米、厚25毫米，缝隙22毫米。双列饲槽通道宽50厘米，可为产羔母羊提供相当适宜的环境条件。我国有的地区采用活动的漏缝木条地面，以便于清扫粪便。

图4-10　水泥漏缝地面

木条宽32毫米、厚36毫米，缝隙宽15毫米。或者用厚38毫米、宽60～80毫米的水泥条筑成，间距为15～20毫米。漏缝或镀锌钢丝网眼应小于羊蹄面积，以便于清除羊粪而羊蹄不至于掉下为宜。漏缝地板羊舍需配以污水处理设备，造价较高。国外大型羊场和我国南方一些羊场已普遍采用。为了防潮，这类羊舍可隔日抛撒木屑，同时应及时清理粪便，以免污染舍内空气。

在南方天气较热、潮湿地区，采用吊楼式羊舍，羊舍高出地面1～2米，吊楼上为羊舍，下为承粪斜坡，后与粪池相接，楼面为木条漏缝地面。这种羊舍的特点是离地面有一定高度，防潮，通风透气性好，结构简单。通常情况下饲料间、人工授精室、产羔室可用水泥或砖铺地面，以便消毒。

（5）自动清粪地面装置　全自动清粪羊舍改变了传统的人工清粪模

式，羊舍既卫生、有利于羊的健康，又节约了劳动力，降低了生产成本。全自动清粪羊舍是现代标准化羊养殖的典范（图4-11、图4-12）。

图4-11　羊舍自动清粪地面装置

图4-12　羊舍自动刮粪机

3. 墙

墙是基础以上露出地面将羊舍与外部隔开的外围结构，对羊舍保温起着重要作用。我国多采用土墙、砖墙和石墙等。土墙造价低，导热小，保温好，但易湿不易消毒，小规模简易羊舍可采用。砖墙是最常用的一种，根据其厚度有半砖墙、一砖墙、一砖半墙等，墙越厚保暖性能越强。石墙，坚固耐久，但导热性大，寒冷地区效果差。国外采用金属铝板、胶合板、玻璃纤维材料建成保温隔热墙，效果很好。

墙要坚固保暖。在北方墙厚为24～37厘米，单坡式羊舍后墙高度约1.8米，前高2.2米。南方羊舍可适当提高高度，以利于防潮防暑。一般农户饲养量较少时，圈舍高度可略低些，但不得低于2.0米。地面应高出舍外地面20～30厘米，铺成斜垮台以利排水。

墙壁应根据经济条件决定用料，全部砖木结构或土木结构均可。无论哪种结构都要坚固耐用。潮湿和多雨地区可采用墙基和边角用石头，砖至一定高度，上边用土坯或打土墙建成。木头紧缺地区也可用砖建拱顶羊舍，既经济又实用。

4. 门窗

羊舍门、窗的设置既要有利于舍内通风干燥，又要保证舍内有足够的光照，要使舍内硫化氢、氨气、二氧化碳等气体尽快排出，同时地面还要便于积粪出圈。羊舍窗户的面积一般占地面面积的1/15，距地面的高度一般在1.5米以上。门宽度为2.5～3米，羊群小时，宽度为2～2.5米，高度

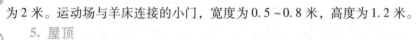

为 2 米。运动场与羊床连接的小门，宽度为 0.5 ~ 0.8 米，高度为 1.2 米。

5. 屋顶

屋顶具有防雨水和保温隔热的作用。要求选用隔热保温性好的材料，并有一定厚度，结构简单，经久耐用，保温隔热性能良好，防雨、防火，便于清扫消毒。其材料有陶瓦、石棉瓦、木板、塑料薄膜、稻（麦）草、油毡等，也可采用彩色钢板和聚苯乙烯夹心板等新型材料。在寒冷地区可加天棚，其上可贮冬草，能增强羊舍的保温性能。棚式羊舍多用木椽、芦席，半封闭式羊舍屋顶多用水泥板或木椽、油毡等。羊舍净高（地面至天棚的高度）2.0 ~ 2.4 米。在寒冷地区可适当降低净高。羊舍屋顶形式有单坡式、双坡式等，其中以双坡式最为常见。单坡式羊舍，一般前高 2.2 ~ 2.5 米，后高 1.7 ~ 2.0 米。屋顶斜面呈 45°。

6. 运动场

运动场（图 4-13）是舍饲或半舍饲规模羊场必需的基础设施。一般运动场面积应为羊舍面积的 2 ~ 2.5 倍，成年羊运动场面积可按 4 米²/只计算。根据羊舍建筑的位置和大小可位于羊舍的侧面或背面，但规模较大的羊舍，运动场宜建在羊舍的两个背面，低于羊舍地面 60 厘米以下，地面以砂质土壤为宜，也可采

图 4-13　羊舍的运动场

用三合土或者砖地面，便于排水和保持干燥。运动场周边可用木板、木棒、竹子、石板、砖等做围栏，高 2.0 ~ 2.5 米。中间可隔成多个小运动场，便于分群管理。运动场地面可用砖、水泥、石板和沙质土壤，不得高于羊舍地面，周边应有排水沟，保持干燥和便于清扫，并有遮阳棚或者绿植，以抵挡夏季烈日。

第三节　羊场配套设施设备

羊场基础设施的建设必须能够适应集约化、程序化羊生产工艺流程的需要和要求，整体规划经济合理，尽量避免追求豪华，应注重方便、有效

和实用，建筑需考虑取材方便、材料和用工的成本等问题；但必需的设施一定得建设，还要便于生产管理，做到节省财力、物力和人力，尽可能达到高产、优质和高效等目的。尽量为羊只提供一个较适宜的生产环境，使之尽可能避免不良气候等因素的影响。

一 羊场基础设施的建设原则

场址选定之后，就要根据羊场的近期计划和长远规划、场内地形、水源、主要风向等自然条件，合理安排场内的全部建筑物，做到土地利用经济，联系方便，布局整齐紧凑，尽量缩短供应距离。羊场的建设应采取节约、高效的原则，按彼此间的功能联系统筹安排，做到配置少而紧凑，达到卫生、安全的生产要求；以最短的运输、供电、供水线路，便于流水线作业，实现生产过程的专业化和有序性。

1. 因地制宜

因地制宜是指羊场的规划、设计及建筑物的营造绝对不可简单模仿，应根据当地的气候、场址的形状、地形地貌、小气候、土质及周边实际情况进行规划和设计。例如在平地建场，必须搭棚盖房。而在沟壑地带建场，挖洞筑窑作为羊舍及用房将更加经济适用。

2. 适用经济

适用经济是指建场修圈不仅必须能够适应集约化、程序化羊生产工艺流程的需要和要求，而且投资还要尽量少。也就是说，该建的一定要建，并且必须建好，与生产无关的绝对不建，绝不追求奢华。因为羊生产毕竟仅是一种低附加值的产业，任何原因造成的生产经营成本的增加，都要以微薄的盈利来补偿。

3. 急需先建、逐步完善

急需先建、逐步完善是指羊场的选址、规划和设计全都确定以后，一般不可等把全部场舍都建设齐全以后再开始养羊。相反，应当根据经济能力办事，先根据能够达到盈利规模的需要进行建设，并使羊群尽快达到这一规模。

由于一个羊场，特别是大型羊场，基本设施的建设一般都是分期分批进行的，像母羊舍、配种室、怀孕母羊舍、产房、带仔母羊舍、种公羊舍、隔离羊舍、兽医室等设计、要求和功能各不相同的设施，绝对不可等都修建齐全以后才开始养羊。在这种情况下，为使功用问题不至于影响生产，若为复合式经营，可先建一些功能比较齐全的带仔母羊舍以代别的羊

第四章 羊场的规划设计

舍之用。至于办公用房、产房、配种室和种公羊圈，可在某栋带仔母羊舍某一适当的位置留出一定的间数，暂改他用，以备生产之急需。等其他专用羊舍、建筑设施建好以后，再把这些临时占用的带仔母羊舍逐渐恢复起来，用于饲养带仔母羊。

二 防护设施

防护设施包括防止场外人员及其他动物进入场区的围墙、隔离场区与外界环境（防疫）的隔离带，以及场门、各生产区之间的隔离带和出入口。

1. 主要隔离设施

没有良好的隔离消毒设施，就难以保证有效的隔离和卫生，设置隔离消毒设施会加大投入，但减少疾病发生带来的收益将是长期的，会远远超过投入。隔离消毒设施主要如下。

（1）隔离墙（或防疫沟） 羊场场区应以围墙和防疫沟与外界隔离，周围设绿化隔离带。围墙与一般建筑物的间距不应小于3.5米，围墙与羊舍的间距不应小于6米。规模较大的羊场，四周应建较高的围墙（2.5～3米）或较深的防疫沟（1.5～2.0米），以防止场外人员及其他动物进入场区。为了更有效地切断外界的污染因素，必要时可往沟内放水。但这种防疫沟造价较高，也很费人力。靠墙绿化隔离带宽度一般不应小于1米，绿植高度不应低于1米，否则起不到应有的隔离作用。需要指出的是，用刺网隔离是不能达到安全目的的，最好采用密封墙，以防野生动物侵入。

（2）消毒池和消毒室 养殖场大门应设置消毒池和消毒室（或淋浴消毒室），供进入人员、设备和用具的消毒。生产区中每栋建筑物门前要有消毒池（图4-14）。

在羊场大门及各区域、羊舍的入口处，应设相应的消毒设施。场区大门口可设置长4米、宽3米、深0.2米的车辆消毒池；工作人员进入场区时要通过S形消毒通道，消毒通道内装设紫外线杀菌灯，消毒3～5分钟。地面上设置脚踏消毒槽或消毒湿垫，用氢氧化钠溶液消毒。消毒通道末端设置喷雾消毒室、更衣换鞋间等。对羊场的一切卫生防护设施，必须建立严格的检查制度予以保证，否则会流于形式。

生产区与生活管理区和辅助生产区应设置围墙或树篱严格分开，树篱带的宽度一般在5米左右。在生产区入口处设置第二次更衣消毒室和车辆消毒设施（图4-15）。工作人员从管理区进入生产区要通过更衣消毒室，运送饲料车辆进入生产区要经过车辆消毒池，此处的车辆消毒池长为 3 ~ 3.5 米，宽为 2 ~ 2.5 米，深为 0.2 米，内装氢氧化钠溶液消毒剂。这些设施一端的出入口开在生活管理区或辅助生产区内，另一端的出入口开在生产区内。在场内各区域间，设较小的防疫沟或围墙，或结合绿化培植隔离林带。有防疫沟时，一般深 1 米、宽 1.5 ~ 2 米；设置绿化隔离带时，带宽最小为 1 米，绿植高度最小为 1 米；有围墙时，围墙高在 1.5 ~ 2.0 米，并应使它们之间留有足够的卫生防疫距离（100 ~ 200 米）。

图 4-14　场区门口消毒池

图 4-15　生产区门口消毒室

（3）**水井或水塔**　有条件的养殖场要自建水井或水塔，用管道接送到畜禽舍。

（4）**设置封闭性饲料库和饲料塔**　封闭性饲料库（图 4-16）设在生活区与生产区交界处，两面开门，墙上部有小通风窗，垫料直接卸到库内，使用时从内侧取出即可，垫料强调用木屑，吸湿性好，又可减少与外界感染的机会。场内最好设置中心料塔和分料塔，中心料塔在生活区与生产区交界处；分料塔在各栋畜禽舍旁边。料罐车将料直接打入中心塔，生产区内的料罐车再将中心塔的饲料转运到各分料塔。

（5）**设立卫生间**　为减少人员之间的交叉活动、保证环境的卫生和为饲养员创造比较好的生活条件，在每个小区或者每栋畜舍都设有卫生间。每

图 4-16　饲料库

栋舍的工作间的一角建一个1.5～2米的冲水厕所，用隔断墙隔开。

2. 隔离制度

制定切实可行的卫生防疫制度，使养殖场的每个员工严格按照制度进行操作，保证卫生防疫和消毒工作落到实处。卫生防疫制度主要应该包括如下内容。

1）养殖场生产区和生活区分开，入口处设消毒池，设置专门的隔离室和兽医室。养殖场周围要有防疫墙或防疫沟，只设置一个大门入口控制人员和车辆物品进入。设置人员消毒室，人员消毒室设置淋浴装置、熏蒸衣柜和场区工作服。

2）进入生产区的人员必须淋浴，换上清洁消毒好的工作衣帽和靴后方可入内，工作服不准穿出生产区，定期更换清洗消毒；进入的设备、用具和车辆也要消毒，消毒池的药液2～3天更换一次。

3）生产区不准养猫、养狗，职工不得将宠物带入场内。

4）对于死亡畜禽的检查，包括剖检等工作，必须在兽医诊疗室内进行，或在距离水源较远的地方检查，不准在兽医诊疗室以外的地方解剖尸体。剖检后的尸体以及死亡的畜禽尸体应深埋或焚烧。在兽医诊疗室解剖尸体要做好隔离消毒。

5）坚持自繁自养的原则。若确实需要引种，必须隔离45天，确认无病并接种疫苗后方可调入生产区。

6）做好畜舍和场区的环境卫生工作，定期进行清洁消毒。长年定期灭鼠，及时消灭蚊蝇，以防疾病传播。

7）当某种疾病在本地区或本场流行时，要及时采取相应的防治措施，并要按规定上报主管部门，采取隔离、封锁措施。做好发病时畜禽隔离、检疫和治疗工作，控制疫病范围，做好病后的净群消毒等工作。

8）本场外出的人员和车辆必须经过全面消毒后方可回场。运送饲料的包装袋，回收后必须经过消毒，方可再利用，以防止污染饲料。

9）做好疫病的接种免疫工作。卫生防疫制度应该涵盖较多方面工作，如隔离卫生工作，消毒工作和免疫接种工作，所以制定的卫生防疫制度要根据本场的实际情况尽可能地全面、系统，容易执行和操作，做好管理和监督，保证一丝不苟地贯彻落实。

三 道路建设

场区道路要求在各种气候条件下能保证通车，防止扬尘。羊场道路包括与外部联系的场外主干道和场区内部道路。场外主干道担负着全场的货物、产品和人员的运输，其路面最小宽度应能保证两辆中型运输车辆的顺利错车，为 6.0~7.0 米。场区内部道路的功能不仅是运输，而且也具有卫生防疫作用，因此道路规划设计要满足分流与分工、联系便捷、路面质量、路面宽度和绿化防疫等要求。

（1）道路分类　按功能分为人员出入、运输饲料用的清洁道（净道）和运输粪污、病死畜禽的污物道（污道），有些场还设供畜禽转群和装车外运的专用通道。按道路担负的作用分为主要道路和次要道路。

（2）道路设计标准　净道一般是场区的主干道，路面最小宽度要保证饲料运输车辆的通行，宽 3.5~6.0 米，宜用水泥混凝土路面，也可选用整齐石块或条石路面，路面横坡为 1.0%~1.5%，纵坡为 0.3%~8.0%。污道宽 3.0~3.5 米，路面宜用水泥混凝土路面，也可用碎石、砾石、石灰渣土路面，路面横坡为 2.0%~4.0%，纵坡为 0.3%~8.0%。与肉羊舍、饲料库、产品库、兽医建筑物、贮粪场等连接的次要干道，宽度一般为 2.0~3.5 米。

（3）道路规划设计要求　要求净污分开与分流明确，尽可能互不交叉，兽医建筑物须有单独的道路；要求路线简捷，以保证牧场各生产环节进行最方便的联系；要求路面质量好，要求坚实、排水良好，以砂石路面和混凝土路面为佳，保证晴雨通车和防尘；道路的设置应不妨碍场内排水，路两侧也应有排水沟和绿化隔离带。道路一般与建筑物长轴平行或垂直布置，在无出入口时，道路与建筑物外墙应保持 1.5 米的最小距离；有出入口时则为 3.0 米。

四　给水排水管道建设

1. 给水工程

（1）给水系统　由取水、净水和输配水三部分组成，包括水源、水处理设施与设备、输水管道和配水管道。大部分羊场的建设位置均远离城镇，不能利用城镇给水系统，所以都需要独立的水源，一般是自己打井和建设水泵房、水处理车间、水塔、输配水管道等。

（2）用水量估算　羊场用水包括生活用水、生产用水及消防和灌溉等其他用水。

1）生活用水。指平均每一职工每日所消耗的水，包括饮用、洗衣、洗澡及卫生用水，其水质要求较高，要达到生活用水的各项标准。用水量因生活水平、卫生设备、季节与气候等而不同，一般可按每人每日 40～60 升计算。

2）生产用水。包括畜禽饮用、饲料调制、畜体清洁、饲槽与用具刷洗、羊舍清扫等所消耗的水。圈养状态下每头成年绵羊每日需水量为 10升，羔羊为 3 升。放牧状态下平均每只羊的日耗水量为 3～8 升。羊圈舍很少用高压水冲洗粪便，一般都是干清粪，耗水量很少。

3）其他用水。其他用水包括消防、灌溉、不可预见等用水。消防用水是一种突发用水，可利用羊场内外的江河湖塘等水源，也可停止其他用水，保证消防。绿地灌溉用水可以利用经过处理后的污水，在管道计算时也可不考虑。不可预见用水包括给水系统损失、新建项目用水等，可按总用水量的 10%～15% 考虑。

4）总用水量估算。总用水量为上述用水量总和，但用水量并非是均衡的，在每个季度、每天的各个时间内都有变化。夏季用水量远比冬季多；上班后清洁羊舍与畜体时用水量骤增，夜间用水量很少。因此，为了保证用水，在计算羊场用水量及设计给水设施时，必须按单位时间内最大用水量来计算。

（3）水质标准　我国的水质标准中目前尚无畜用水标准，可以按人的生活饮用水卫生标准（GB 5749—2006）执行。

（4）管网布置　因规模较小，羊场管网布置可以采用树枝状管网。干管布置方向应与给水的主要方向一致，以最短距离向用水量最大的羊舍供水；管线长度要尽量短，降低造价；管线布置时应充分利用地形，利用重力自流；管网尽量沿道路布置。

2. 排水工程

（1）排水系统组成　排水系统（图 4-17）应由排水管网、污水处理站和出水口组成。羊场的粪污量大而极容易对周边环境造成污染，因此羊

图 4-17　排水系统

场的粪污无害化处理与资源化利用是一项关系着全场经济、社会和生态效益的关键工程，粪污处理另有论述，在此的排水工程仅指排水量的估算、排水方式的选择与排水管网的布置。

（2）排水分类　包括雨雪水、生活污水和生产污水（家畜粪污和清洗废水）。

（3）排水量估算　雨水量估算根据当地降雨强度、汇水面积、径流系数计算，具体参见城乡规划中的排水工程估算法。羊场的生活污水主要来自职工的食堂和浴厕，其流量不大，一般不需计算，管道可采用最小管径150～200毫米。羊场最大的污水量是生产过程中的生产污水，生产污水量因饲养畜禽种类、饲养工艺与模式、生产管理水平、地区气候条件等差异而不同。其估算是以在不同饲养工艺模式下，单位规模的畜禽饲养量在一个生长生产周期内所产生的各种生产污水量为基础定额，乘以饲养规模和生产批数，再考虑地区气候因素加以调整。

（4）排水方式选择　羊场排水方式分为分流与合流两种。羊场的粪污需要专门的设施、设备与工艺来处理与利用，投资大、负担重，因此应尽量减少粪污的产生与排放。在源头上主要采用干清粪等工艺，而在排放过程中应采用分流排放方式，即雨水和生产、生活污水分别采用两个独立系统。生产与生活污水采用暗埋管渠，将污水集中排到场区的粪污处理站；专设雨水排水管渠，不要将雨水排入需要专门处理的粪污系统中。

（5）排水管渠布置　场区实行雨污分流的原则，对场区自然降水可进行有组织的排水。对场区污水应采用暗管排放，集中处理，符合《畜禽养殖业污染物排放标准》（GB 18596—2001）的规定。

场内排水系统多设置在各种道路的两旁及家畜运动场的周边。采用斜坡式排水管沟，以尽量减少污物积存及被人畜损坏。为了整个场区的环境卫生和防疫需要，生产污水一般应采用暗埋管渠排放。暗埋管渠排水系统如果超过200米，中间应增设沉淀井，以免污物淤塞，影响排水。沉淀井不应在运动场中或交通频繁的干道附近。沉淀井与供水水源至少应有200米以上的间距。暗埋的管渠应埋在冻土层以下，以免因受冻而阻塞。雨水中也有些场地中的零星粪污，如果有条件也宜采用暗埋管渠，如采用方形明沟，其最深处不应超过30厘米，沟底应有1%～2%的坡度，上口宽30～60厘米。

给水和排水管道施工主要是按照设计要求，把图纸的设计意图在场区实地上表现出来，这就要求在施工前先对场区进行测量，然后进行排水明渠的开挖，以及排水暗渠的建设。同时进行建设的还有与之相关的附属构筑物。

五 绿化

搞好羊场绿化，不仅可以调节小气候、减弱噪声、净化空气，起到防疫和防火等作用，而且可以美化环境。应根据本地区气候、土壤和环境功能等条件，选择适合当地生长的、对人畜无害的花草树木进行场区绿化。

场区绿化率不应低于30%，绿化的主要地段包括：生活管理区应具有观赏和美化效果；场内卫生防疫隔离用地及粪便污水处理设施周围应布置绿化隔离带；场区全年主风向的上风侧围墙的一侧或两侧应种植防风林带，围墙的其他部位种植绿化隔离带。

树木与建筑物外墙、围墙、道路边缘及排水明沟边缘的最小距离不应小于1米。

(1) 绿化带 （防疫、隔离、景观）周边种植乔木和灌木混合林带，特别是场界的北、西侧，应加宽这种混合林带（宽度达10米以上，一般至少应种5行），以起到防风阻沙的作用。场区隔离林带主要用以分隔场内各区及防火，如在生产区、住宅及生产管理区的四周都应有这种隔离林带，中间种乔木，两侧种以灌木（种植2～3行，总宽度为3～5米）（图4-18）。

(2) 绿化 内外道路两旁，一般种1～2行树冠整齐的乔木或亚乔木。在靠近建筑物的采光地段，不应种植枝叶过密、过于高大的树种，以免影响羊舍的自然采光。最好采用常青树种。

(3) 运动场遮阴林 运动场的南侧及西侧，应设1～2行遮阴林（图4-19）。一般可选枝叶开阔、生长势强、冬季落叶后枝条稀少的树种，如北京杨、加拿大杨、辽杨、槐、枫等。也可利用爬墙虎或葡萄树来达到同样的目的。运动场内种植遮阴树时，可选用枝条开阔的果树类，以增加遮阴、观赏效果及经济价值，但必须采取保护措施，以防羊损坏。

图4-18 隔离林带

图4-19 运动场遮阴林

六 粪污处理

设计或运行一个畜禽场粪污处理系统，必须对粪便的性质，对粪便的收集、转移、贮存及施肥等方面的问题加以全面的分析研究。规划时，应视不同地区的气象条件及土壤类型、管理水平等进行不同的设计，以使粪污处理工程发挥最佳的工作效果。图4-20为堆粪棚。

图4-20 堆粪棚

（1）粪污处理量的估算 粪污处理工程除了考虑各种家畜每日粪便排泄量外，还需将全场的污水排放量一并加以考虑。肉羊大致的粪尿产量见表4-2。按照目前城镇居民污水排放量与用水量一致的计算方法，对肉羊场污水量的估算也可按此法进行。

表4-2 肉羊粪尿排泄量（原始量）

饲养期/天	每只日排泄量/千克			每只饲养期排泄量/吨		
	粪量	尿量	合计	粪量	尿量	合计
365	2.0	0.66	2.66	0.73	0.24	0.97

（2）粪污处理工程规划的内容 处理工程设施是现代集约化羊场建设必不可少的项目，从建场伊始就要统筹考虑。其规划设计依据是粪污处理与综合利用工艺设计，其前项工程应联系肉羊场的排水工程，一般应综合考虑。粪污处理工程设施因处理工艺、投资规模、环境要求的不同而差异较大，实际工作中应根据环境要求、投资额度、地理与气候条件等因素先进行工艺设计。

一般其主要的规划内容应包括：粪污收集（即清粪）、粪污运输（管道和车辆）、粪污处理场的选址及其占地规模的确定、处理场的平面布局、粪污处理设备选型与配套、粪污处理工程构筑物（池、坑、塘、井、泵站等）的形式与建设规模。规划原则是：首先考虑其作为农田肥料的原料；选址时避免对周围环境的污染。还要充分考虑羊场所处的地理位置与气候条件，严寒地区的堆粪时间要长，场地要较大，且收集设施与输送管道要能够防冻。

七 采暖工程

（1）基本要求 羊场的采暖工程要保证羊生产需要和工作人员的办公和生活需要。从羊出生到成年，不同生长发育阶段都有相应的供暖保证。

（2）采暖系统 采暖系统分为集中供暖系统、分散供暖系统和局部供暖系统。集中供暖系统一般以热水为热媒，由集中锅炉房、热水输送管道及散热设备组成，全场形成一个完整的系统。分散供暖系统是指每个需要采暖的建筑或设施自行设置供暖设备，如热风炉、空气加热器和暖风机。集中供暖能保证全场供暖均衡、安全和方便管理，但一次性投资太大，适于大型肉羊场。分散供暖系统投资较小，可以和冬季羊舍通风相结合，便于调节和自动控制；缺点是采暖系统停止工作后余热小，室温降低较快，中小型羊场可采用。

（3）采暖负荷 羊场工作人员的办公与生活空间采暖与普通民用建筑采暖相同。由此估算全场的采暖负荷。

八 电力电讯工程

（1）基本要求 要求做到经济、方便、清洁，电力工程是羊场不可缺少的基础设施。同时随着经济和技术的发展，信息在经济与社会各领域中的作用越来越重要，电讯工程也成为现代羊场的必需设施。电力与电讯工程规划就是需要经济、安全、稳定、可靠的供配电系统和快捷、顺畅的通信系统，保证羊场正常的生产运营和与外界市场的紧密联系。

（2）供电系统 羊场的供电系统由电源、输电线路、配电线路及用电设备构成（图4-21）。规划主要内容包括用电负荷估算、电源与电压选择、变配电所的容量与设置、输配电线路布置。

图4-21 变压器

（3）用电量 羊场用电负荷包括办公区、职工宿舍、食堂等辅助建筑和场区的照明等，以及饲料加工、清粪、挤奶、给水排水、粪污处理等生产用电。照明用电量根据各类建筑照明用电定额和建筑面积计算，用电定额与普通民用建筑相同；生活电器用电根据电器设备额定容量之和，并考虑同时系数求得。生产用电根据生产中所使用的电力设备的额定容量之和，并考虑同时系数、需用系数求得。在规划初期可以根据已建的同类羊场的用电情况来类比估算。

（4）**电源和电压及变配电所的设置** 羊场应尽量利用周围已有的电源，若没有可利用的电源，需要远距离引入或自建。为了确保羊场的用电安全，一般场内还需要自备发电机，防止外界电源中断使羊场遭受巨大损失。羊场的使用电压一般为220V/380V，变电所或变压器的位置应尽量居于用电负荷中心，最大服务半径要小于500米。

（5）**电讯工程** 电讯工程规划是根据生产与经营需要配置电话、电视和网络。

——第五章——
羊的繁殖技术

提高繁殖，增加年产羔数和羔羊成活率，是实现养种羊盈利的基础。充分利用现代繁殖技术，尤其是人工授精技术。羊的人工授精技术相对自然交配来讲，不仅可以少养公羊，也确保了精液的品质，从而提高了受配率和受胎率。另外，通过同期发情技术和早期妊娠诊断均能提高繁殖率。

第一节 羊的发情鉴定

发情是指性成熟的母畜在特定季节表现出来的有利于交配的一系列变化。卵巢上卵泡迅速发育、成熟和排卵；生殖道子宫充血肿胀、分泌增强，阴道上皮角质化、充血、分泌物增多；精神兴奋不安；食欲下降、泌乳减少，离群、追爬其他家畜、外阴红肿并流出分泌物。发情的实质是卵泡发育、成熟和排卵。

绵羊发情持续期为 24～36 小时，山羊为 40 小时左右。排卵时间在发情结束时。山羊发情表现明显，绵羊发情征状不明显。发情主要表现为鸣叫、追逐公羊、个别的可见爬跨其他母羊。

一 发情鉴定方法

1. 外部观察法

直接观察母羊的行为、征状和生殖器官的变化来判断其是否发情，这是鉴定母羊是否发情最基本、最常用的方法。山羊发情时，尾巴直立，不停摇晃（图 5-1）；绵羊发情时外阴红肿明显（图 5-2）。

图 5-1　山羊发情症状　　　　图 5-2　绵羊发情时外阴红肿

2. 阴道检查法

将羊用开膛器插入母羊阴道，检查生殖器官的变化，如阴道黏膜的颜色潮红充血，黏液增多，子宫颈松弛等，可以判定母羊已发情。

3. 公羊试情法

用公羊对母羊进行试情，根据母羊对公羊的行为反应，结合外部观察来判定母羊是否发情。试情公羊要求性欲旺盛，营养良好，健康无病，一般每 100 只母羊配备试情公羊 2~3 只。试情公羊需做输精管切断手术或戴试情布。试情布一般宽 35 厘米、长 40 厘米，在四角扎上带子，系在试情公羊腹部。然后把试情公羊放入母羊群，如果母羊已发情，便会接受试情公羊的爬跨（图 5-3）。

图 5-3　公羊试情

二 注意事项

1）羊的发情鉴定的主要方法是试情法，结合外部观察法。

2）母羊发情后，表现为兴奋不安、反应敏感，食欲减退，有时反刍停止，母羊之间相互爬跨，咩叫摇尾，靠近公羊，接受爬跨。公羊戴上试情布，放入母羊群中，开始嗅闻母羊外阴。发情好的母羊会主动靠近公羊并与之亲近，摇尾，接受公羊爬跨。试情公羊与母羊的比例为 1 :（20~30）。

3）发情母羊阴道红肿、充血、湿润，有透明黏液流出，子宫颈口松弛、开张，呈深红色。

4）山羊发情时，尾巴上翘并不停地左右摇摆。

第二节　羊的采精技术

采精即收集公羊的精液。采精过程需保证做到以下4点：一是全量，将收集到全部的一次射精量。二是原质，采集到的精液，品质不能发生改变。三是无损伤，不能造成公畜的损伤，也不能造成精子的损伤。四是简便，整个采精操作过程要求尽量简便。

一　采精的方法与步骤

1. 采精前准备

（1）采精场地（采精室）　要求宽畅、明亮、地面平整，安静，清洁，设有采精架、台羊和精液操作室等必要设施。采精场地的基本结构包括采精室和实验室两部分。

羊采精室大小也因规模而定，实验室必须是可以封闭的建筑，羊场的采精室可以采用敞开棚舍。

（2）台羊　台羊有真台羊和假台羊两种。真台羊要求健康、温驯、卫生。假台羊要求设计合理、方便。羊的采精可以使用母羊作为台羊，也可以使用假台羊。真台羊可以人为保定，也可以使用保定架。

羊的采精通常采用发情母羊作为台羊，对性欲强的公羊也可用未发情的母羊。

（3）假阴道的准备　安装并消毒羊假阴道。

（4）公羊的准备　采精前调整公羊的性欲到最佳状态；体况适中，防止过肥和过瘦；饲喂全价饲料；适当运动；定期检疫；定期清洗。

（5）精液品质检查用具　器皿、用具备齐，需消毒的消毒备用。

2. 假阴道法采精

羊从阴茎勃起到射精只有很短的时间，所以要求操作人员动作敏捷、准确。羊的采精操作规程如下。

（1）台羊保定和消毒　将真台羊人为保定，抓住台羊的头部，不让其往前跑动。如用采精架保定，将真台羊牵入采精架内，将其颈部固定在采精架上。将真台羊的外阴及后躯用0.3%的高锰酸钾水溶液冲洗并擦干。

（2）公羊的消毒　将种公羊牵到采精室内，将公羊的生殖器官进行清洗消毒，尤其要将包皮部分清洗消毒干净。

（3）**采精员的准备**　将种公羊牵到台羊旁，采精员应蹲在台羊的右后侧，手持假阴道，随时准备将假阴道固定在台羊的尻部。

（4）**采精操作**　当公羊阴茎伸出，跃上台羊后，采精员手持假阴道，迅速将假阴道筒口向下倾斜与公羊阴茎伸出方向成一直线，用左手在包皮开口的后方，掌心向上托住包皮（切不可用手抓握阴茎，否则会使阴茎缩回），将阴茎拨向右侧导入假阴道内。

当公羊用力向前一冲后，即表示射精完毕。射精后，采精员同时使假阴道的集精杯一端略向下倾斜，以便精液流入集精杯中。

当公羊跳下时，假阴道应随着阴茎后移，不要抽出。当阴茎由假阴道自行脱出后，立即将假阴道直立，筒口向上，并立即送至精液处理室内，放气后，取下精液杯，盖上盖子。

假阴道法采精见图5-4、图5-5。

图5-4　假阴道法对山羊采精　　　图5-5　假阴道法对绵羊采精

3. 电刺激法采精

电刺激采精是通过脉冲电流刺激生殖器官引起动物性兴奋并射精来达到采精目的。电刺激模仿了在自然射精过程中的神经和肌肉对各种由副交感神经、交感神经等神经纤维介导的不同的化合物反应的生理学反射。通过刺激副交感神经或骨盘神经、交感神经或下腹部神经和外阴部的神经，就能导致勃起、精液释放和射精。

羊的电刺激采精主要在无法采用假阴道法采精的情况下使用。电刺激采精器如图5-6所示。

图5-6　电刺激采精器

二 注意事项

1）采精频率。通常以每周计算。

羊的精液品质在春季之前最差，秋季时可达 7~20 次。羊每周 2 天采精，当日采 2 次。主要根据精液品质与公羊的性机能状况而定。

2）将精液尽快送到精液处理室。公羊第一次射精后，可休息 15 分钟后进行第二次采精。第二次采精前应更换新的集精杯，并重新调温、调压。最好准备两个假阴道，便于有需要时二次采精。采精后，让公羊略作休息，然后赶回羊舍。

3）整个采精过程必须注意保温和防污染。种公羊的性反射快，温度很重要，勿触及阴茎，可触包皮。

① 保温。保温主要有假阴道的保温和精液的保温两个方面。采精时假阴道内胎温度不能低于 40℃，否则会直接影响到公羊的性欲，影响采精量和精液品质。在冬季采精时，注意对采集的精液保温，防止对精子造成低温打击而影响精液品质。

② 防污染。主要是防止精液被污染，采精时的精液污染源有假阴道、阴茎、采精室污物和尿道及粪便的污染，要确保不能有任何一方面的污染。

第三节　羊的精液品质检查技术

精液品质检查的目的是鉴定精液品质的优劣，以便决定配种负担能力，同时也反映出公羊饲养管理水平和生殖机能状态、技术操作水平，并依此作为精液稀释、保存和运输效果的依据。

一 精液品质检查的重要性及分类

1. 重要性

在人工授精技术中，我们要采集公羊的精液，并在体外进行一系列的处理。那么，精液的质量必然受到公羊本身的生精能力、健康状况，以及采集方法、处理方法的影响。因此，检查精液品质是人工授精技术中一个非常重要的技术环节：一是，检查种公羊的配种能力；二是公畜的饲养水平和性机能；三是确定精液可稀释的倍数；四是检查精液的处理方法是否正确；五是检查精液产品的质量；六是反映技术操作水平。

2. 精液品质检查的项目分类

根据检查的方法，精液品质检查的项目可分为直观检查项目和微观检查项目 2 类；根据检查项目，又可分为常规检查项目和定期检查项目 2 类。

直观检查项目包括射精量、色泽、气味、云雾状、pH 和亚甲蓝退色试验等。微观检查项目包括精子活力、密度和畸形率。

常规检查项目主要包括射精量、色泽、气味、云雾状、活力、密度和畸形率 7 项指标。目前，羊精液品质检查主要按常规检查项目进行检查。定期检查项目包括 pH、精子活力、精子存活时间及生存指数、精子抗力等。

二 方法与步骤

1. 量

量就是射精量，指公羊每次射精的体积。以连续 3 次以上正常采集到的精液的平均值代表射精量，测定方法可用体积测量容器，如刻度试管或量筒，也可用电子秤称重近似代表体积。

（1）正常射精量 公羊在繁殖季节射精量在 0.8 ~ 1.5 毫升，平均 1.2 毫升，在非繁殖季节射精量在 1 毫升以内。

（2）射精量不正常及原因 射精量超出正常范围的均认为是射精量不正常，射精量不正常的原因见表 5-1。

表 5-1　射精量不正常现象及原因

现　　象	原　　因
过少	采精过频、性功能衰退、睾丸炎、发育不良
过多	副性腺发炎、假阴道漏水、尿潴留、采精操作不熟练

2. 色

色指精液的色泽，羊精液的颜色一般为白色或乳白色，羊的精液在密度高时呈现浅黄色，总体颜色因精子浓度高低而异，乳白色程度越重，表示精子浓度越高。在不正常情况下，精液可能出现红色、绿色或褐色等。其原因见表 5-2。

表 5-2　精液的色泽及原因

类　　别	色　　泽	原　　因
正常精液	依从浓到稀：乳黄—乳白—白色—灰白	

（续）

类　别	色　泽	原　因
不正常精液	淡红（鲜红）色	生殖道下段出血或龟头出血
	淡红（暗红）色	副性腺或生殖道出血
	绿色	副性腺或尿生殖道化脓
	褐色	混有尿液
	灰色	副性腺或尿生殖道感染，长时间没有采精

3. 味

味指精液的气味，羊精液一般无味或略有膻味，若有异味则说明不正常。精液的气味见表5-3。

表5-3　精液的气味

类　别	气　味	原　因
正常精液	无味或略有膻味	
不正常精液	膻味过重	采精时未清洗包皮
	尿臊味	混有尿液
	恶臭味（臭鸡蛋味）	尿生殖道有细菌感染

4. 云雾状

正常羊精液因精子密度大而混浊不透明，肉眼观察时，由于精子运动翻滚如云雾状（表5-4）。

表5-4　精液的云雾状

表示方法	运动状态	精液特征
＋＋＋	翻滚明显而且较快	密度高（在10亿个/毫升或以上），活力好
＋＋	翻滚明显但较慢	密度中等（5亿~10亿个/毫升）
＋	仔细看才能看到精液的移动	密度较低（2亿~5亿个/毫升）
－	无精液移动	密度低（2亿个/毫升以内）

5. 活力

（1）活力的定义和表示方法 活力也称为活率，指37℃环境下，精液中前进运动精子占总精子数的比率。

活力的表示方法有百分制和十级制2种，百分制是用%表示精液的活力，十级制是目前普遍采用的表示方法，是用0、0.1、0.2、0.3……0.9，10个数字表示精液的活力。0表示精子全部死亡或精液中没有前进运动的精子，0.1指大概有10%的精子在前进运动，0.2指大概有20%的精子在前进运动，如此类推到0.9。

通常对精子活力的描述为做直线前进运动的精子，但实际上，无论从精子本身特点还是运动轨迹，是不可能按直线前进的，只不过是在围绕较大半径做绕圈运动。

（2）活力的测定

1）主要仪器设备。生物显微镜、显微镜恒温台、载玻片、盖玻片、生理盐水、滴管、移液枪和精液。

2）测定方法。精子活力的主要测定方法是估测法。

3）测定程序。载玻片预温→精液稀释→取样检查→镜检→活力估测→活力记录。

① 载玻片预温。将恒温加热板（图5-7）放在载物台上，打开电源并调整控制温度至37℃，然后放上载玻片。

② 精液稀释。将生理盐水与精液等温后，按1∶10稀释。例如，用移液枪取10微升精液，再用100微升0.9%氯化钠（生理盐水）等温稀释（图5-8）。

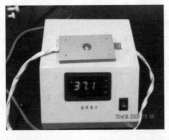

图5-7 恒温加热板

图5-8 精液稀释用品

③ 取样检查。取20～30微升稀释后的精液，放在预温后载玻片中

间，盖上盖玻片。

④ 显微镜镜检。用100倍和400倍观察。

⑤ 活力估测。判断视野中前进运动精子所占的百分率（图5-9）。

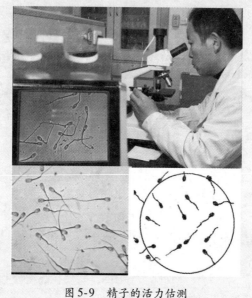

图5-9　精子的活力估测

观察1个视野中大体10个左右的精子，计数有几个前进运动的精子，如有7个前进运动的精子，则活力为0.7。至少观察3个视野，3个视野估测活力的平均值为该份精液的活力。如3次估测的活力分别为0.5、0.6、0.5，平均为0.53，活力则评定为0.5。

⑥ 活力记录：按十级制评分和记录。

（3）羊精液活力的要求　羊新鲜精液精子活力≥65%，才可以用于人工授精和冷冻精液制作。羊冷冻精液的活力≥30%。

6. 密度

（1）密度的定义和表示　精子密度也称精子浓度，指单位体积精液中所含的精子数，用个/毫升或亿个/毫升表示。羊精液中精子的密度一般为20亿~30亿个/毫升，羊精液的精子密度不能低于6亿个/毫升，否则不能用于人工授精和制作冷冻精液。

（2）精子密度的测定方法　目前测定精子密度的方法常采用估测法

和血细胞计数法。估测法是在显微镜下根据精子分布的稀稠程度，将精子密度粗略地分为"密""中""稀"。"密"表示精子数量多，精子间距不到 1 个精子；"中"表示精子数量较多，精子与精子的间距为 1 ~ 2 个精子；"稀"表示精子数量较少，精子与精子的间距为 2 个以上精子。但这种方法误差太大，不适合在生产中使用。目前主要介绍血细胞计数法。

1）精子密度计数板（器）。精子计数室长、宽各 1 毫米，面积 1 毫米^2，盖上盖玻片时，盖玻片和计数室的高度为 0.1 毫米，计数室的总体积为 0.1 毫米^3。计数室的构成由双线或三线组成 25 个（5 × 5）中方格；每个中方格内有 16 个小方格（4 × 4）；共计 400 个小方格，如图 5-10 所示。

2）精液的稀释。将精液注入计数室前必须对精液进行稀释，便于计数。稀释的比例根据动物精液的密度范围确定。稀释方法为用 5 ~ 25 微升移液器和 100 ~ 1000 微升移液器，在小试管中进行不同组合的稀释。见表 5-5。

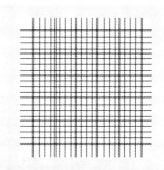

图 5-10　精子密度计数板的结构

表 5-5　测定精子密度时精液稀释数量倍数

项　　目	数　　量
稀释倍数	201
3% 氯化钠/微升	1000
原精液/微升	5

稀释液：3% 氯化钠溶液，用以杀死精子，便于计数。

先在试管中加入 3% 氯化钠 1000 微升，取原精液 5 微升直接加到 3% 氯化钠中，充分混匀。

3）显微镜准备。在 400 倍显微镜下，找出计数板上的方格，在计数室上盖上盖玻片，将方格调整到最清晰位置。

4）精液注入计数室。取 25 微升稀释后的精液，将吸嘴放于盖玻片与计数板的接缝处，缓慢注入精液，使精液依靠毛细管作用吸入计数室（图 5-11）。

5）精子计数。将计数板固定在显微镜的推进器内，用400倍找到计数室的第一个中方格。计数左上角至右下角5个中方格的总精子数，也可计数四个角和最中间5个中方格的总精子数。计数以精子的头部为准，依数上不数下、数左不数右的原则对格线上的精子进行计数（图5-12）。

图5-11　精液注入计数室

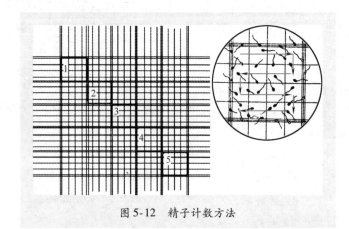

图5-12　精子计数方法

以图示次序计数，精子的头部为准，依数上不数下、数左不数右的原则进行计数。白色精子不计数。

6）精液密度计算。公式如下：

精液密度 = 5 个中方格总精子数 × 5 × 10 × 1000 × 稀释倍数

例如，羊精液通过计数，5 个中方格总精子数为 200 个，则精液密度 = 200 × 5 × 10 × 1000 × 101 = 10.1 亿个/毫升。

7. 畸形率

（1）定义和表示　精液中形态不正常的精子称为畸形精子，精子畸形率是指精液中畸形精子数占总精子数的百分比，对精子畸形率也用% 来表示。畸形率对受精率有着重要影响，如果精液中含有大量畸形精子，则受精能力就会降低。

畸形精子各种各样，大体可分为3类：头部畸形，即顶体异常、头部瘦小、细长、缺损、双头等。颈部畸形，即膨大、纤细、带有原生滴、双颈等。尾部畸形，即纤细、弯曲、曲折、带有原生滴等。

（2）畸形率的检查方法　精子的畸形率通常采用染色后显微镜检查。

1）染液。精液染色可选用的染液有巴氏染液、0.5克甲紫、纯红或纯蓝墨水、瑞士染液等。0.5克甲紫用20毫升酒精助溶，加水至100毫升，过滤至试剂瓶中备用。

2）抹片。用微量移液器取5微升原精液至试管中，并吸取100微升（羊可用200微升）0.9%氯化钠溶液混合均匀。左手食指和拇指向上捏住载玻片两端，使载玻片处于水平状态，取10微升稀释后的精液滴至载玻片右侧。右手拿一载玻片或盖玻片，使其与左手拿的载玻片呈向右的45°，并使其接触面在精液滴的左侧。将载玻片向右拉至精液刚好进入两载玻片形成的角缝中，然后平稳地推至左边（不得再向回拉）。抹片后，使其自然风干（图5-13）。

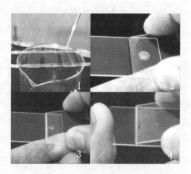

图5-13　抹片操作过程

3）固定。在抹片上滴95%的酒精数滴，固定4~5分钟后，甩去多余的酒精。

4）染色。将载玻片放在用玻璃棒制成的片架上，滴上0.5%的甲紫或纯蓝（或红）墨水5~10滴，染色5分钟。固定与染色如图5-14所示。

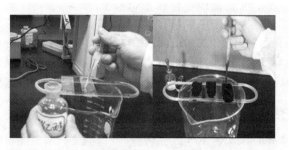

图5-14　左图为固定，右图为染色

5）冲洗。用洗瓶或自来水轻轻冲去染色剂，甩去水分晾干（图5-15）。

6）计数。载玻片放在400倍的显微镜下进行观察，共记录若干个视野200个左右的精子（图5-16）。

图5-15 冲洗

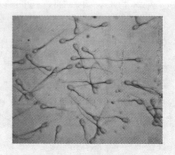

图5-16 精子计数

7）计算。公式如下：

$$畸形率 = 计数的畸形精子总数/总精子数 \times 100\%$$

（3）羊精液畸形率的要求 羊新鲜精液畸形率≤15%才可以使用；冷冻精液解冻后畸形率≤20%才能用于人工授精。

三 注意事项

1）羊新鲜精液精子活力≥65%，才可以用于人工授精和冷冻精液制作；羊冷冻精液的活力应≥30%。羊新鲜精液畸形率≤15%才可以使用；冷冻精液解冻后畸形率≤20%才能用于人工授精。

2）精液采集后，为防止未经稀释的精液死亡，应立即将精液∶稀释液按1∶3稀释，然后再检查活力和密度。

第四节 羊精液稀释和稀释液配制

精液稀释是向精液中加入适宜精子存活的稀释液。其目的有两个：一是扩大精液容量，从而增加母羊的输精头数，提高公羊利用率；二是延长精子的保存时间及受精能力，便于精液的运输，使精液得以充分利用。

一 概述

1. 稀释液的成分和作用

稀释液是用糖类、奶类、卵黄、化学物质、抗生素及酶类等，将其按一定数量或比例配合，能延长精子在体外的生存时间或在冷冻过程中保护精子免受冻害，提高冷冻后精子活力的精液保存液（稀释液）。

（1）水 水是溶解各种营养物质和保护性物质的溶剂，主要用以扩大精液的容量。必须是蒸馏水或更严格的水，保证不含有盐类、金属类和矿物质等，pH稳定。

（2）营养物质 常用的营养物质有葡萄糖、蔗糖、果糖、乳糖、奶和卵黄等。主要提供营养以补充精子生存和运动所消耗的能量。

（3）保护性物质

1）缓冲剂。常用的缓冲剂有枸橼酸钠、酒石酸钾钠、磷酸二氢钾等。精液在保存过程中，随着精子代谢产物如乳酸和二氧化碳的积累，pH会逐渐降低，超过一定的限度时，会使精子发生不可逆的变性。因此，应防止精液保存过程中的pH变化。

2）防冷抗冻物质。在精液的低温和冷冻保存中，必须加入防冷抗冻剂以防止精子冷休克和冻害的发生。常用的抗冻剂有甘油、二甲亚砜、三羟甲基氨基甲烷，常用的防冷剂有卵黄和奶类。

3）抗菌物质。主要有青霉素、链霉素等抗生素，主要是抑制细菌生长繁殖，延长精子存活时间。

（4）稀释剂 主要用于扩大精液容量，各种营养物质和保护物质的等渗溶液都具有稀释精液、扩大容量的作用，一般单纯用于扩大精液量的物质多采用等渗氯化钠、葡萄糖、果糖、蔗糖和奶类等。

（5）其他添加剂 主要作用于改善精子外在环境的理化特性，以及母羊生殖道的生理机能，以利于提高受精机会，促进受精卵的发育。常用的有酶类、激素类、维生素类等，具有改善精子活率，提高受胎率的作用。

2. 羊精液稀释液

根据精液保存温度的不同，精液稀释液分为常温保存液、低温保存液和冷冻保存液。常温保存液适用于常温保存精液；低温保存液用于精液的低温保存；冷冻保存液用于牛、羊冷冻精液的保存。

（1）常温保存液 主要用于羊的新鲜精液人工授精，由于羊的冷冻精液受胎率较低，目前多数羊场采用新鲜精液人工授精。

羊精液的常温保存液主要有：生理盐水（0.9%氯化钠）、鲜奶（牛奶或羊奶）、5%葡萄糖等渗液，也有采用配方稀释液稀释的，如：

配方一：葡萄糖1.5克"＋"枸橼酸钠0.7克＋卵黄10毫升，混合均匀。

配方二：生理盐水 90 毫升 + 卵黄 10 毫升，混合均匀。

（2）低温保存液 用于羊精液的低温保存（0～5℃）。

1）绵羊的低温保存液主要有：

配方一：二水枸橼酸钠 2.8 克 + 葡萄糖 0.8 克 + 蒸馏水 100 毫升，取其 80 毫升 + 卵黄 20 毫升，青霉素、链霉素分别按每毫升液体各 1000 单位添加。

配方二：二水枸橼酸钠 2.7 克 + 氨基己酸 0.36 克 + 蒸馏水 100 毫升，青霉素、链霉素分别按每毫升液体各 1000 单位添加。

2）山羊的低温保存液主要有：

配方一：葡萄糖 0.8 克 + 二水枸橼酸钠 2.8 克 + 蒸馏水 100 毫升，取其 80 毫升 + 卵黄 20 毫升，青霉素、链霉素分别按每毫升液体各 1000 单位添加。

配方二：葡萄糖 3 克 + 二水枸橼酸钠 1.4 克 + 蒸馏水 100 毫升，取其 80 毫升 + 卵黄 20 毫升，青霉素、链霉素分别按每毫升液体各 1000 单位添加。

（3）冷冻保存液 冷冻保存液用于精液的冷冻保存，冷源采用液氮为主，保存温度为 - 196℃。通常将未加抗冻剂的冷冻保存液称为基础液，即基础液加上抗冻剂成为冷冻保存液。

1）绵羊用冷冻保存液。

① 细管冻精。一液：基础液，枸橼酸钠 3.0 克 + 葡萄糖 3.0 克 + 蒸馏水 100 毫升。基础液 100 毫升再加卵黄 25 毫升为一液。二液：取一液 88.0 毫升，甘油 12 毫升，青霉素、链霉素分别各 10 万单位。

② 颗粒冻精。基础液（11% 的乳糖 75 毫升） + 卵黄 20 毫升 + 甘油 5 毫升 + 青霉素、链霉素分别各 10 万单位。

2）山羊用冷冻保存液。

① 基础液。枸橼酸钠 1.5 克 + 葡萄糖 3.0 克 + 乳糖 5.0 克 + 蒸馏水 100 毫升。

② 冷冻保存液。基础液 75 毫升 + 卵黄 20 毫升 + 甘油 5 毫升 + 青霉素、链霉素分别各 10 万单位。

二 稀释液的配制

1. 药品、试剂和器械的准备

（1）水 蒸馏水或去离子水要新鲜。

（2）药品、试剂 要求分析纯，奶必须是当天的鲜奶，卵黄要取自新鲜鸡蛋。

（3）器械 所用器械均要严格消毒，玻璃器皿用自来水冲洗干净后，用蒸馏水冲洗4遍，控干水分，用纸将瓶口包好，放入120℃干燥箱（图5-17）中干燥1小时，放凉备用。

烘箱温度设置不能高于140℃；取烘干的东西时，必须等到烘箱温度降到100℃以下。

2. 配制方法

（1）试剂称量 药品、试剂的称量必须准

图5-17 干燥箱烘干玻璃器皿

确，常用称量工具有电子天平，称量试剂时必须精确到0.00，称量试剂多时可采用电子秤（图5-18）。电子天平在使用前首先调平。

图5-18 称量药品试剂所需电子天平、电子秤

（2）溶解试剂 在烧杯中将试剂溶解好，对溶解较慢的可以使用磁力搅拌器促进溶剂溶解，然后转移到容量瓶中，用蒸馏水将烧杯冲洗3次以上，全部转移到容量瓶中定容。

（3）过滤 将定容好的液体用双层滤纸过滤到三角瓶中。

（4）消毒 将液体转移到瓶中，瓶口加一双折的棉线，再用胶塞塞住。放入高压蒸汽锅120℃消毒30分钟。消毒好以后将瓶取出拔掉棉线，基础液即配置好。

（5）加卵黄 用75%的酒精棉球消毒新鲜鸡蛋外壳，待其完全挥发

后，将鸡蛋磕开，分离蛋清、蛋黄和系带，将蛋黄盛于鸡蛋壳小头的半个蛋壳内，并小心地将蛋黄倒在用四层对折（8层）的消毒纸巾上。小心地使蛋黄在纸巾上滚动，使其表面的稀蛋清被纸巾吸附。先用针头小心将卵黄膜挑一个小口，再用去掉针头的10毫升的一次性注射器，从小口慢慢吸取卵黄，尽量避免将气泡吸入，同时应避免吸入卵黄膜。吸入10毫升后，再用同样的方法吸取另一个鸡蛋的卵黄。也可将卵黄移至纸巾的边缘，用针头挑一个小口，将卵黄液缓缓倒入量筒中，注意避免将卵黄膜倒入量筒中。

卵黄液与基础液的混合：取放凉的基础液，加入三角瓶中，然后将卵黄液注入或将卵黄液从量筒中倒入三角瓶中，将量取的基础液反复冲洗量筒中的卵黄，使其全部溶解至基础液中，然后将全部的基础液倒入三角瓶中，摇匀。

（6）**鲜奶** 如用鲜奶作为稀释液的成分，可将纱布折成8层，过滤后直接加入到稀释液中。

（7）**抗生素** 分别用1毫升注射器吸取基础液1毫升，分别注入80万单位和100万单位的青霉素和链霉素瓶中，使其彻底溶解。分别从青霉素瓶中吸取0.1～0.12毫升和链霉素瓶中吸取0.1毫升，将其注入三角瓶中，并摇匀。另一种方法是，称取0.1克的青霉素和0.1克的链霉素加入三角瓶中，摇匀。用基础液、卵黄液和抗生素混合制成第一液。

（8）**甘油** 用量筒量取第一液47毫升，加入另一只三角瓶中，用注射器吸取3毫升消毒甘油，注入三角瓶中，摇匀。制成羊冷冻精液的第二液。

三　精液的稀释

1. 稀释倍数和表示方法

精液适宜稀释倍数与稀释液种类有关，稀释倍数的确定应根据原精液的质量，尤其是精子的活力和密度、每次输精所需的精子数、稀释液的种类和保存方法决定。N倍稀释：即1份精液，N份稀释液；1∶N稀释：意思同N倍稀释。实际应用表示方法：稀释后体积是原精液体积的多少倍。因此，所谓的N倍稀释，实际上是1∶（N−1），但这种方法有利于进行相关计算。如N倍稀释后，精子密度为原来的1/N，体积为原精液体积的N倍，则可分装的份数＝原精液体积×稀释倍数/每份精液体积；稀释倍数＝原精液体积×分装的份数/每份精液体积。

在生产实际中，稀释倍数往往存在小数而影响操作，大多数以需要加入的稀释液量直接计算。

原精液可分装份数（即一次采精可输精分装份数）

　＝原精液密度×输精要求活力×采精量/每份精液总有效精子数

需加稀释液量＝原精液可分装份数×每份精液体积－采精量

2. 羊精液液态保存的稀释倍数

羊精液的液态保存指常温保存和低温保存，以及新鲜精液稀释后直接进行人工授精。

羊精液的液态保存每次输精有效精子数不能低于0.5亿个，输精前精液的活力不能低于0.6，输精量为0.5～1毫升。

如：某一次采精后，经精液品质检查，采精量1.2毫升、活力0.6、密度22亿个/毫升，其他指标均符合输精要求。若输精量按每次0.5毫升计。

原精液可分装份数＝22亿个/毫升×0.6×1.2毫升/0.5亿个＝31.68＝31份，小数点后的数字一律删掉，否则，输精时有效精子数就会不符合标准。

需加稀释液量＝0.5毫升×31－1.2毫升＝14.3毫升。

3. 羊冷冻精液的稀释倍数

羊冷冻精液每次输精有效精子数不能低于0.3亿个，活力≥30%，每次输精剂量颗粒冻精0.1毫升、细管冻精0.25毫升。

第一次稀释倍数的计算：应为最终稀释后体积的50%。第二次稀释为1:1稀释。

如：制作0.25毫升细管冻精，采精量为3毫升、密度22亿个/毫升。

原精液可分装份数＝22亿个/毫升×0.3×3毫升/0.3亿个＝66份；

需加稀释液量＝0.25毫升×66－3毫升＝13.5毫升；

第一次稀释需加稀释液量＝0.25毫升×66×50%－3毫升＝5.25毫升；

第二次稀释需加稀释液量＝0.25毫升×66×50%＝8.25毫升。

四　注意事项

1）配制稀释所使用的一切用具必须彻底洗涤干净，严格消毒；配制的稀释液要严格消毒；抗生素、酶类、激素类、维生素等添加剂必须在稀释液冷却至室温时，方可加入；要求现配现用，保持新鲜。需要保存的，含有卵黄和奶类的不超过 2 天；基础液消毒好后于 0 ~ 5℃条件下可保存 1 个月。

2）精液的稀释方法和注意事项

① 原精液在采精经检查合格后，应立即进行稀释，越快越好，从采精后到稀释的时间不超过 30 分钟。

② 稀释时，稀释液的温度和精液的温度必须调整一致，以 30 ~ 35℃为宜。

③ 稀释时，将稀释液沿精液瓶壁缓慢加入，防止剧烈震荡。

④ 若做高倍稀释，应先低倍后高倍，分次进行稀释。

⑤ 稀释后精液立即进行分装（一般按 1 头母羊的输精量）保存。

第五节　羊精液保存技术

精液保存的方法按保存的温度分：常温保存（15 ~ 25℃），低温保存（0 ~ 5℃）和冷冻保存（ - 79 ~ 196℃）3 种。按精液的状态分：液态保存和冷冻保存，常温保存和低温保存温度都在 0℃以上，称为液态精液保存，超低温保存精液以冻结形式做长期保存，称为冷冻精液保存。羊精液的保存方法有常温保存、低温保存和冷冻保存（颗粒和细管）3 种方法，均在生产中普遍应用。

一　精液的常温保存

精液的常温保存是保存温度在 15 ~ 25℃，允许温度有一定的变动幅度，也是室温保存。常温保存所需设备简单，便于普及推广，主要用于采精后，经稀释后立即输精，不用于长时间保存，主要用于羊的精液稀释，从采精到完成输精尽量不超过 1 小时。如需要运输，可采用保温杯或疫苗箱等。

二　精液的低温保存

精液的低温保存是将精液稀释后缓慢降温至 0 ~ 5℃保存，利用低温来抑制精子的活动，降低代谢和能量消耗，抑制微生物生长，以达到延长精子存活时间的目的。当温度回升后，精子又恢复正常代谢机能并维持其受精能力。为避免精子发生冷休克，在稀释液中添加卵黄、奶类等防冷物质，并采用缓慢降温的方法。

稀释后的精液，为避免精子发生冷休克，须采取缓慢降温的方法，从 30℃降至 0 ~ 5℃，每分钟下降 0.2℃左右为宜，整个降温过程需 1 ~ 2 小时完成。将分装好的精液瓶用纱布或毛巾包缠好，再裹以塑料袋防水，置于 0 ~ 5℃低温环境中存放，也可将精液瓶放入装有 30℃温水的容器内，一起置放在 0 ~ 5℃ 环境中，经 1 ~ 2 小时，精液温度即可降至 0 ~ 5℃。

最常用的方法是将精液放置在冰箱内保存，也可用冰块放入广口瓶内代替；或者放在盛有化学制冷剂（水中加入尿素、硫酸铵等组合而成）的广口瓶内；还可吊入水井深处保存。

低温保存的精液在输精前要进行升温处理。升温的速度对精子影响较小，故一般可将贮精瓶直接投入 30℃ 温水中。

三 精液的冷冻保存

冷冻保存是将精液经过冷冻，在液氮中保存。冷冻精液的冷源是液氮，保存温度为 -196℃。冷冻精液的剂型有细管型和颗粒型 2 种。

1. 液氮罐的结构和使用

冻精应贮存于液氮罐的液氮中，设专人保管，每周定时加 1 次液氮，应经常检查液氮罐的状况，如发现液氮罐外壳结白霜，立即将精液转移入其他液氮罐内保存。包装好的冻精由一个液氮罐转换到另一个液氮罐时，在液氮罐外停留时间不得超过 3 秒钟。取存冻精后要盖好液氮罐塞，在取放盖塞时，要垂直轻拿轻放，不得用力过猛，防止液氮罐塞折断或损坏。移动液氮罐时，不得在地上拖行，应提握液氮罐手柄抬起罐体后再移动。

冻精运输过程中要有专人负责，贮存容器不得横倒及碰撞和强烈震动，保证冻精始终浸在液氮中。

液氮罐容量有 5 升、10 升到 30 升大小不等，可根据需要选择。大液氮罐液氮保存时间长，但运输不如小的方便。

2. 细管冻精

塑料细管一般有 0.25、0.5 和 1.0 毫升 3 种容量。优点：适于快速冷冻，精液受温均匀，冷冻效果好；剂量标准化卫生条件好，不易受污染，标记明显，精液不易混淆；体积小，便于大量保存，精子损耗率低，精子复苏率和受胎率高；适于机械化生产，工效很高。缺点：如封口不好，解冻时易破裂；须有装封、印字等机械设备。

目前常用的以 0.25 毫升细管为主，在液氮罐内保存。

3. 颗粒冻精

将精液直接滴冻在经液氮冷却的塑料板或金属板上，体积为 0.1 毫升的颗粒。优点：方法简便，易于制作，成本低，体积小，便于大量贮存。缺点：剂量不标准，精液暴露在外易受污染，不易标记，易混淆，大多需解冻液解冻。

第六节 羊的输精

输精是人工授精的最后一个技术环节。适时而准确地把一定量的优质精液输到发情母羊生殖道的一定部位是保证受胎率的关键。

采精经稀释、精液品质检查符合要求后即可直接输精；低温保存时，输精前将精液经 10 分钟左右升温到 30～35℃再进行输精；颗粒冻精和细管冻精需要解冻后进行输精。

一 羊输精时间把握

羊采用 2 次输精。每天用试情公羊检查母羊群 2 次，上、下午各 1 次，用试情布兜住公羊腹部，避免发生自然交配。如果母羊接受公羊跳爬，证明已经发情，应在发现发情后 6～12 小时内第一次输精，12～18 小时后第二次输精。

经产羊应于发现发情后 6～12 小时第一次输精，间隔 12～16 小时后第二次输精。

初配羊应于发现发情后 12 小时第一次输精，间隔 12 小时第二次输精。

二 羊输精前准备

1. 颗粒冻精的解冻

（1）解冻所需器材、溶液　恒温水浴锅（可用烧杯或保温杯结合温度计代替）、1000 微升移液枪、5 毫升小试管、镊子、2.9% 的枸橼酸钠。

（2）操作步骤

1）将水浴锅温度设定为 38～40℃，在小试管中加入 1 毫升 2.9% 的枸橼酸钠溶液，预温 2 分钟以上（图 5-19）。

图 5-19　颗粒冻精的解冻

2）在液氮罐中用镊子夹取 1 个冻精颗粒投入到小试管中，由液氮罐提取冻精，冻精在液氮罐颈部停留不应超过 10 秒钟，储精瓶停留部位应在距液氮罐颈管部 8 厘米以下。从液氮罐取出冻精到投入小试管时间尽量控制在 3 秒钟以内。

3）轻轻摇晃小试管，使冻精溶解并充分混匀（图 5-20）。

4）用输精器将解冻好的精液吸到输精器中，准备输精（图 5-21）。

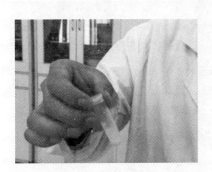 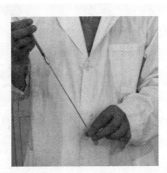

图 5-20　颗粒冻精的溶解　　　　图 5-21　输精器吸取精液

2. 细管冻精的解冻

（1）解冻所需器材　恒温水浴锅（可用烧杯或保温杯结合温度计代替）、镊子、细管钳、输精器及外套管。

（2）操作步骤

1）用镊子从液氮罐中取出细管冻精，由液氮罐提取冻精，冻精在液氮罐颈部停留不应超过 10 秒钟，储精瓶停留部位应在液氮罐距颈管部 8 厘米以下。从液氮罐取出冻精到投入保温杯时间尽量控制在 3 秒钟以内。

2）直接投入到 37℃ 水浴锅（或用温度计将保温杯水温调整至 37℃），摇晃时期完全溶解。也可将细管冻精投入到 40℃ 水浴环境解冻 3 秒钟左右，有一半溶解以后拿出使其完全溶解。

3）将解冻好的细管冻精装入输精枪中，封口端朝外，再用细管钳将细管从露出输精枪的部分剪开，套上外套管，准备输精。

三　输精操作

羊的输精主要采用开膣器输精法。输精前，开膣器和输精器可采用火焰消毒，将酒精棉球点燃，利用火焰对开膣器和输精器进行消毒，并在开腔器前端涂上润滑剂（红霉素软膏或凡士林等均可），将精液吸入输精器（图5-22）。

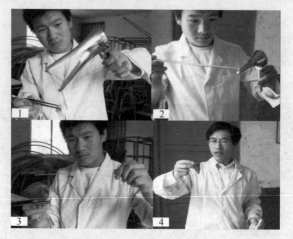

图 5-22　羊输精前的准备

1. 母羊的保定

母羊可采用保定架保定（图5-23）、单人保定和双人保定。对体格较大的母羊可采用双人或保定架保定（图5-24）。体格中、小的母羊可采用单人倒提保定（图5-25）。

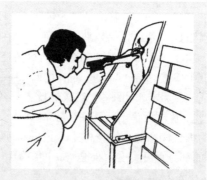

图 5-23　羊保定架输精

围栏颈枷保定输精是专门为工厂化养羊设计的保定输精装置，该装置极大地节约了人力资源，每人每天可输精母羊200只以上（图5-26）。

图 5-24　羊的保定输精　　　　　图 5-25　单人倒提保定

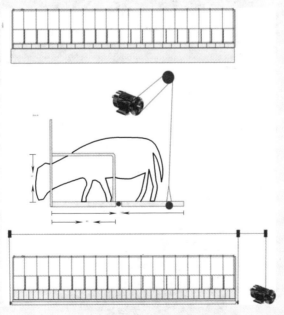

图 5-26　羊专用围栏颈枷保定示意图

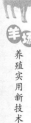

2. 输精操作流程（图 5-27）

1）保定好羊。

2）用卫生纸或捏干的酒精棉球将外阴部擦干净。

3）用开膣器先朝斜上方、侧进入阴道。

4）当开膣器前端即将抵达子宫颈口时，将开膣器转平，然后打开开膣器。

5）看到子宫颈口（图 5-28）时，将输精器头旋转进入子宫颈。

6）输精器无法继续深入子宫时，可将精液注入。

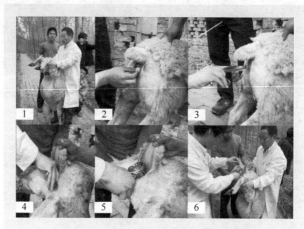

图 5-27　羊输精操作流程

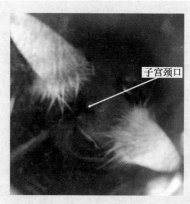

图 5-28　母羊子宫颈口

四 注意事项

羊在输精时，输精器进入子宫时难度较大，通常深度为 2～3 厘米，最佳位置是通过子宫颈，直接输到子宫体内。输精完成后，将母羊再倒提保定 2 分钟，防止精液倒流。输精完成后，输精器和开膣器必须清洗干净。

第七节　羊的妊娠诊断技术

配种后的母羊应尽早进行妊娠诊断，能及时发现空怀母羊，以便采取补配措施。对已受胎的母羊加强饲养管理，避免流产，这样可以提高羊群的受胎率和繁殖率。

一 羊妊娠的诊断方法

1. 外部观察

母羊受胎后，在孕激素的制约下，发情周期停止，不再有发情征状表现，性情变得较为温顺。同时，甲状腺活动逐渐增强，妊娠母羊的采食量增加，食欲增强，营养状况得到改善，毛色变得光亮润泽。仅靠观察表观征状不易确切诊断母羊是否妊娠，因此还应结合触诊法来确诊。

2. 触诊法

待检查母羊自然站立，然后用两只手以抬抱的方式在腹壁前后滑动，抬抱的部位是乳房的前上方，用手触摸是否有胚胎胞块。注意抬抱时手掌展开，动作要轻，以抱为主。还有一种方法是直肠—腹壁触诊。待查母羊用肥皂灌洗直肠，排出粪便，使其仰卧，然后用直径 1.5 厘米、长约 50 厘米、前端圆如弹头状的光滑木棒或塑料棒作为触诊棒，使用时涂抹上润滑剂，经过肛门向直肠内插入 30 厘米左右，插入时注意贴近脊椎。一只手用触诊棒轻轻地把直肠挑起来以便托起胎胞，另一只手则在腹壁上触摸，如有胞块状物体即表明已妊娠；如果摸到触诊棒，将棒稍微移动位置，反复挑起触摸 2～3 次，仍摸到触诊棒即表明未受胎。

注意，挑动时不要损伤直肠。羊属中小型牲畜，不能像牛、马那样做直肠检查，因此触诊法在早期妊娠诊断中还是很重要的，而且这种方法的准确率也相当高。

3. 阴道检查法

妊娠母羊阴道黏膜的色泽、黏液性状及子宫颈口形状均有一些和妊娠相一致的规律变化。

（1）阴道黏膜 母羊妊娠后，阴道黏膜由空怀时的浅粉红色变为苍白色，但用开膣器打开阴道后，很短时间内即由白色又变成粉红色。空怀母羊黏膜始终为粉红色。

（2）阴道黏液 妊娠母羊的阴道黏液呈透明状，而且量很少，因此也很浓稠，能在手指间牵成线。相反，如果黏液量多、稀薄、颜色灰白，则说明未受胎。

（3）子宫颈 妊娠母羊子宫颈紧闭，色泽苍白，并有糨糊状的黏块堵塞在子宫颈口，人们称之为"子宫栓"。和发情鉴定一样，在做阴道检查之前应认真修剪指甲及消毒手臂。

4. 免疫学诊断

妊娠母羊血液、组织中具有特异性抗原，能和血液中的红细胞结合在一起，用它诱导制备的抗体血清和待查母羊的血液混合时，妊娠母羊的血液红细胞会出现凝集现象。如果待查母羊没有妊娠，就会因为没有与红细胞结合的抗原，加入抗体血清后红细胞不会发生凝集现象。由此可以判定被检母羊是否妊娠。

5. 黄体酮水平测定法

测定方法是将待查母羊在配种 20~25 天后采血制备血浆，再采用放射免疫标准试剂与之对比，判读血浆中的黄体酮含量，判定妊娠参考标准为：绵羊每毫升血浆中黄体酮含量大于 1.5 纳克，山羊大于 2 纳克。

二 返情检查和超声波妊娠诊断方法

1. 妊娠诊断时间

人工授精后 15~25 天试情公羊检查，40 天以后通过 B 超进行妊娠诊断。

2. 超声波探测法

超声波探测仪是一种先进的诊断仪器，有条件的地方利用它来做早期妊娠诊断，便捷可靠。检查方法是将待查母羊保定后，在腹下乳房前毛稀少的地方涂上凡士林或液状石蜡等耦合剂，将超声波探测仪的探头对着骨盆入口方向探查。用超声波诊断羊早期妊娠的时间最好是配种 40 天以后，这时胎儿的鼻和眼已经分化，易于诊断。

试情检查结合 B 超进行妊娠诊断，是目前羊妊娠诊断最准确，也是最为有效的方法。B 超的使用必须熟练（图 5-29、图 5-30）。

图 5-29 B 超进行妊娠诊断

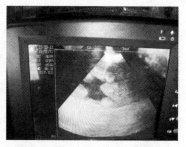
图 5-30 B 超检测到的胎儿

不同妊娠阶段通过 B 超观察到的胎儿发育情况见彩图 5-1 ~ 彩图 5-6。

三 母羊预产期的推算

母羊妊娠后，为做好分娩前的准备工作，应准确推算产羔期，即预产期。羊的预产期可用公式推算，即配种月份加 5，配种日期数减 2。

例一：某羊于 2011 年 5 月 24 日配种，它的预产期为：

$$5 + 5 = 10（月）预产月$$

$$24 - 2 = 22（日）预产日期$$

即该羊的预产日期是 2011 年 10 月 22 日。

例二：某羊于 2011 年 10 月 8 日配种，它的预产期为：

$10 + 5 = 15$（月），大于 12，可将分娩年份推迟一年，并将该月份减去 12 月，余数就是下一年预产月数，即 $15 - 12 = 3$（月）。

$$8 - 2 = 6（日）预产日期$$

即该羊的预产期是 2012 年 3 月 6 日。

第八节 产后护理

在分娩和产后期，母羊整个机体，特别是生殖器官会发生激烈的变化，机体抵抗力降低，产出胎儿子宫张开时，产道黏膜表皮可能会受到损伤，产后子宫内又积存大量的恶露，为微生物的侵入创造了条件，同时，分娩过程中，母羊丧失了很多水分。因此，对产后期的母羊应加以妥善护理。

一 产后母羊护理程序

1）产后要供给母羊足够的水和麸皮汤等。

2）保持母羊外阴部的清洁，要用消毒溶液清洗外阴部、尾巴及后躯。

3）供给优质、易消化的饲料，但不宜过多，否则易引起消化道及乳腺疾病。饲料可逐渐变为正常。

4）青饲料不宜过多，以免乳汁分泌过多，引起乳腺炎或羔羊腹泻。

5）垫上清洁的草并勤换。

6）母羊产后出现的一些病理现象，应及时妥善处理。

二 羔羊的护理程序

初生羔羊是指从出生到脐带脱落这一时期的羔羊。羔羊脐带一般是在出生后的第二天开始干燥，6 天左右脱落，脐带干燥脱落的早晚与断脐的方法、气温及通风有关。初生羔羊的护理工作是羔羊生产的中心环节，要想提高羔羊成活率，除了做好妊娠母羊的饲养管理，使之产下健壮羔羊外，做好羔羊的饲养管理也是关键所在。

（1）清除口鼻腔黏液 羔羊产出后，迅速将口、鼻、耳中的黏液抠出，让母羊舔净羔羊身上的黏液。

（2）擦干羊体 让母羊舔干羔羊身上的黏液（图 5-31）。如果母羊不舔，则可在羔羊身上撒些麸皮，引诱其舔干。其作用是：增进母子感情，获取催产素，以利胎衣排出。

（3）断脐 多数羔羊产出后可自行扯断，可用 5% 的碘酒消毒脐带。如果未断，可在距腹部 5～10 厘米处将脐带内的血挤回羔羊体内后撕断，再用 5% 的碘酊充分消毒（图 5-32）。

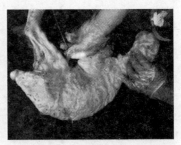

图 5-31 母羊舔干羔羊身上的黏液　　图 5-32 羔羊断脐带

（4）喂初乳 产羔完毕后，剪掉母羊乳房周围的长毛，用温水或 0.1% 的高锰酸钾消毒乳房，用毛巾擦干，并弃去最初几滴乳（图 5-33、

图 5-34）。待羔羊自行站立后，辅助其吃上初乳，以获得营养与免疫抗体。羔羊最好在出生后 30 分钟内吃上初乳（图 5-35）。

图 5-33　清洗母羊乳房

图 5-34　挤出初乳

图 5-35　羔羊吃到初乳

（5）**称重**

（6）**编号**　羔羊生后 7 天内，打耳号或耳标。

（7）**记录备案**

（8）**注射破伤风抗毒素**　在羔羊出生 12 小时以内注射破伤风抗毒素。

（9）**断尾**　绵羊羔羊出生后 7 天内，在第三、第四尾椎处采取结扎法进行断尾。

三　注意事项

1）分娩助产操作由繁殖技术员负责安排实施。计算母羊预产期，在分娩前 1 周将母羊转入分娩栏。分娩前期禁止使用缩宫素。

2）假死急救。首先要判定是否假死，通过羔羊的心跳和脐带回血可检测羔羊是假死还是已经死亡。对假死羔羊要采用以下程序处理：①保温；②清除口、鼻腔黏液；③将羔羊颈部以下部位浸在40℃左右的温水中，同时进行人工呼吸，按拍胸部两侧，或向鼻孔吹气，使其复苏。

3）保证分娩栏的卫生消毒。产羔2只或以上的，及时给羔羊补喂母乳。

第九节　羊场繁殖管理

一　羊的繁殖评定指标

羊的繁殖率是指本年度内出生断奶成活的羔羊数占上年度末存栏适繁母羊数的百分比。可以用下列公式表示：

繁殖率＝本年度出生羔羊数/上年度末适繁母羊数×100%

根据母羊繁殖过程的各个环节，繁殖率应该是受配率、受胎率、分娩率、产羔率和羔羊成活率5个方面内容的综合反映。因此繁殖率又可用下列公式表示：

繁殖率＝受配率×受胎率×分娩率×产羔率×羔羊成活率

1. 受配率

受配率是指本年度内参加配种的母羊数占羊群内适繁母羊数的百分比。受配率主要反映羊群内适繁母羊发情配种的情况。

受配率＝配种母羊数/适繁母羊数×100%

2. 受胎率

受胎率是指妊娠母羊数占参加配种母羊数的百分比。在受胎率统计中又分为总受胎率、情期受胎率和不返情率。

（1）总受胎率　指本年度末受胎母羊数占本年度内参加配种母羊数的百分比。其主要反映羊群质量和全年配种技术水平的高低。

总受胎率＝本年度末受胎母羊数/本年度内参加配种母羊数×100%

（2）情期受胎率　指某一时段妊娠母羊头数占配种情期数的百分比。其能及时反映羊群质量和配种水平，能较快发现羊群的繁殖问题。就同一群体而言，情期受胎率通常总要低于总受胎率。

情期受胎率＝妊娠母羊数/配种情期数×100%

情期受胎率又分为第一情期受胎率和总情期受胎率。

第一情期受胎率是指第一情期配种的受胎母羊数占第一情期配种母羊

数的百分比。

第一情期受胎率＝第一情期受胎母羊数/第一情期配种母羊数×100%

总情期受胎率：配种后最终妊娠母羊数占总配种母羊情期数（包括历次复配情期数）的百分比。

总情期受胎率＝最终妊娠母羊数/总配种母羊情期数×100%

（3）不返情率 指在一定时间内，配种后再未出现发情的母羊数占本期内参加配种母羊数的百分比。不返情率又可分为30天、60天、90天和120天不返情率。30～60天的不返情率，一般大于实际受胎率7%左右。随着配种时间的延长，不返情率逐渐接近于实际受胎率。

×天不返情率＝配种后×天未返情母羊数/配种母羊数×100%

3. 分娩率

分娩率是指本年度内分娩母羊数占妊娠母羊数的百分比。其反映了母羊妊娠质量的高低和保胎效果。

分娩率＝分娩母羊数/妊娠母羊数×100%

4. 产羔率

产羔率是指母羊的产羔（包括死胎）数占分娩母羊数的百分比。

产羔率＝产出羔羊数/分娩母羊数×100%

5. 羔羊成活率

羔羊成活率是指本年度内断奶成活的羔羊数占本年度产出活羔羊数的百分比。其反映了羔羊的培育情况。

羔羊成活率＝成活羔羊数/产出活羔羊数×100%

二 羊的正常繁殖力指标

在饲养环境条件较好的地区，如河南省、山东省、四川省等中部地区，绵羊和山羊产羔率通常在200%～300%，达到每年2产或者2年3产，但在西藏、内蒙古等地，因气候环境原因，绵山羊产羔率多为70%左右，且为1年1产。

小尾寒羊的繁殖率最强，繁殖率达到270%，2年可产3胎或年产2胎。山羊中，槐山羊、南江黄羊、马头山羊的繁殖率高，繁殖率达到300%左右，2年可产3胎或年产2胎。绵山羊繁殖年限为5～8年。

——第六章——
羊的营养及饲料加工

降低成本投入，尤其是饲料成本投入，是实现养种羊盈利的前提。但低成本饲料投入并不意味着低的生产性能。相反，全混合日粮加益生菌的饲喂方式不仅能节约生产成本，也可极大地提高羊的生产性能。当然，全混合日粮必须对各种饲料原料科学搭配，合理加工。

第一节　羊饲养标准

一　肉用绵羊营养需要量

各生产阶段肉用绵羊对干物质进食量（DMI）和消化能（DE）、代谢能（ME）、粗蛋白质（CP）、钙、磷、食用盐每日营养需要量见表6-1~表6-6，对硫、维生素A、维生素D、维生素E的每日营养添加量推荐值见表6-7。

1. 生长育肥羔羊每日营养需要量

4~20千克体重阶段生长育肥绵羊羔羊不同日增重下日粮干物质进食量和消化能、代谢能、粗蛋白质、钙、总磷、食用盐每日营养需要量见表6-1，对硫、维生素A、维生素D、维生素E、微量矿物质元素的日粮添加量见表6-7。

2. 育成母绵羊每日营养需要量

25~50千克体重阶段绵羊育成母羊日粮干物质进食量和消化能、代谢能、粗蛋白质、钙、总磷、食用盐每日营养需要量见表6-2，对硫、维生素A、维生素D、维生素E、微量矿物质元素的日粮添加量见表6-7。

表 6-1 生长育肥绵羊羔羊每日营养需要量

体重/千克	日增重/（千克/天）	DMI/（千克/天）	DE/（兆焦/天）	ME/（兆焦/天）	CP/（克/天）	钙/（克/天）	总磷/（克/天）	食用盐/（克/天）
4	0.1	0.12	1.92	1.88	35	0.9	0.5	0.6
4	0.2	0.12	2.8	2.72	62	0.9	0.5	0.6
4	0.3	0.12	3.68	3.56	90	0.9	0.5	0.6
6	0.1	0.13	2.55	2.47	36	1.0	0.5	0.6
6	0.2	0.13	3.43	3.36	62	1.0	0.5	0.6
6	0.3	0.13	4.18	3.77	88	1.0	0.5	0.6
8	0.1	0.16	3.10	3.01	36	1.3	0.7	0.7
8	0.2	0.16	4.06	3.93	62	1.3	0.7	0.7
8	0.3	0.16	5.02	4.60	88	1.3	0.7	0.7
10	0.1	0.24	3.97	3.60	54	1.4	0.75	1.1
10	0.2	0.24	5.02	4.60	87	1.4	0.75	1.1
10	0.3	0.24	8.28	5.86	121	1.4	0.75	1.1
12	0.1	0.32	4.60	4.14	56	1.5	0.8	1.3
12	0.2	0.32	5.44	5.02	90	1.5	0.8	1.3
12	0.3	0.32	7.11	8.28	122	1.5	0.8	1.3
14	0.1	0.4	5.02	4.60	59	1.8	1.2	1.7
14	0.2	0.4	8.28	5.86	91	1.8	1.2	1.7
14	0.3	0.4	7.53	6.69	123	1.8	1.2	1.7

（续）

体重/千克	日增重/（千克/天）	DMI/（千克/天）	DE/（兆焦/天）	ME/（兆焦/天）	CP/（克/天）	钙/（克/天）	总磷/（克/天）	食用盐/（克/天）
16	0.1	0.48	5.44	5.02	60	2.2	1.5	2.0
16	0.2	0.48	7.11	8.28	92	2.2	1.5	2.0
16	0.3	0.48	8.37	7.53	124	2.2	1.5	2.0
18	0.1	0.56	8.28	5.86	63	2.5	1.7	2.3
18	0.2	0.56	7.95	7.11	95	2.5	1.7	2.3
18	0.3	0.56	8.79	7.95	127	2.5	1.7	2.3
20	0.1	0.64	7.11	8.28	65	2.9	1.9	2.6
20	0.2	0.64	8.37	7.53	96	2.9	1.9	2.6
20	0.3	0.64	9.62	8.79	128	2.9	1.9	2.6

注：1. 表中日粮 DMI、DE、ME、CP、钙、总磷、食用盐每日需要量推荐数值参考自内蒙古自治区地方标准《细毛羊饲养标准》（DB 15/T30—1992）。

2. 日粮中添加的食用盐应符合 GB/T 5461—2016 中的规定。

表 6-2 育成母绵羊每日营养需要量

体重/千克	日增重/（千克/天）	DMI/（千克/天）	DE/（兆焦/天）	ME/（兆焦/天）	CP/（克/天）	钙/（克/天）	总磷/（克/天）	食用盐/（克/天）
25	0	0.8	5.86	4.60	47	3.6	1.8	3.3
25	0.03	0.8	6.70	5.44	69	3.6	1.8	3.3
25	0.06	0.8	7.11	5.86	90	3.6	1.8	3.3
25	0.09	0.8	8.37	6.69	112	3.6	1.8	3.3

（续）

体重/ 千克	日增重/ (千克/天)	DMI/ (千克/天)	DE/ (兆焦/天)	ME/ (兆焦/天)	CP/ (克/天)	钙/ (克/天)	总磷/ (克/天)	食用盐/ (克/天)
30	0	1.0	6.70	5.44	54	4.0	2.0	4.1
30	0.03	1.0	7.95	6.28	75	4.0	2.0	4.1
30	0.06	1.0	8.79	7.11	96	4.0	2.0	4.1
30	0.09	1.0	9.20	7.53	117	4.0	2.0	4.1
35	0	1.2	7.95	6.28	61	4.5	2.3	5.0
35	0.03	1.2	8.79	7.11	82	4.5	2.3	5.0
35	0.06	1.2	9.62	7.95	103	4.5	2.3	5.0
35	0.09	1.2	10.88	8.79	123	4.5	2.3	5.0
40	0	1.4	8.37	6.69	67	4.5	2.3	5.8
40	0.03	1.4	9.62	7.95	88	4.5	2.3	5.8
40	0.06	1.4	10.88	8.79	108	4.5	2.3	5.8
40	0.09	1.4	12.55	10.04	129	4.5	2.3	5.8
45	0	1.5	9.20	8.79	94	5.0	2.5	6.2
45	0.03	1.5	10.88	9.62	114	5.0	2.5	6.2
45	0.06	1.5	11.71	10.88	135	5.0	2.5	6.2
45	0.09	1.5	13.39	12.10	80	5.0	2.5	6.2

第六章 羊的营养及饲料加工

体重/千克	日增重/(千克/天)	DMI/(千克/天)	DE/(兆焦/天)	ME/(兆焦/天)	CP/(克/天)	钙/(克/天)	总磷/(克/天)	食用盐/(克/天)
50	0	1.6	9.62	7.95	80	5.0	2.5	6.6
50	0.03	1.6	11.30	9.20	100	5.0	2.5	6.6
50	0.06	1.6	13.39	10.88	120	5.0	2.5	6.6
50	0.09	1.6	15.06	12.13	140	5.0	2.5	6.6

注：1. 表中日粮 DMI、DE、ME、CP、钙、总磷、食用盐每日需要量推荐数值参考自内蒙古自治区地方标准《细毛羊饲养标准》（DB 15/T30—1992）。

2. 日粮中添加的食用盐应符合 GB/T 5461—2016 中的规定。

表6-3 育成公绵羊营养需要量

体重/千克	日增重/(千克/天)	DMI/(千克/天)	DE/(兆焦/天)	ME/(兆焦/天)	CP/(克/天)	钙/(克/天)	总磷/(克/天)	食用盐/(克/天)
20	0.05	0.9	8.17	6.70	95	2.4	1.1	7.6
20	0.10	0.9	9.76	8.00	114	3.3	1.5	7.6
20	0.15	1.0	12.20	10.00	132	4.3	2.0	7.6
25	0.05	1.0	8.78	7.20	105	2.8	1.3	7.6
25	0.10	1.0	10.98	9.00	123	3.7	1.7	7.6
25	0.15	1.1	13.54	11.10	142	4.6	2.1	7.6

体重/千克	日增重/(千克/天)	DMI/(千克/天)	DE/(兆焦/天)	ME/(兆焦/天)	CP/(克/天)	钙/(克/天)	总磷/(克/天)	食用盐/(克/天)
30	0.05	1.1	10.37	8.50	114	3.2	1.4	8.6
30	0.10	1.1	12.20	10.00	132	4.1	1.9	8.6
30	0.15	1.2	14.76	12.10	150	5.0	2.3	8.6
35	0.05	1.2	11.34	9.30	122	3.5	1.6	8.6
35	0.10	1.2	13.29	10.90	140	4.5	2.0	8.6
35	0.15	1.3	16.10	13.20	159	5.4	2.5	8.6
40	0.05	1.3	12.44	10.20	130	3.9	1.8	9.6
40	0.10	1.3	14.39	11.80	149	4.8	2.2	9.6
40	0.15	1.3	17.32	14.20	167	5.8	2.6	9.6
45	0.05	1.3	13.54	11.10	138	4.3	1.9	9.6
45	0.10	1.3	15.49	12.70	156	5.2	2.9	9.6
45	0.15	1.4	18.66	15.30	175	6.1	2.8	9.6
50	0.05	1.4	14.39	11.80	146	4.7	2.1	11.0
50	0.10	1.4	16.59	13.60	165	5.6	2.5	11.0
50	0.15	1.5	19.76	16.20	182	6.5	3.0	11.0
55	0.05	1.5	15.37	12.60	153	5.0	2.3	11.0
55	0.10	1.5	17.68	14.50	172	6.0	2.7	11.0
55	0.15	1.6	20.98	17.20	190	6.9	3.1	11.0

第六章 羊的营养及饲料加工

（续）

体重/千克	日增重/(千克/天)	DMI/(千克/天)	DE/(兆焦/天)	ME/(兆焦/天)	CP/(克/天)	钙/(克/天)	总磷/(克/天)	食用盐/(克/天)
60	0.05	1.6	16.34	13.40	161	5.4	2.4	12.0
60	0.10	1.6	18.78	15.40	179	6.3	2.9	12.0
60	0.15	1.7	22.20	18.20	198	7.3	3.3	12.0
65	0.05	1.7	17.32	14.20	168	5.7	2.6	12.0
65	0.10	1.7	19.88	16.30	187	6.7	3.0	12.0
65	0.15	1.8	23.54	19.30	205	7.6	3.4	12.0
70	0.05	1.8	18.29	15.00	175	6.2	2.8	12.0
70	0.10	1.8	20.85	17.10	194	7.1	3.2	12.0
70	0.15	1.9	24.76	20.30	212	8.0	3.6	12.0

注：1. 表中日粮DMI、DE、ME、CP、钙、总磷、食用盐每日需要量推荐数值参自内蒙古自治区地方标准《细毛羊饲养标准》（DB 15/T30—1992）。

2. 日粮中添加的食用盐应符合GB/T 5461—2016中的规定。

表6-4 育肥羊每日营养需要量

体重/千克	日增重/(千克/天)	DMI/(千克/天)	DE/(兆焦/天)	ME/(兆焦/天)	CP/(克/天)	钙/(克/天)	总磷/(克/天)	食用盐/(克/天)
20	0.10	0.8	9.00	8.40	111	1.9	1.8	7.6
20	0.20	0.9	11.30	9.30	158	2.8	2.4	7.6
20	0.30	1.0	13.60	11.20	183	3.8	3.1	7.6
20	0.45	1.0	15.01	11.82	210	4.6	3.7	7.6

体重/千克	日增重/（千克/天）	DMI/（千克/天）	DE/（兆焦/天）	ME/（兆焦/天）	CP/（克/天）	钙/（克/天）	总磷/（克/天）	食用盐/（克/天）
25	0.10	0.9	10.50	8.60	121	2.2	2	7.6
25	0.20	1.0	13.20	10.80	168	3.2	2.7	7.6
25	0.30	1.1	15.80	13.00	191	4.3	3.4	7.6
25	0.45	1.1	17.45	14.35	218	5.4	4.2	7.6
30	0.10	1.0	12.00	9.80	132	2.5	2.2	8.6
30	0.20	1.1	15.00	12.30	178	3.6	3	8.6
30	0.30	1.2	18.10	14.80	200	4.8	3.8	8.6
30	0.45	1.2	19.95	16.34	351	6.0	4.6	8.6
35	0.10	1.2	13.40	11.10	141	2.8	2.5	8.6
35	0.20	1.3	16.90	13.80	187	4.0	3.3	8.6
35	0.30	1.3	18.20	16.60	207	5.2	4.1	8.6
35	0.45	1.3	20.19	18.26	233	6.4	5.0	8.6
40	0.10	1.3	14.90	12.20	143	3.1	2.7	9.6
40	0.20	1.3	18.80	15.30	183	4.4	3.6	9.6
40	0.30	1.4	22.60	18.40	204	5.7	4.5	9.6
40	0.45	1.4	24.99	20.30	227	7.0	5.4	9.6

第六章
羊的营养及饲料加工

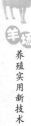

养殖实用新技术

（续）

体重/千克	日增重/(千克/天)	DMI/(千克/天)	DE/(兆焦/天)	ME/(兆焦/天)	CP/(克/天)	钙/(克/天)	总磷/(克/天)	食用盐/(克/天)
45	0.10	1.4	16.40	13.40	152	3.4	2.9	9.6
45	0.20	1.4	20.60	16.80	192	4.8	3.9	9.6
45	0.30	1.5	24.80	20.30	210	6.2	4.9	9.6
45	0.45	1.5	27.38	22.39	233	7.4	6.0	9.6
50	0.10	1.5	17.90	14.60	159	3.7	3.2	11.0
50	0.20	1.6	22.50	18.30	198	5.2	4.2	11.0
50	0.30	1.6	27.20	22.10	215	6.7	5.2	11.0
50	0.45	1.6	30.03	24.38	237	8.5	6.5	11.0

注：1. 表中日粮DMI、DE、ME、CP、钙、总磷、食用盐每日需要量推荐数值参考自新疆维吾尔自治区企业标准《新疆细毛羔羊舍饲肥育标准》(1985)。

2. 日粮中添加的食用盐应符合GB/T 5461—2016中的规定。

表6-5 妊娠母绵羊每日营养需要量

妊娠阶段	体重/千克	DMI/(千克/天)	DE/(兆焦/天)	ME/(兆焦/天)	CP/(克/天)	钙/(克/天)	总磷/(克/天)	食用盐/(克/天)
前期①	40	1.6	12.55	10.46	116	3.0	2.0	6.6
	50	1.8	15.06	12.55	124	3.2	2.5	7.5
	60	2.0	15.90	13.39	132	4.0	3.0	8.3
	70	2.2	16.74	14.23	141	4.5	3.5	9.1

（续）

妊娠阶段	体重/千克	DMI/(千克/天)	DE/(兆焦/天)	ME/(兆焦/天)	CP/(克/天)	钙/(克/天)	总磷/(克/天)	食用盐/(克/天)
后期②	40	1.8	15.06	12.55	146	6.0	3.5	7.5
	45	1.9	15.90	13.39	152	6.5	3.7	7.9
	50	2.0	16.74	14.23	159	7.0	3.9	8.3
	55	2.1	17.99	15.06	165	7.5	4.1	8.7
	60	2.2	18.83	15.90	172	8.0	4.3	9.1
	65	2.3	19.66	16.74	180	8.5	4.5	9.5
	70	2.4	20.92	17.57	187	9.0	4.7	9.9
后期③	40	1.8	16.74	14.23	167	7.0	4.0	7.9
	45	1.9	17.99	15.06	176	7.5	4.3	8.3
	50	2.0	19.25	16.32	184	8.0	4.6	8.7
	55	2.1	20.50	17.15	193	8.5	5.0	9.1
	60	2.2	21.76	18.41	203	9.0	5.3	9.5
	65	2.3	22.59	19.25	214	9.5	5.4	9.9
	70	2.4	24.27	20.50	226	10.0	5.6	11.0

注：1. 表中日粮 DMI、DE、ME、CP、钙、总磷、食用盐每日需要量推荐数值参考自内蒙古自治区地方标准《细毛羊饲养标准》（DB 15/T30—1992）。

2. 日粮中添加的食用盐应符合 GB/T 5461—2016 中的规定。

① 指妊娠期的第 1～3 个月。

② 指母羊怀单羔妊娠期的第 4～5 个月。

③ 指母羊怀双羔妊娠期的第 4～5 个月。

第六章

羊营养的需及饲料加工

表 6-6　泌乳母绵羊每日营养需要量

体重/千克	日增重/（千克/天）	DMI/（千克/天）	DE/（兆焦/天）	ME/（兆焦/天）	CP/（克/天）	钙/（克/天）	总磷/（克/天）	食用盐/（克/天）
40	0.2	2.0	12.97	10.46	119	7.0	4.3	8.3
40	0.4	2.0	15.48	12.55	139	7.0	4.3	8.3
40	0.6	2.0	17.99	14.64	157	7.0	4.3	8.3
40	0.8	2.0	20.5	16.74	176	7.0	4.3	8.3
40	1.0	2.0	23.01	18.83	196	7.0	4.3	8.3
40	1.2	2.0	25.94	20.92	216	7.0	4.3	8.3
40	1.4	2.0	28.45	23.01	236	7.0	4.3	8.3
40	1.6	2.0	30.96	25.10	254	7.0	4.3	8.3
40	1.8	2.0	33.47	27.20	274	7.0	4.3	8.3
50	0.2	2.2	15.06	12.13	122	7.5	4.7	9.1
50	0.4	2.2	17.57	14.23	142	7.5	4.7	9.1
50	0.6	2.2	20.08	16.32	162	7.5	4.7	9.1
50	0.8	2.2	22.59	18.41	180	7.5	4.7	9.1
50	1.0	2.2	25.10	20.50	200	7.5	4.7	9.1
50	1.2	2.2	28.03	22.59	219	7.5	4.7	9.1
50	1.4	2.2	30.54	24.69	239	7.5	4.7	9.1
50	1.6	2.2	33.05	26.78	257	7.5	4.7	9.1
50	1.8	2.2	35.56	28.87	277	7.5	4.7	9.1

体重/ 千克	日增重/ （千克/天）	DMI/ （千克/天）	DE/ （兆焦/天）	ME/ （兆焦/天）	CP/ （克/天）	钙/ （克/天）	总磷/ （克/天）	食用盐/ （克/天）
60	0.2	2.4	16.32	13.39	125	8.0	5.1	9.9
60	0.4	2.4	19.25	15.48	145	8.0	5.1	9.9
60	0.6	2.4	21.76	17.57	165	8.0	5.1	9.9
60	0.8	2.4	24.27	19.66	183	8.0	5.1	9.9
60	1.0	2.4	26.78	21.76	203	8.0	5.1	9.9
60	1.2	2.4	29.29	23.85	223	8.0	5.1	9.9
60	1.4	2.4	31.8	25.94	241	8.0	5.1	9.9
60	1.6	2.4	34.73	28.03	261	8.0	5.1	9.9
60	1.8	2.4	37.24	30.12	275	8.0	5.1	9.9
70	0.2	2.6	17.99	14.64	129	8.5	5.6	11.0
70	0.4	2.6	20.50	16.70	148	8.5	5.6	11.0
70	0.6	2.6	23.01	18.83	166	8.5	5.6	11.0
70	0.8	2.6	25.94	20.92	186	8.5	5.6	11.0
70	1.0	2.6	28.45	23.01	206	8.5	5.6	11.0
70	1.2	2.6	30.96	25.10	226	8.5	5.6	11.0
70	1.4	2.6	33.89	27.61	244	8.5	5.6	11.0
70	1.6	2.6	36.40	29.71	264	8.5	5.6	11.0
70	1.8	2.6	39.33	31.80	284	8.5	5.6	11.0

注：1. 表中日粮 DMI、DE、ME、CP、钙、总磷、食用盐每日需要量推荐数值参考自内蒙古自治区地方标准《细毛羊饲养标准》（DB 15/T30—1992）。

2. 日粮中添加的食用盐应符合 GB/T 5461—2016 中的规定。

第六章
羊的营养及饲料加工

表6-7　肉用绵羊对日粮硫、维生素、微量矿物质元素需要量（以干物质为基础）

体重阶段	生长羔羊 4~20千克	育成母羊 25~50千克	育成公羊 20~70千克	育肥羊 20~50千克	妊娠母羊 40~70千克	泌乳母羊 40~70千克	最大耐受浓度①
硫（克/天）	0.24~1.2	1.4~2.9	2.8~3.5	2.8~3.5	2.0~3.0	2.5~3.7	—
维生素A（单位/天）	188~940	1175~2350	940~3290	940~2350	1880~3948	1880~3434	—
维生素D（单位/天）	26~132	137~275	111~389	111~278	222~440	222~380	—
维生素E（单位/天）	2.4~12.8	12~24	12~29	12~23	18~35	26~34	—
钴（毫克/千克）	0.018~0.096	0.12~0.24	0.21~0.33	0.2~0.35	0.27~0.36	0.3~0.39	10
铜（毫克/千克）	0.97~5.2	6.5~13	11~18	11~19	16~22	13~18	25
碘（毫克/千克）	0.08~0.46	0.58~1.2	1.0~1.6	0.94~1.7	1.3~1.7	1.4~1.9	50
铁（毫克/千克）	4.3~23	29~58	50~79	47~83	65~86	72~94	500
锰（毫克/千克）	2.2~12	14~29	25~40	23~41	32~44	36~47	1000
硒（毫克/千克）	0.016~0.086	0.11~0.22	0.19~0.30	0.18~0.31	0.24~0.31	0.27~0.35	2
锌（毫克/千克）	2.7~14	18~36	50~79	29~52	53~71	59~77	750

注：表中维生素A、维生素D、维生素E每日需要量数据参考自NRC（1985），维生素A最低需要量：47单位/千克体重，1毫克β-胡萝卜素效价相当于681单位维生素A。维生素D需要量：早期断奶羔羊最低需要量为5.55单位/千克体重，其他生产阶段绵羊对维生素D的最低需要量为6.66单位/千克体重，1单位维生素D相当于0.025微克胆钙化醇。维生素E需要量：体重低于20千克的羔羊对维生素E的最低需要量为20单位/千克干物质进食量；体重大于20千克的各生产阶段绵羊对维生素E的最低需要量为15单位/千克干物质进食量，1单位维生素E效价相当于1毫克D、L-α-生育酚醋酸酯。

① 参考自NRC（1985）提供的估计数据。

3. 育成公绵羊每日营养需要量

20～70千克体重阶段绵羊育成公羊日粮干物质进食量和消化能、代谢能、粗蛋白质、钙、总磷、食用盐每日营养需要量见表6-3，对硫、维生素 A、维生素 D、维生素 E、微量矿物质元素的日粮添加量见表6-7。

4. 育肥羊每日营养需要量

20～45千克体重阶段舍饲育肥羊日粮干物质进食量、消化能、代谢能、粗蛋白质、钙、总磷、食用盐每日营养需要量见表6-4，对硫、维生素 A、维生素 D、维生素 E、微量矿物质元素的日粮添加量见表6-7。

5. 妊娠母绵羊每日营养需要量

不同妊娠阶段妊娠母绵羊日粮干物质进食量、消化能、代谢能、粗蛋白质、钙、总磷、食用盐每日营养需要量见表6-5，对硫、维生素 A、维生素 D、维生素 E、微量矿物质元素的日粮添加量见表6-7。

6. 泌乳母绵羊每日营养需要量

40～70千克泌乳母绵羊的日粮干物质进食量、消化能、代谢能、粗蛋白质、钙、总磷、食用盐每日营养需要量见表6-6，对硫、维生素 A、维生素 D、维生素 E、微量矿物质元素的日粮添加量见表6-7。

二 肉用山羊营养需要量

1. 生长育肥山羊羔羊每日营养需要量

生长育肥山羊羔羊每日营养需要量见表6-8。

15～30千克体重阶段育肥山羊消化能、代谢能、粗蛋白质、钙、总磷、食用盐每日营养需要量见表6-9。

2. 后备公山羊每日营养需要量

后备公山羊每日营养需要量见表6-10。

3. 妊娠期母山羊每日营养需要量

妊娠期母山羊每日营养需要量见表6-11。

4. 泌乳期母山羊每日营养需要量

泌乳前期母山羊每日营养需要量见表6-12。

泌乳后期母山羊每日营养需要量见表6-13。

山羊对常量矿物质元素每日营养需要量、对微量矿物质元素需要量见表6-14、表6-15。

表6-8 生长育肥山羊羔羊每日营养需要量

体重/千克	日增重/(千克/天)	DMI/(千克/天)	DE/(兆焦/天)	ME/(兆焦/天)	CP/(克/天)	钙/(克/天)	总磷/(克/天)	食用盐/(克/天)
1	0	0.12	0.55	0.46	3	0.1	0.0	0.6
1	0.02	0.12	0.71	0.60	9	0.8	0.5	0.6
1	0.04	0.12	0.89	0.75	14	1.5	1.0	0.6
2	0	0.13	0.90	0.76	5	0.1	0.1	0.7
2	0.02	0.13	1.08	0.91	11	0.8	0.6	0.7
2	0.04	0.13	1.26	1.06	16	1.6	1.0	0.7
2	0.06	0.13	1.43	1.20	22	2.3	1.5	0.7
4	0	0.18	1.64	1.38	9	0.3	0.2	0.9
4	0.02	0.18	1.93	1.62	16	1.0	0.7	0.9
4	0.04	0.18	2.20	1.85	22	1.7	1.1	0.9
4	0.06	0.18	2.48	2.08	29	2.4	1.6	0.9
4	0.08	0.18	2.76	2.32	35	3.1	2.1	0.9
6	0	0.27	2.29	1.88	11	0.4	0.3	1.3
6	0.02	0.27	2.32	1.90	22	1.1	0.7	1.3
6	0.04	0.27	3.06	2.51	33	1.8	1.2	1.3
6	0.06	0.27	3.79	3.11	44	2.5	1.7	1.3
6	0.08	0.27	4.54	3.72	55	3.3	2.2	1.3
6	0.10	0.27	5.27	4.32	67	4.0	2.6	1.3

体重/千克	日增重/(千克/天)	DMI/(千克/天)	DE/(兆焦/天)	ME/(兆焦/天)	CP/(克/天)	钙/(克/天)	总磷/(克/天)	食用盐/(克/天)
8	0	0.33	1.96	1.61	13	0.5	0.4	1.7
8	0.02	0.33	3.05	2.5	24	1.2	0.8	1.7
8	0.04	0.33	4.11	3.37	36	2.0	1.3	1.7
8	0.06	0.33	5.18	4.25	47	2.7	1.8	1.7
8	0.08	0.33	6.26	5.13	58	3.4	2.3	1.7
8	0.10	0.33	7.33	6.01	69	4.1	2.7	1.7
10	0	0.46	2.33	1.91	16	0.7	0.4	2.3
10	0.02	0.48	3.73	3.06	27	1.4	0.9	2.4
10	0.04	0.50	5.15	4.22	38	2.1	1.4	2.5
10	0.06	0.52	6.55	5.37	49	2.8	1.9	2.6
10	0.08	0.54	7.96	6.53	60	3.5	2.3	2.7
10	0.10	0.56	9.38	7.69	72	4.2	2.8	2.8
12	0	0.48	2.67	2.19	18	0.8	0.5	2.4
12	0.02	0.50	4.41	3.62	29	1.5	1.0	2.5
12	0.04	0.52	6.16	5.05	40	2.2	1.5	2.6
12	0.06	0.54	7.90	6.48	52	2.9	2.0	2.7
12	0.08	0.56	9.65	7.91	63	3.7	2.4	2.8
12	0.10	0.58	11.40	9.35	74	4.4	2.9	2.9

第六章
羊的营养及饲料加工

养殖实用新技术

（续）

体重/千克	日增重/(千克/天)	DMI/(千克/天)	DE/(兆焦/天)	ME/(兆焦/天)	CP/(克/天)	钙/(克/天)	总磷/(克/天)	食用盐/(克/天)
14	0	0.50	2.99	2.45	20	0.9	0.6	2.5
14	0.02	0.52	5.07	4.16	31	1.6	1.1	2.6
14	0.04	0.54	7.16	5.87	43	2.4	1.6	2.7
14	0.06	0.56	9.24	7.58	54	3.1	2.0	2.8
14	0.08	0.58	11.33	9.29	65	3.8	2.5	2.9
14	0.10	0.60	13.40	10.99	76	4.5	3.0	3.0
16	0	0.52	3.30	2.71	22	1.1	0.7	2.6
16	0.02	0.54	5.73	4.70	34	1.8	1.2	2.7
16	0.04	0.56	8.15	6.68	45	2.5	1.7	2.8
16	0.06	0.58	10.56	8.66	56	3.2	2.1	2.9
16	0.08	0.60	12.99	10.65	67	3.9	2.6	3.0
16	0.10	0.62	15.43	12.65	78	4.6	3.1	3.1

注：1. 表中 0～8 千克体重阶段肉用山羊羔羊日粮 DMI 按每千克代谢体重 0.07 千克估算；体重大于 10 千克时，按中国农业科学院畜牧研究所 2003 年提供的如下公式计算求得：

$$DMI = (26.45 \times W0.75 + 0.99 \times ADG)/1000$$

式中 DMI——干物质进食量，单位为千克/天；

W——体重，单位为千克。

ADG——平均日增重，单位为克/天。

2. 表中 ME、CP 数值参考自杨在宾等（1997）关于青山羊数据资料。

3. 表中 DE 需要量数值根据 ME/0.82 估算。

4. 表中钙需要量按表 6-14 中提供参数估算得到，总磷需要量根据钙磷比为 1.5∶1 估算获得。

5. 日粮中添加的食用盐应符合 GB/T 5461—2016 中的规定。

表6-9 育肥山羊每日营养需要量

体重/ 千克	日增重/ (千克/天)	DMI/ (千克/天)	DE/ (兆焦/天)	ME/ (兆焦/天)	CP/ (克/天)	钙/ (克/天)	总磷/ (克/天)	食用盐/ (克/天)
15	0	0.51	5.36	4.40	43	1.0	0.7	2.6
15	0.05	0.56	5.83	4.78	54	2.8	1.9	2.8
15	0.10	0.61	6.29	5.15	64	4.6	3.0	3.1
15	0.15	0.66	6.75	5.54	74	6.4	4.2	3.3
15	0.20	0.71	7.21	5.91	84	8.1	5.4	3.6
20	0	0.56	6.44	5.28	47	1.3	0.9	2.8
20	0.05	0.61	6.91	5.66	57	3.1	2.1	3.1
20	0.10	0.66	7.37	6.04	67	4.9	3.3	3.3
20	0.15	0.71	7.83	6.42	77	6.7	4.5	3.6
20	0.20	0.76	8.29	6.80	87	8.5	5.6	3.8
25	0	0.61	7.46	6.12	50	1.7	1.1	3.0
25	0.05	0.66	7.92	6.49	60	3.5	2.3	3.3
25	0.10	0.71	8.38	6.87	70	5.2	3.5	3.5
25	0.15	0.76	8.84	7.25	81	7.0	4.7	3.8
25	0.20	0.81	9.31	7.63	91	8.8	5.9	4.0

第六章
羊的营养及饲料加工

（续）

体重/ 千克	日增重/ （千克/天）	DMI/ （千克/天）	DE/ （兆焦/天）	ME/ （兆焦/天）	CP/ （克/天）	钙/ （克/天）	总磷/ （克/天）	食用盐/ （克/天）
30	0	0.65	8.42	6.90	53	2.0	1.3	3.3
30	0.05	0.70	8.88	7.28	63	3.8	2.5	3.5
30	0.10	0.75	9.35	7.66	74	5.6	3.7	3.8
30	0.15	0.80	9.81	8.04	84	7.4	4.9	4.0
30	0.20	0.85	10.27	8.42	94	9.1	6.1	4.2

注：1. 表中 DMI、DE、ME、CP 数值来源于中国农业科学院畜牧所（2003），具体的计算公式如下：

$$DMI = (26.45 \times W0.75 + 0.99 \times ADG)/1000$$

$$DE = 4.184 \times (140.61 \times LBW0.75 + 2.21 \times ADG + 210.3)/1000$$

$$ME = 4.184 \times (0.475 \times ADG + 95.19) \times LBW0.75/1000$$

$$CP = 28.86 + 1.905 \times LBW0.75 + 0.2024 \times ADG$$

式中 DMI——干物质进食量，单位为千克/天；

　　　DE——消化能，单位为兆焦/天；

　　　ME——代谢能，单位为兆焦/天；

　　　CP——粗蛋白质，单位为克/天；

　　　LBW——活体重，单位为千克；

　　　ADG——平均日增重，单位为克/天。

2. 表中钙、总磷每日需要量来源见表 6-8 中注 4。

3. 日粮中添加的食用盐应符合 GB/T 5461—2016 中的规定。

表6-10 后备公山羊每日营养需要量

体重/千克	日增重/(千克/天)	DMI/(千克/天)	DE/(兆焦/天)	ME/(兆焦/天)	CP/(克/天)	钙/(克/天)	总磷/(克/天)	食用盐/(克/天)
12	0	0.48	3.78	3.10	24	0.8	0.5	2.4
12	0.02	0.50	4.10	3.36	32	1.5	1.0	2.5
12	0.04	0.52	4.43	3.63	40	2.2	1.5	2.6
12	0.06	0.54	4.74	3.89	49	2.9	2.0	2.7
12	0.08	0.56	5.06	4.15	57	3.7	2.4	2.8
12	0.10	0.58	5.38	4.41	66	4.4	2.9	2.9
15	0	0.51	4.48	3.67	28	1.0	0.7	2.6
15	0.02	0.53	5.28	4.33	36	1.7	1.1	2.7
15	0.04	0.55	6.10	5.00	45	2.4	1.6	2.8
15	0.06	0.57	5.70	4.67	53	3.1	2.1	2.9
15	0.08	0.59	7.72	6.33	61	3.9	2.6	3.0
15	0.10	0.61	8.54	7.00	70	4.6	3.0	3.1
18	0	0.54	5.12	4.20	32	1.2	0.8	2.7
18	0.02	0.56	6.44	5.28	40	1.9	1.3	2.8
18	0.04	0.58	7.74	6.35	49	2.6	1.8	2.9
18	0.06	0.60	9.05	7.42	57	3.3	2.2	3.0
18	0.08	0.62	10.35	8.49	66	4.1	2.7	3.1
18	0.10	0.64	11.66	9.56	74	4.8	3.2	3.2

第六章
羊的营养及饲料加工

（续）

体重/ 千克	日增重/ （千克/天）	DMI/ （千克/天）	DE/ （兆焦/天）	ME/ （兆焦/天）	CP/ （克/天）	钙/ （克/天）	总磷/ （克/天）	食用盐/ （克/天）
21	0	0.57	5.76	4.72	36	1.4	0.9	2.9
21	0.02	0.59	7.56	6.20	44	2.1	1.4	3.0
21	0.04	0.61	9.35	7.67	53	2.8	1.9	3.1
21	0.06	0.63	11.16	9.15	61	3.5	2.4	3.2
21	0.08	0.65	12.96	10.63	70	4.3	2.8	3.3
21	0.10	0.67	14.76	12.10	78	5.0	3.3	3.4
24	0	0.60	6.37	5.22	40	1.6	1.1	3.0
24	0.02	0.62	8.66	7.10	48	2.3	1.5	3.1
24	0.04	0.64	10.95	8.98	56	3.0	2.0	3.2
24	0.06	0.66	13.27	10.88	65	3.7	2.5	3.3
24	0.08	0.68	15.54	12.74	73	4.5	3.0	3.4
24	0.10	0.70	17.83	14.62	82	5.2	3.4	3.5

注：日粮中添加的食用盐应符合 GB/T 5461—2016 中的规定。

表6-11　妊娠期母山羊每日营养要量

妊娠阶段	体重/ 千克	DMI/ （千克/天）	DE/ （兆焦/天）	ME/ （兆焦/天）	CP/ （克/天）	钙/ （克/天）	总磷/ （克/天）	食用盐/ （克/天）
空怀期	10	0.39	3.37	2.76	34	4.5	3.0	2.0
	15	0.53	4.54	3.72	43	4.8	3.2	2.7

（续）

妊娠阶段	体重/千克	DMI/（千克/天）	DE/（兆焦/天）	ME/（兆焦/天）	CP/（克/天）	钙/（克/天）	总磷/（克/天）	食用盐/（克/天）
空怀期	20	0.66	5.62	4.61	52	5.2	3.4	3.3
	25	0.78	6.63	5.44	60	5.5	3.7	3.9
	30	0.90	7.59	6.22	67	5.8	3.9	4.5
1~90天	10	0.39	4.80	3.94	55	4.5	3.0	2.0
	15	0.53	6.82	5.59	65	4.8	3.2	2.7
	20	0.66	8.72	7.15	73	5.2	3.4	3.3
	25	0.78	10.56	8.66	81	5.5	3.7	3.9
	30	0.90	12.34	10.12	89	5.8	3.9	4.5
91~120天	15	0.53	7.55	6.19	97	4.8	3.2	2.7
	20	0.66	9.51	7.8	105	5.2	3.4	3.3
	25	0.78	11.39	9.34	113	5.5	3.7	3.9
	30	0.90	13.20	10.82	121	5.8	3.9	4.5
120天以上	15	0.53	8.54	7.00	124	4.8	3.2	2.7
	20	0.66	10.54	8.64	132	5.2	3.4	3.3
	25	0.78	12.43	10.19	140	5.5	3.7	3.9
	30	0.90	14.27	11.7	148	5.8	3.9	4.5

注：日粮中添加的食用盐应符合 GB/T 5461—2016 中的规定。

第六章
羊的营养及饲料加工

表 6-12　泌乳前期母山羊每日营养需要量

体重/ 千克	泌乳量/ （千克/天）	DMI/ （千克/天）	DE/ （兆焦/天）	ME/ （兆焦/天）	CP/ （克/天）	钙/ （克/天）	总磷/ （克/天）	食用盐/ （克/天）
10	0	0.39	3.12	2.56	24	0.7	0.4	2.0
10	0.50	0.39	5.73	4.70	73	2.8	1.8	2.0
10	0.75	0.39	7.04	5.77	97	3.8	2.5	2.0
10	1.00	0.39	8.34	6.84	122	4.8	3.2	2.0
10	1.25	0.39	9.65	7.91	146	5.9	3.9	2.0
10	1.50	0.39	10.95	8.98	170	6.9	4.6	2.0
15	0	0.53	4.24	3.48	33	1.0	0.7	2.7
15	0.50	0.53	6.84	5.61	31	3.1	2.1	2.7
15	0.75	0.53	8.15	6.68	106	4.1	2.8	2.7
15	1.00	0.53	9.45	7.75	130	5.2	3.4	2.7
15	1.25	0.53	10.76	8.82	154	6.2	4.1	2.7
15	1.50	0.53	12.06	9.89	179	7.3	4.8	2.7
20	0	0.66	5.26	4.31	40	1.3	0.9	3.3
20	0.50	0.66	7.87	6.45	89	3.4	2.3	3.3
20	0.75	0.66	9.17	7.52	114	4.5	3.0	3.3
20	1.00	0.66	10.48	8.59	138	5.5	3.7	3.3
20	1.25	0.66	11.78	9.66	162	6.5	4.4	3.3
20	1.50	0.66	13.09	10.73	187	7.6	5.1	3.3
25	0	0.78	6.22	5.10	48	1.7	1.1	3.9
25	0.50	0.78	8.83	7.24	97	3.8	2.5	3.9
25	0.75	0.78	10.13	8.31	121	4.8	3.2	3.9

体重/千克	泌乳量/（千克/天）	DMI/（千克/天）	DE/（兆焦/天）	ME/（兆焦/天）	CP/（克/天）	钙/（克/天）	总磷/（克/天）	食用盐/（克/天）
25	1.00	0.78	11.44	9.38	145	5.8	3.9	3.9
25	1.25	0.78	12.73	10.44	170	6.9	4.6	3.9
25	1.50	0.78	14.04	11.51	194	7.9	5.3	3.9
30	0	0.90	6.70	5.49	55	2.0	1.3	4.5
30	0.50	0.90	9.73	7.98	104	4.1	2.7	4.5
30	0.75	0.90	11.04	9.05	128	5.1	3.4	4.5
30	1.00	0.90	12.34	10.12	152	6.2	4.1	4.5
30	1.25	0.90	13.65	11.19	177	7.2	4.8	4.5
30	1.50	0.90	14.95	12.26	201	8.3	5.5	4.5

注：1. 泌乳前期指泌乳第1~30天。
2. 日粮中添加的食用盐应符合 GB/T 5461—2016 中的规定。

表6-13 泌乳后期母山羊每日营养需要量

体重/千克	泌乳量/（千克/天）	DMI/（千克/天）	DE/（兆焦/天）	ME/（兆焦/天）	CP/（克/天）	钙/（克/天）	总磷/（克/天）	食用盐/（克/天）
10	0	0.39	3.12	2.56	24	0.7	0.4	2.0
10	0.50	0.39	5.73	4.70	73	2.8	1.8	2.0
10	0.75	0.39	7.04	5.77	97	3.8	2.5	2.0
10	1.00	0.39	8.34	6.84	122	4.8	3.2	2.0
10	1.25	0.39	9.65	7.91	146	5.9	3.9	2.0
10	1.50	0.39	10.95	8.98	170	6.9	4.6	2.0

第六章
羊的营养及饲料加工

149

（续）

体重/ 千克	泌乳量/ （千克/天）	DMI/ （千克/天）	DE/ （兆焦/天）	ME/ （兆焦/天）	CP/ （克/天）	钙/ （克/天）	总磷/ （克/天）	食用盐/ （克/天）
15	0	0.53	4.24	3.48	33	1.0	0.7	2.7
15	0.50	0.53	6.84	5.61	31	3.1	2.1	2.7
15	0.75	0.53	8.15	6.68	106	4.1	2.8	2.7
15	1.00	0.53	9.45	7.75	130	5.2	3.4	2.7
15	1.25	0.53	10.76	8.82	154	6.2	4.1	2.7
15	1.50	0.53	12.06	9.89	179	7.3	4.8	2.7
20	0	0.66	5.26	4.31	40	1.3	0.9	3.3
20	0.50	0.66	7.87	6.45	89	3.4	2.3	3.3
20	0.75	0.66	9.17	7.52	114	4.5	3.0	3.3
20	1.00	0.66	10.48	8.59	138	5.5	3.7	3.3
25	0	0.78	7.38	6.05	44	1.7	1.1	3.9
25	0.15	0.78	8.34	6.84	69	2.3	1.5	3.9
25	0.25	0.78	8.98	7.36	87	2.7	1.8	3.9
25	0.5	0.78	10.57	8.67	129	3.8	2.5	3.9
25	0.75	0.78	12.17	9.98	172	4.8	3.2	3.9
25	1.00	0.78	13.77	11.29	215	5.8	3.9	3.9
30	0	0.90	8.46	6.94	50	2.0	1.3	4.5
30	0.15	0.90	9.41	7.72	76	2.6	1.8	4.5
30	0.25	0.90	10.06	8.25	93	3.0	2.0	4.5
30	0.50	0.90	11.66	9.56	136	4.1	2.7	4.5
30	0.75	0.90	13.24	10.86	179	5.1	3.4	4.5
30	1.00	0.90	14.85	12.18	222	6.2	4.1	4.5

注：1. 泌乳后期指泌乳第 31～70 天。

2. 日粮中添加的食用盐应符合 GB/T 5461—2016 中的规定。

表 6-14　山羊对常量矿物质元素每日营养需要量参数

常量元素	维持/ （毫克/千克体重）	妊娠/ （克/千克胎儿）	泌乳/ （克/千克产奶）	生长/ （克/千克）	吸收率 （%）
钙	20	11.5	1.25	10.7	30
总磷	30	6.6	1.0	6.0	65
镁	3.5	0.3	0.14	0.4	20
钾	50	2.1	2.1	2.4	90
钠	15	1.7	0.4	1.6	80

注：1. 硫 0.16%~0.32%（以进食日粮干物质为基础）。

　　2. 表中参数参考自 Kessler（1991）和 Haenlein（1987）资料信息。

表 6-15　山羊对微量矿物质元素需要量（以进食日粮干物质为基础）

微 量 元 素	推荐量/（毫克/千克）
铁	30~40
铜	10~20
钴	0.11~0.2
碘	0.15~2.0
锰	60~120
锌	50~80
硒	0.05

注：表中推荐数值参考自 AFRC（1998），以进食日粮干物质为基础。

第二节　羊营养配方设计

标准的配合饲料又称全价配合饲料或全价料，是按照动物的营养需要标准（或饲养标准）和饲料营养成分价值表，由多种单个饲料原料（包括合成的氨基酸、维生素、矿物质元素及非营养性添加剂）混合而成的，能够完全满足动物对各种营养物质的需要。

饲料配方方法很多，常用的有手算法和计算机运算法。随着近年来计算机技术的快速发展，人们已经开发出了功能越来越完善、速度越来越快的计算机专用配方软件，使用起来更简单，大大方便了广大养殖户。

1. 计算机运算法

运用计算机制定饲料配方，主要根据所用饲料的品种和营养成分、羊对各种营养物质的需要量及市场价格变动情况等条件，将有关数据输入计算机，并提出约束条件（如饲料配比、营养指标等），根据线性规划原理很快就可计算出能满足营养要求而价格较低的饲料配方，即最佳饲料配方。

计算机运算法配方的优点是速度快，计算准确，是饲料工业现代化的标志之一，但需要有一定的设备和专业技术人员。

2. 手算法

手算法包括试差法、对角线法和代数法等。其中以"试差法"较为实用。试差法是专业知识、算术运算及计算经验相结合的一种配方计算方法。可以同时计算多个营养指标，不受饲料原料种数限制。但要配平一个营养指标满足已确定的营养需要，一般要反复试算多次才能达到目的。在对配方设计要求不太严格的条件下，此法仍是一种简便可行的计算方法。现以体重35千克、预期日增重200克的生长育肥绵羊饲料配方为例，举例说明如下。

（1）查羊饲养标准（表6-16）

表6-16 体重35千克、日增重200克的生长育肥羊饲养标准

DMI	DE	CP	钙	磷	食　盐
千克/ （只·日）	兆焦/ （只·日）	克/ （只·日）	克/ （只·日）	克/ （只·日）	克/ （只·日）
1.05~1.75	16.89	187	4.0	3.3	9

（2）查饲料成分表 根据羊场现有饲料条件，可利用饲料有玉米秸青贮、野干草、玉米、麸皮、棉籽饼、豆饼、磷酸氢钙（表6-17）。

表6-17 供选饲料养分含量

饲料名称	DMI （%）	DE/ （兆焦/千克）	CP （%）	钙 （%）	磷 （%）
玉米秸青贮	26	2.47	2.1	0.18	0.03
野干草	90.6	7.99	8.9	0.54	0.09
玉米	88.4	15.40	8.6	0.04	0.21
麸皮	88.6	11.09	14.4	0.18	0.78
棉籽饼	92.2	13.72	33.8	0.31	0.64
豆饼	90.6	15.94	43.0	0.32	0.50
磷酸氢钙				32	16

（3）**确定粗饲料采食量** 一般羊粗饲料干物质采食量为体重的 $2\%\sim$ 3% ，取中等用量 2.5% ，则 35 千克体重羊需粗饲料干物质为 0.875 千克。按玉米秸青贮和野干草各占 50% 计算，用量分别为 $0.875\times50\%\approx0.44$ 千克。然后计算出粗饲料提供的养分含量（表6-18）。

表6-18　粗饲料提供的养分含量

饲料名称	DMI/千克	DE/兆焦	CP/克	钙/克	磷/克
玉米秸青贮	0.44	4.17	35.5	3.04	0.51
野干草	0.44	3.88	43.25	2.62	0.44
合计	0.88	8.05	78.75	5.66	0.95
与标准差值	0.17~0.87	8.84	108.25	1.66	-2.35

（4）**试定各种精饲料用量并计算出养分含量**（表6-19）

表6-19　试定精饲料养分含量

饲料名称	用量/千克	DMI/千克	DE/兆焦	CP/克	钙/克	磷/克
玉米	0.36	0.32	5.544	30.96	0.14	0.76
麸皮	0.14	0.124	1.553	20.16	0.25	1.09
棉籽饼	0.08	0.07	1.098	27.04	0.25	0.51
豆饼	0.04	0.036	0.638	17.2	0.13	0.2
尿素	0.005	0.005		14.4		
食盐	0.009	0.009				
合计	0.634	0.56	8.832	109.76	0.77	2.56

由表6-19可见日粮中的消化能和粗蛋白质已基本符合要求，如果消化能高（或低），应相应减少（或增加）能量饲料，粗蛋白质也是如此；能量和粗蛋白质符合要求后再看钙和磷的水平，两者都已超出标准，且钙、磷为 $1.78:1$ ，属正常范围 $[(1.5\sim2):1]$ ，不必补充相应的饲料。

（5）**定出饲料配方** 此育肥羊日粮配方为：青贮玉米秸 1.69（0.44/0.26）千克，野干草 0.49（0.44/0.906）千克，玉米 0.36 千克，麸皮 0.14 千克，棉籽饼 0.08 千克，豆饼 0.04 千克，尿素 5 克，食盐 9 克，另加添加剂预混料。

精饲料混合料配方（%）：玉米 56.9%，麸皮 22%，棉籽饼 12.6%，豆饼6.3%，尿素0.8%，食盐1.4%，添加剂预混料另加。

3. 典型饲料配方举例

设计和采用科学而实用的饲料配方是合理利用当地饲料资源，提高养羊生产水平，保证羊群健康，获得较高经济效益的重要保证。表6-20～表6-22为典型饲料配方，供生产参考。

表6-20　体重15～20千克、日增重200克羔羊育肥日粮推荐配方

饲料原料	采食量/（克/天）	全日粮配比（%）	精饲料配比（%）	营养水平	
花生蔓	430.0	38.3	—	DE/（兆焦/千克）	10.70
野干草	320.0	29.1	—	CP（%）	12.36
玉米	226.7	18.9	58.0	NFC（%）	27.28
麸皮	22.1	2.0	6.0	NDF（%）	48.52
棉粕	29.2	2.6	8.0	ADF（%）	34.18
豆粕	85.4	7.5	23.0	Ca（%）	0.62
食盐	4.9	0.49	1.5	P（%）	0.31
磷酸氢钙	1.6	0.16	0.5	Ca/P	2.01
石粉	2.6	0.26	0.8	RDP/RUP	1.61
碳酸氢钠	3.9	0.39	1.2		
预混料	3.3	0.33	1.0		
合计（千克）	1.13	100.0	100.0		

表6-21　体重20～25千克、日增重200克羔羊育肥日粮推荐配方

饲料原料	采食量/（克/天）	全日粮配比（%）	精饲料配比（%）	营养水平	
玉米秸青贮	2000.0	38.9	—	DE/（兆焦/千克）	10.9
花生蔓	500.0	34.5	—	CP（%）	11.3
玉米	241.1	15.4	58.0	NFC（%）	27.6
麸皮	39.2	2.7	10.0	NDF（%）	50.6
棉粕	31.1	2.1	8.0	ADF（%）	35.2
豆粕	78.9	5.3	20.0	Ca（%）	0.66
食盐	5.2	0.4	1.5	P（%）	0.32
磷酸氢钙	3.5	0.3	1.0	Ca/P	2.09

饲料原料	采食量/ （克/天）	全日粮配比 （%）	精饲料配比 （%）	营 养 水 平	
石粉	1.7	0.1	0.5	RDP/RUP	1.66
碳酸氢钠	1.7	0.1	0.5		
预混料	1.7	0.1	0.5		
合计（千克）	2.90	100.0	100.0		

表6-22　羊精、粗饲料推荐饲喂量

[单位：千克/（只·日）]

羔羊各阶段饲喂期	精 饲 饲 料	青 干 草	多 汁 饲 料
种公羊非配种期	0.3~0.8	2.2~2.5	0.5~1.0
种公羊配种期	1.0~1.5	2.0~2.51	1.0~1.5
繁殖母羊空怀及妊娠90天内	0.5~1.0	2.2~2.5	0.2~0.5
母羊妊娠90~150天	1.0~1.5	1.8~2.01	0.3~1.0
哺乳母羊	1.0~1.8	0.5~2.01	0.8~1.5
育成羊	0.3~0.8	1.2~2.0	0.5~1.0

注：1. 其中最好有30%的苜蓿干草。

　　2. 为了保证健康和食欲，最好以胡萝卜为主。

第三节　青干草的加工

青干草收贮与调制包括牧草的适时刈割、干燥、贮藏和加工等几个环节，其干燥方法不同，牧草营养成分有很大的差异。在生产中，常用的方法有自然干燥法和人工干燥法。豆科牧草在初花期至盛花期刈割，禾本科牧草在抽穗期刈割。刈割青草应通过自然干燥或人工干燥使之在较短的时间内水分快速降至17%以下，营养物质得到较好保存。青干草切成2~3厘米后喂羊或打成草粉拌入配合饲料中饲喂。

一　加工方法与步骤

1. 自然干燥

利用日晒、自然风干来调制干草。应根据不同地区的气候特点，采用不同的方法。

(1) 田间干燥法 适合我国北方夏、秋季雨水较少的地区。牧草刈割后，原地平铺或堆成小堆进行晾晒，根据当地气候和青草含水状况，每隔数小时适当翻动，以加速水分蒸发。当水分降至50%以下时，再将牧草集成高为0.5~1米的小堆，任其自然风干，晴好天气可以倒堆翻晒。晒制过程中要尽可能避免雨水淋湿，否则会降低干草的品质。

(2) 架上晒草法 在南方地区或夏、秋季雨水较多时，宜用草架晒草。草架的搭建可因地制宜，因陋就简，如用木椽或钢丝搭制成独木架、棚架、锥形架、长形架等。刈割后的青草，自上而下放置在干草架上，厚70~80厘米，离地20~30厘米，保持蓬松并有一定的斜度，以利采光和排水，并保持四周通风良好，草架上端应有防雨设施（如简易的棚顶等）。风干时间一般为1~3周。

2. 人工干燥

利用加热、通风的方法调制干草。其优点是干燥时间短，养分损失小，可调制出优质的青干草，也可进行大规模工厂化生产，但其设备投资和能耗较高，国外应用较多，而我国较少应用。主要有以下3种方法：

(1) 常温通风干燥法 在修建的草库内，利用高速风力来干燥牧草，设备简单。可采用一般风机或加热风机，草库的大小可根据干草生产量的大小来设计。

(2) 低温烘干法 用浅箱式或传送带式干燥机烘干牧草，适合于小型农场。干燥温度为50~150℃，时间约几分钟至数小时。

(3) 高温快速干燥法 目前国外采用较多的是转鼓气流式干燥机。将牧草切碎（2~3厘米）后经传送机进入烘干滚筒，经短时（数分钟甚至数秒钟）烘烤，使水分降至10%~12%，再由传输系统送至贮藏室内。这种方法对牧草养分的保护率可达90%~95%，但设备昂贵，只适用于工厂化草粉生产。

二 注意事项

优质干草色泽青绿、气味芳香，植株完整且含叶量高，泥沙少，无杂质、无霉烂和变质，水分含量在15%以下。青干草按5级进行质量评定。

一级：枝叶鲜绿或深绿色，叶及花序损失小于5%，含水量15%~17%，有浓郁的干草香味；

二级：枝叶绿色，叶及花序损失小于10%，含水量15%~17%，有香味；

三级：叶色发黄，叶及花序损失小于15%，含水量15%～17%，有干草香味；

四级：茎叶发黄或发白，叶及花序损失大于15%，含水量15%～17%，香味较淡；

五级：发霉、有臭味，不能饲喂。

第四节　秸秆的加工

羊瘤胃微生物可以消化利用秸秆中的粗纤维，但当秸秆木质化后，粗纤维被木质素包裹，不易被消化利用。因此，为了提高羊对农副产品的消化利用率，在不影响农作物产量和质量的前提下，尽量提早收获，并快速调制，减少木质化程度。

一　秸秆的种类

秸秆类饲料的种类很多，常用的秸秆类饲料有玉米、麦秸、谷草等。

（1）玉米秸　玉米秸以收获方式分为收获籽实后的黄玉米秸（或干玉米秸）和青刈玉米秸（籽实未成熟即行青刈）。青刈玉米秸的营养价值高于黄玉米秸，青嫩多汁，适口性好，胡萝卜素含量较多，为3～7毫克/千克。可青喂、青贮和晒制干草供冬春季饲喂。生长期短的春播玉米秸秆比生长期长的玉米秸秆的粗纤维含量少，易消化。同一株玉米，上部比下部的营养价值高，叶片比茎秆营养价值高，玉米秸秆的营养价值优于玉米芯。

（2）麦秸　麦秸的营养价值较低，粗纤维的含量较高，并有难以利用的硅酸盐和蜡质。羊单纯采食麦秸类饲料饲喂效果不佳，且易上火，有的羊口角溃疡，农户俗称"上火"。在麦秸饲料中燕麦秸、荞麦秸的营养价值较高，适口性也好，是羊的好饲草。

（3）谷草　谷草质地柔软厚实，营养丰富，可消化粗蛋白质，可消化总养分较麦秸、稻草高。在禾谷类饲草中，谷草主要的用途是制备干草，供冬春季饲用，是品质最好的饲草。但对于羊来说并不是最好的饲草，长期饲喂谷草羊不上膘，有的还可能会消瘦，因为谷草属凉性饲草，羊吃了会掉膘。

（4）豆秸　豆秸是各类豆科作物收获了籽粒后的秸秆总称，包括大豆、黑豆、豌豆、蚕豆、豇豆、绿豆等的茎叶，它们都是豆科作物成熟后的副产品，叶子大部分都已凋落，即使有一部分叶子也已枯黄，茎也多木质化，质地坚硬，粗纤维的含量较高，但其中粗蛋白质的含量和消化率较高，豆荚可保留在豆秸上，这样豆秸的营养价值和利用率都得到提高。青刈的大豆秸叶的营养价值接近紫花苜蓿。在豆秸中蚕豆和豌豆秸粗蛋白质的含量最好，品质较好。

（5）花生藤、甘薯藤及其他蔓秧　花生藤和甘薯藤都是收获地下根茎后的地上茎叶部分，这部分藤类虽然产量不高，但茎叶柔软、适口性好，营养价值和采食利用率、消化率都较高。甘薯藤、花生藤干物质中的粗蛋白质的含量较高。

二 加工方法与步骤

秸秆经适当的加工调制，可改变原来的体积和理化性质，营养价值和适口性有所提高，是羊冬季补饲的主要饲料，主要加工方法有物理方法、化学方法和生物学方法。

1. 物理调制法

物理调制即对秸秆进行切碎、碾青、制粒以及热喷等处理。这种方法一般不能改善秸秆的消化利用率，但可以改善适口性，减少浪费。秸秆粉碎后与精饲料混合使用，可扩大饲料来源。除此以外，有人试图采用蒸煮或辐射处理来改善秸秆的营养价值，也取得了一定进展，但还未进入使用阶段。

（1）切碎　切碎的目的是便于羊采食和咀嚼，并易于与精饲料拌匀，防止羊挑食，从而减少饲料的浪费，也便于与其他饲料进行合理搭配，提高其适口性，增加采食量和利用率，同时又是其他处理方法不可缺少的首道工序。近年来，随着饲料工业的发展，世界上许多国家将切碎的粗饲料与其他饲料混合压制成颗粒状，这种饲料利于贮存、运输，适口性好，营养全面。

在粗饲料进行切碎处理中，切碎的长度一般以 0.8～1.2 厘米为宜。添加在精饲料中的粗饲料，其长度宜短不宜长，以免羊只吃精饲料而剩下粗饲料，降低粗饲料利用率。

（2）碾青　将秸秆铺在晒场上，厚度为 30～40 厘米，再在其上铺约 30 厘米厚的青饲料，再在青饲料上面铺约 30 厘米厚的秸秆，用石碾或镇压器碾压，把青饲料压扁，流出的汁液被上下两层秸秆吸收。这样既缩短了青饲料干燥的时间，减少了养分的损失，又提高了秸秆的营养价值和利用率。

（3）**制粒**　一种将秸秆、秕壳和干草等粉碎后，根据羊的营养需要，配合适当的精饲料、糖蜜（糊精和甜菜渣）、维生素和矿物质添加剂混合均匀，用颗粒饲料机（图6-1）生产出不同大小和形状的颗粒饲料。秸秆和秕壳在颗粒饲料中的适宜含量为30%～50%。这种饲料营养平衡，粉尘减少，颗粒大小适宜，便于咀嚼，改善适口性。在国外，有的用单纯的粗饲料或优质干草经粉碎制成颗粒饲料（图6-2），可减少粗饲料的体积，便于贮藏和运输。另一种是秸秆添加尿素。做法是，将秸秆粉碎后，加入尿素（占全部日粮总氮量的30%）、糖蜜（1份尿素、5～10份糖蜜）、精饲料、维生素和矿物质，压制成颗粒、饼状或块状。这种饲料中粗蛋白质含量较高，适口性好，有助于延缓氨在瘤胃中的释放速度，防止中毒，可降低饲料成本、节约蛋白质饲料。

图6-1　颗粒饲料机　　　　图6-2　颗粒饲料

（4）**热喷**　热喷是将初步破碎或不经破碎的秸秆、秕谷等粗饲料装入热喷机中，通入热饱和蒸汽，经过一定时间的高压热处理后，突然降低气压，使经过处理的粗饲料膨胀，形成爆米花状，其色、香、味发生变化。经该处理，可提高羊对粗饲料的采食量和有机物质的消化率。

2. 化学调制法

化学调制是利用化学试剂对粗饲料进行处理，使其内部化学结构发生改变，使之更易被瘤胃微生物所消化。粗饲料化学方法处理，国内外已积累很多经验，如碱化处理中氢氧化钠处理法、氨处理法，酸处理中乙酸和甲醛处理法以及酸碱混合处理法、生物酶法等。

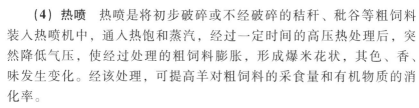

（1）碱化法 利用强碱液处理秸秆，破坏植物细胞壁及纤维素构架，释放出与之关联的营养物质。这种方法能较大幅度地提高秸秆的消化率，但处理成本高，对环境污染严重。

1）氢氧化钠处理。传统的方法也称湿法处理，具体方法是用 8 倍于秸秆重量的 1.5% 的氢氧化钠溶液浸泡秸秆 12 小时，然后用水冲洗至中性。该法处理的秸秆羊喜食，有机物质消化率提高 24%。明显的缺点是费力费时，需水量大，且营养物质随水洗流失较多，还会造成环境污染。为克服湿法的这些缺点，目前已对该法进行了改进，主要包括半干处理和干处理。半干处理是秸秆经氢氧化钠溶液浸泡后不用水洗，而是通过压榨机将秸秆压成半干状态，然后烘干饲喂。干处理是将秸秆切短，通过螺旋混合器加入 30% 的氢氧化钠溶液，混匀，使秸秆含氢氧化钠的量为其干物质的 3%~5%，然后将这种秸秆送入颗粒机压成颗粒，冷却后饲喂。

2）石灰液处理。按秸秆与生石灰 100:1 备料，先将生石灰按 1 千克加水 20 升溶解，除去沉渣，然后用该石灰液浸泡切短的秸秆 24 小时，捞取稍干饲喂，该法效果比氢氧化钠差，且秸秆易发霉。但原料易得，成本低，方法简便，能提高秸秆的钙质。也可再加入 1% 的氨，防止秸秆发霉。

（2）氨化法 目前推广的粗饲料氨化法中主要有液氨法、尿素或碳酸氢铵处理法等。

1）液氨处理法。秸秆等粗饲料用液氨处理，采用草捆垛、土窖或水泥池来处理。

草捆垛整齐，垛可打得高，节省塑料薄膜，容易机械化操作，适合大规模饲养。标准草捆垛长 4.6 米、宽 4.6 米、高 2.1 米。垛顶塑料膜压以实物，以防风刮，用绳把垛四周塑料膜纵横捆住，垛底塑料膜覆土盖紧，以防漏气，秸秆等粗饲料含水量调整为 20%，水要均匀洒在每个草捆上。为便于插入注氨钢管，可提前在垛中留一空隙，如放一木杠等，通氨时取出木杠，插入钢管，其通氨量为氨化饲料重量的 3% 为宜。

秸秆等粗饲料用窖氨化处理可以节省塑料膜，比较容易堆积，防鼠咬，占地少，具体方法是窖底部与四周铺好塑料膜，将秸秆等一层一层放入，边放边洒水搅拌边踩实，一直到窖顶，窖顶覆盖塑料膜与窖边塑料膜对折，用土压实，通氨。通氨完毕，取出氨管，封口。最后用土盖在窖顶。通氨量及用水量同上。

2）尿素或碳酸氢铵处理法。尿素或碳酸氢铵也可用来氨化秸秆等粗饲料，其来源广泛，利用方便，操作简单，更适合在农村普及。

尿素或碳酸氢铵处理秸秆等粗饲料的具体方法是：将尿素或碳酸氢铵溶于水中，拌匀，喷洒于切短的秸秆上，喷洒搅拌，一层一层压实，直到窖顶，用塑料薄膜密封。一般尿素用量每100千克秸秆（干物质）为 3～5.5 千克，碳酸氢铵为 6～12 千克，用水量为 60 升。

除了用窖氨化外，还可用塑料袋及氨化炉来氨化秸秆粗饲料，原理同上。总之，氨化好的秸秆色泽黄褐，有刺鼻气味，不发霉变质，饲喂前晾晒，放味，以利羊采食。经氨化处理的秸秆或其他粗饲料，能增加含氮量 0.8%～1%，使粗蛋白质含量增加 5%～6%，并能增加羊的采食量。麦秸、稻草、玉米秸经氨化处理后可使消化率提高 30% 左右。

氨化秸秆是目前提高秸秆营养价值和利用率的有效方法。它具有节省能源、成本低、易推广等优点。各国所采用的氨化方法有所不同，现将其主要技术要点叙述如下：

① 选择场地。可在地下挖一个坑，铺一层塑料薄膜，也可将秸秆堆成垛后再盖一层塑料薄膜密封，如用量少，也可用大缸处理。

② 切短秸秆。将秸秆切成 2～3 厘米。

③ 秸秆含水量。使用尿素溶液时，理想的含水量应为 15%～20%，如含水量超过 50%，可使用高浓度的氨注入。

④ 氨或尿素的用量。氨用量占秸秆干物质的 1%～3%，尿素的用量占秸秆干物质的 2.5%～3.5%。

⑤ 处理时间和温度。处理时间与气温有关，气温越低，氨化需要的时间越长。当气温在 20℃ 左右时，大概需要 15 天。当气温高于 30℃ 时，大概需要 1 周。

（3）生物酶法　该处理是利用自然界存在着的、能分解植物纤维素的微生物分泌的酶，来提高粗饲料的利用率的一种方法。通过筛选纤维素分解酶活性强的菌株进行发酵培养，分离出纤维素酶或将发酵产物连同培养基制成含酶添加剂，用来处理秸秆或加入日粮中饲喂，能有效地提高秸秆的利用率。据报道，日本先用氢氧化钠，再用高活性的木霉纤维素酶，可将几乎全部的纤维素转化为纤维二糖与葡萄糖，分解率达 80%。

3. 生物学调制法

生物学方法是利用微生物在一定温度、湿度、酸碱度、营养物质条件下，分解粗饲料中半纤维素、纤维素等成分，来合成菌体蛋白、维生素和多种转化酶等，将饲料中难以消化吸收的物质转化为易消化吸收的营养物质的过程。

(1) 秸秆微贮的特点 秸秆微贮技术是一种现代生物技术。是通过一种叫"秸秆发酵活杆菌"完成的。秸秆等粗饲料微贮就是在农作物秸秆中，加入微生物高效活性菌种——秸秆发酵活干菌，放入密封容器（如水泥窖、土窖、塑料袋）中贮藏，经一定的发酵过程使农作物秸秆变成具有酸、香味的饲料。

微贮成本低、效益高，适口性好。每吨微贮饲料只需 3 克秸秆发酵活干菌。秸秆微贮粗纤维的消化率可提高 20% ~ 40%，羊对其采食效果显著提高，在添到羊日采食量的 40% 时，羊日增重达 250 克左右水平。

(2) 秸秆微贮的方法

1）水泥窖微贮法与传统青贮窖相似，将作物秸秆切碎，按比例喷洒菌液后装入池内，分层压实、封口。这种方法的优点是池内不易进气进水、密封性好，经久耐用。

2）土窖微贮法宜选地势高、土质硬、向阳干燥、排水容易、地下水位低、离羊舍近、取用方便的地方。根据贮量挖一长方形窖（深 2 ~ 3 米为宜），在窖底部和周围铺层塑料布（膜），将秸秆切碎后放入池内，分层喷洒菌液后压实，上面盖上塑料膜后覆土密封。这种方法贮量大、成本低、方法简单。

3）塑料袋窖内微贮法首先按土窖贮法选好地点，挖圆形窖将制作好的塑料袋放入窖内，分层喷洒菌液。压实后将塑料袋口扎紧覆土压实，适于小量贮藏。

(3) 微贮步骤

1）菌种复活。秸秆发酵活干菌每袋 3 克，可处理稻草、麦秸、玉米秸秆 1000 千克或青饲料 2000 千克。在处理秸秆前先将菌种倒入 200 毫升清洁、没有漂白粉的水中，充分溶解。最好先在水中加入白糖 20 克，可以提高菌种复活率。然后在常温下静置 1 ~ 2 小时使菌种复活。复活好的菌种一定要当天用完，不可隔夜。

2）菌液的配制。将复活好的菌种倒入充分溶解的 1% 食盐溶液中拌匀。

微贮用食盐水和菌液量见表 6-23。

表 6-23　秸秆微贮食盐水和菌液量

种　类	重量 /千克	活干菌用量 /克	食盐用量 /千克	水用量 /升	微贮料含水量 （%）
稻、麦秸秆	1000	3.0	12	1200	60~65
黄玉米秸秆	1000	3.0	8	800	60~65
青玉米秸秆	1000	1.5		适量	60~65

3）秸秆切短。将微贮秸秆切成 3~5 厘米，便于压实，排出空气，并提高微贮窖池的利用率。

4）装填压实。在水泥窖或土窖的四周，衬塑料膜，在窖池底部铺放 20~30 厘米厚的秸秆，均匀喷洒菌液水，压实后再铺 20~30 厘米，再喷洒菌液水，再压实，直到高出窖池口 40~50 厘米再封口。装填中随时检查贮料含水量是否均匀合适，层与层之间不要出现夹层。检查方法是取秸秆用力握攥，指缝间有水但不滴下，水分为 60%~70% 最为理想。

5）密封。充分压实后，在最上面一层均匀撒上食盐，每平方米 250 克，再压实后盖上塑料薄膜，在上面撒 20~30 厘米厚的稻草或麦秸，盖土 15~20 厘米密封。如果当天装不完，可盖上塑料薄膜第二天再装。

6）利用。微贮发酵温度适应范围广，室外气温 10~40℃ 均可。在封窖池后 20~30 天即可完成发酵过程。优质微贮稻草、麦秸呈金黄色，青玉米呈橄榄绿色。具有醇香、果香气味。若有腐臭、发霉味则不能饲喂。取料时要从一角开始，从上至下逐渐取用。每次用量应以当天喂完为宜。取料后一定要将窖口封严，以免进水引起变质。

三　注意事项

1）用窖微贮，微贮饲料应高于窖口 40 厘米，盖上塑料薄膜，上盖约 40 厘米稻草、麦秸，后覆土 15~20 厘米，封闭。

2）用塑料袋微贮，塑料袋厚度须达到 0.6~0.8 毫米，无破损，厚薄均匀，严禁使用装过有毒物品的塑料袋及聚氯乙烯塑料袋，每袋以装 20~40 千克微贮原料为宜。开袋取料后须立即扎紧袋口，以防变质。

3）微贮饲料喂羊须有一渐进过程，喂量逐渐增加。一般每只羊每天 1.5~2.5 千克为宜。

第五节　青贮饲料制作

青贮饲料是指青绿多汁饲料在收获后，直接切碎，贮存于密封的青贮

第六章　羊的营养及饲料加工

163

容器（窖、池）内，在厌氧环境中，通过乳酸菌的发酵作用而调制成能长期贮存的饲料。

一 概述

1. 青贮饲料的特点

1）营养物质损失少，营养性增加。由于青贮不受日晒、雨淋的影响，养分损失一般为 10%～15%，而在干草的晒制过程中，营养物质损失达 30%～50%。同时，青贮饲料中存在大量的乳酸菌，菌体蛋白含量比青贮前提高 20%～30%，每千克青贮饲料大约含可消化蛋白质 90 克。

2）省时、省力，一次青贮全年饲喂；制作方便，成本低廉。

3）适口性好，易消化。青贮饲料质地柔软、香酸适口、含水量大，羊爱吃、易消化。同样的饲料，青贮饲料的营养物质消化利用率较高，平均为 70% 左右，而干草不足 64%。

4）青贮既能满足羊对粗纤维的需要，又能满足能量的需要。

5）使用添加剂制作青贮，可明显提高饲料价值。玉米青（黄）贮粗蛋白质不足 2%，不能满足瘤胃微生物合成菌体蛋白所需要的氮量，通过青贮，按 5‰（每吨青贮原料加尿素 5 千克）添加尿素，就可满足羊对蛋白质的需要。

6）青贮可扩大饲料来源，如甘薯蔓、马铃薯茎叶等。

7）青贮能杀虫卵、病菌，减少病害，经青贮的饲料在无空气、酸度大的环境中其茎叶中的虫卵、病菌无法存活。

2. 青贮饲料原料

适合制作青贮饲料的原料范围十分广泛。玉米、高粱、黑麦、燕麦等禾谷类饲料作物、野生及栽培牧草，甘薯、甜菜、芜菁等的茎叶及甘蓝、牛皮菜、苦荬菜、猪苋菜、聚合草等叶菜类饲料作物，树叶和小灌木的嫩枝等均可用于调制青贮饲料。

青贮原料因植物种类不同，含糖量的差异很大。根据含糖量的多少，青贮原料可分为以下 3 类。

（1）易青贮的原料　玉米、高粱、禾本科牧草、芜菁、甘蓝等，这些饲料中含有适量或较多的可溶性碳水化合物，青贮比较容易成功。

（2）不易青贮的原料　三叶草、草木樨、大豆、紫云英等豆科牧草和饲料作物含可溶性碳水化合物较少，需与第一类原料混贮才能成功。

（3）不能单独青贮的原料　南瓜蔓、甘薯藤等含糖量极低，单独青贮不易成功，只有与其他易于青贮的原料混贮或者添加富含碳水化合物或者加酸才能青贮成功。

饲料青贮是以新鲜的全株玉米、青绿饲料、牧草、野草及收获后的玉米秸和各种藤蔓等为原料，切碎后装入青贮窖或青贮塔内，在密闭条件下利用青贮原料表面上附着的乳酸菌的发酵作用，或者在外来添加剂的作用下促进或抑制微生物发酵，青贮料 pH 下降，而使饲料得以保存。

3. 青贮设施的要求

（1）不透空气　这是调制优良青贮饲料的首要条件。无论用哪种材料建造青贮设施，必须做到严密不透气。可用石灰、水泥等防水材料填充青贮窖、壕壁的缝隙，如能在壁内衬一层塑料薄膜则更好。

（2）不透水　青贮设施不要靠近水塘、粪池，以免污水渗入。地下或半地下式青贮设施的底面，必须高出地下水位（约0.5米），在青贮设施的周围挖好排水沟，以防地面水流入。如有水浸入，则会使青贮饲料腐败。

（3）墙壁要平直　青贮设施的墙壁要平滑垂直，墙角要圆滑，这会有利于青贮饲料的下沉和压实。下宽上窄或上宽下窄都会阻碍青贮饲料的下沉，或形成缝隙，造成青贮饲料霉变。

（4）要有一定的深度　青贮设施的宽度或直径一般应小于深度，宽∶深为1∶1.5或1∶2，以利于青贮饲料借助本身重力而压得紧实，减少空气，保证青贮饲料的质量。

（5）能防冻　地上式的青贮塔必须能够很好地防止青贮饲料冻结。

4. 青贮设施的大小和容量

青贮窖的容量大小与青贮原料的种类、水分含量、切碎压实程度以及青贮设施种类等有关。各种青贮饲料在密封后，均有不同程度的下沉。所以，同样体积，装填时的重量一定较利用时的低。青贮壕一般可装填青贮饲料 400～500 千克/米^3，青贮塔为 650～750 千克/米^3。饲料青贮池青贮和塑料袋装青贮见图6-3、图6-4。

图6-3　饲料青贮池青贮　　　图6-4　塑料袋装青贮

二 青贮的方法和步骤

青贮的方法可分为一般青贮和特殊青贮，特殊青贮又可分为半干青贮、混合青贮、添加剂青贮等。一般青贮的制作方法如下。

（1）适时收割青贮原料 所谓适时收割是指在可消化养分产量最高时期收割。优质的青贮原料是调制优良青贮料的基础，一般玉米在乳熟期至蜡熟期、禾本科牧草在抽穗期、豆科牧草在开花初期收割为宜。收割适时，原料作物不仅产量高、品质好，而且水分含量适宜，青贮易成功。

（2）清理青贮设备 青贮饲料用完后，应及时清理青贮设备（青贮窖、池等），将污腐物清除干净，以备再次青贮使用。

（3）调节水分 青贮原料的含水量是影响青贮成败和品质的重要因素。一般禾本科饲料作物和牧草的含水量以 65%~75% 为好，豆科牧草含水量以 60%~70% 为好。质地粗硬的原料含水量可高些，以 78%~82% 为宜，幼嫩多汁的原料含水量应低些，以 60% 为最好。原料含水量较高时，可采用晾晒的方式或掺入粉碎的干草、干枯秆及谷物等含水量少的原料加以调节；含水量过低时，可掺入新割的含水量较高的原料混合青贮。青贮现场测定水分的方法为：抓一把刚切割的青贮原料用力挤压，若从手指缝向下流水，说明水分含量过高；若从手指缝不见出水，说明原料含水量过低；若从手指缝刚出水，又不流下，说明原料水分含量适宜。准确的水分含量测定方法是利用实验室的通风干燥箱烘干测定或用快速水分测定仪测定。

（4）切碎 青贮原料在入窖前均需切碎。切碎的目的有两个：一是便于青贮时压实，以排出原料缝隙之间的空气；二是使原料中含糖的汁液渗出，湿润原料表面，有利于乳酸菌的迅速繁殖和发酵，提高青贮的品质。原料的切碎，常使用青贮联合收割机、青贮料切碎机，也可使用滚筒式铡草机。原料一般切成 2~5 厘米的长度。含水量多、质地柔软的原料可以切得长些；含水量少、质地较粗的原料可以切得短些。

（5）装填和镇压 青贮原料的装填一要快速，二要压实。一旦开始装填，应尽快装满窖（池），不能耽搁，以免原料在装满和密封之前腐败变质。青贮窖以一次装满为好，即使是大型青贮建筑物，也应在 2~3 天内装满。装填过程中，每装 30 厘米（层高）就需要镇压一次。镇压时，特别要注意靠近墙和拐角的地方不能留有空隙。

（6）密封 原料装填完毕，立即密封和覆盖，隔绝空气并防止雨水渗入。

（7）观察 平时多注意检查，发现问题及时处理。

（8）使用 青贮开启使用时应注意防止二次发酵，避免降低青贮品质。故每次使用青贮料后都应妥善再密封好；开启容器后，其中的青贮料应尽快用完。

三 青贮品质的鉴定

现场评定青贮品质主要从气味、颜色、酸碱度 3 方面进行。

1）取样 于青贮窖表层 25~30 厘米处，一般以四角和中央各一点，5 点共取青贮料约半烧杯。

2）气味 立即鉴别样品的气味。良好的青贮料应具有酒味或酸香味。如果出现醋酸味，表示品质较差。劣质的青贮料有腐烂的粪臭味。

3）颜色 优质的青贮料呈绿色。如果出现黄绿色或褐色，表示质量较差。劣质青贮料呈暗绿色或黑色。

4）酸碱度 可用广泛 pH 试纸等测定。其 pH 为 3.8~4.2 的为优质青贮料，4.2~4.6 的较次。pH 越高，质量越差。

不同品质的青贮饲料见图 6-5。

图 6-5　不同品质的青贮饲料

四 注意事项

1）防止青贮二次发酵。二次发酵又叫好气性腐败，指发酵完成的青贮饲料，在温暖季节开启后，空气随着进入，好气性微生物重新大量繁殖，青贮料的营养物质也因此大量损失，并产生大量的热，出现好气性腐败。

二次发酵多发生在冬初和春夏。二次发酵的青贮料 pH 在 4.0 以上，含水量在 64%~75%。

2）防止二次发酵的方法。

① 适时刈割。以玉米为例，应选用霜前黄熟的早熟品种玉米，其含水量不超过 70%。如果在降霜后收割青贮，乳酸发酵受到抑制，结果青贮料的 pH 升高，总酸量减少，开封后已发生二次发酵，所以应在黄熟期收获。

② 装填密度。原料的装填密度要大，青贮原料应切短。

③ 完全密封。

④ 青贮料应用重物压紧并填平。

⑤ 可用甲酸、丙酸、丁酸等喷洒在青贮料上，也可喷洒甲醛、氨水等。

⑥ 仔细计算日需要量，合理安排日取量的比例。

⑦ 减少青贮容器的体积，每一单位贮量以在 1~3 天喂完为佳。为此，可将窖分成若干小区，各区间密闭不相同，每小区的贮存量仅供 1~2 天采食。也可用缸等小容器来缩小单位的贮量。

第六节　羊全混合日粮（TMR）

TMR（Total Mixed Ration）为全混合日粮的英文缩写，羊用 TMR 饲料是指根据羊在不同生长阶段对营养的需要，进行科学调配，将多种饲料原料，包括粗饲料、精饲料及饲料添加剂等成分，用特定设备经粉碎、混匀而制成的全价配合饲料。全混合日粮保证了羊所采食每一口饲料都具有均衡性的营养。

一 全混合日粮概述

1. TMR 饲养工艺的优点

1）精、粗饲料均匀混合，避免羊挑食，维持瘤胃 pH 稳定，防止瘤胃酸中毒。羊单独采食精饲料后，瘤胃内产生大量的酸；而采食有效纤维能刺激唾液的分泌，降低瘤胃酸度。TMR 使羊均匀地采食精、粗饲料，维持相对稳定的瘤胃 pH，有利于瘤胃健康。

2）改善饲料适口性，提高采食量。与传统的粗、精饲料分开饲喂的方法相比，TMR 饲料可增加羊体内益生菌的繁殖和生长，促进营养的充分吸收，提高饲料利用效率，可有效解决营养负平衡时期的营养供给问题。

3）增加羊干物质采食量，提高饲料转化效率，提高生长速度，缩短存栏期。根据羊生长各个阶段所需不同的营养，更精确地配制营养均衡的饲料配方，使日增重大大提高。如山羊体重 10 ~ 40 千克阶段，日增重可达到 200 克，与普通自配料相比可以缩短存栏期 3 个月。

4）充分利用农副产品和一些适口性差的饲料原料，减少饲料浪费，降低饲料成本。

5）根据饲料品质、价格，灵活调整日粮，有效利用非粗饲料的中性洗涤纤维（NDF）。

6）简化饲喂程序，减少饲养的随意性，使管理的精准程度大大提高，可提高劳动生产率，降低管理成本。

7）实行分群管理，便于机械饲喂，提高生产率，降低劳动力成本。

8）实现一定区域内小规模羊场的日粮集中统一配送，从而提高养羊业生产的专业化程度。

9）增强瘤胃机能，有效预防消化道疾病。羊用 TMR 颗粒饲料既可以保证羊的正常反刍，又大大减少了羊反刍活动时所消耗的能量，并有效把瘤胃 pH 控制在 6.4 ~ 6.8，有利于瘤胃微生物的活性及其蛋白质的合成，从而避免瘤胃酸中毒和其他相关疾病的发生。实践证明，使用数月羊用全配合颗粒饲料，不仅可使消化道疾病降低 90% 以上，而且还可以提高羊只的免疫力，减少流行性疾病的发生。

由于以上原因，使用羊用 TMR 饲料，和传统饲料饲喂方式对比，羊采食量高、生长速度快、发病率低、经济效益好。

2. TMR 日粮的关键点

（1）羊只分群 TMR 饲养工艺的前提是必须实行分群管理，合理的分群对保证羊健康、提高增量以及科学控制饲料成本等都十分重要。对规模羊场来讲，根据不同生长发育阶段羊的营养需要，应注意 TMR 工艺的操作要求及可行性。

第六章 羊的营养及饲料加工

（2）TMR 日粮的调配

1）根据不同群别的营养需要，考虑 TMR 制作的方便可行，一般要求调制 3 种不同营养水平的 TMR 日粮，分别为母羊 TMR、羔羊 TMR 和育肥羊 TMR。

2）对于一些健康方面存在问题的特殊羊群，可根据羊群的健康状况和进食情况饲喂相应合理的 TMR 日粮或粗饲料。

哺乳期羔羊开食料所指为精饲料，应该要求营养丰富全面，适口性好，给予少量 TMR，让其自由采食，引导采食粗饲料。断奶后到 6 月龄以前主要供给育肥羊 TMR。

3. TMR 日粮的制作

（1）添加顺序

1）基本原则：遵循先干后湿、先粗后精、先轻后重的原则。

2）添加顺序：干草→粗饲料→精饲料→青贮→湿糟类等。

3）如果是立式饲料搅拌车，应将精饲料和干草添加顺序颠倒。

（2）搅拌时间　适宜搅拌时间的掌握原则是最后一种饲料加入后搅拌 5 ~ 8 分钟即可。

（3）效果评价　从感官上，搅拌均匀的 TMR 日粮表现为精、粗饲料混合均匀，松散不分离，色泽均匀，新鲜不发热，无异味，不结块。

（4）水分控制　TMR 水分宜控制在 45% ~ 55%。

4. 注意事项

1）根据搅拌车的说明，掌握适宜的搅拌量，避免过多装载，影响搅拌效果。通常装载量占总容积的 60% ~ 75% 为宜。

2）严格按日粮配方，保证精确给量，定期校正计量控制器。

3）根据青贮及精饲料等的含水量，掌握控制 TMR 日粮水分。

4）添加过程中，防止铁器、石块、包装绳等杂质混入搅拌车，造成车辆损伤。

5）TMR 饲养工艺讲求的是群体饲养效果，同一组群内个体的差异被忽略，不能对羊进行单独饲喂，产量及体况在一定程度上取决于个体采食量。

二　羊 TMR 原料

要实现养羊的规模化，TMR 饲喂模式是必然的发展趋势，也是降低养殖成本、提高生产的关键因素。TMR原料尽量就地取材，几乎没有羊不能采食的农副产品。要充分利用秸秆、豆腐渣、酒糟等。

目前，最为基本的TMR原料包括干草类（花生秧、红薯秧、豆秸、花生壳、米糠、谷糠及部分菌棒等）、精饲料（玉米、豆粕、棉粕、麸皮、预混料）、糟渣类（豆腐渣、酒糟、啤酒渣、果渣、药厂的糖渣等）3大类。玉米秸秆见图6-6。

1. 干草类

尽量结合当地资源选择。图6-7、图6-8分别为小型和大型秸秆收割机。

图6-6 玉米秸秆

图6-7 小型秸秆收割机

图6-8 大型秸秆收割机

2. 羊专用预混料

根据羊的营养需求，羊的预混料基本分为羔羊预混料、育肥羊预混料和种羊预混料3种。羊专用预混料主要包括钴、钼、铜、碘、铁、锰、硒、锌等各种微量元素，食盐，磷酸氢钙和维生素A、维生素D_3和维生素 E 等各种维生素。预混料是舍饲养羊所必需的。任何一种物质的缺乏均会导致繁殖下降，甚至引发繁殖障碍。

（1）羊专用预混料使用量 舍饲羊只按 50 千克体重每天专用预混料需求量计算，食盐要大于 6 克，磷酸氢钙要大于 6 克，各种微量元素大于 6 克，再加辅料、维生素等，每天 50 千克体重羊专用预混料添加量在 30 克左右。

目前，市场上常见到的羊预混料往往以百分数表示，因羊每天对预混料的需求量是相对稳定的，百分比的预混料在配方设计上均没有标记按羊采食多少精饲料添加，在养羊场（户）使用时，往往造成预混料不足或者过量，均影响羊的正常繁殖。

（2）羊专用预混料使用注意事项 羊专用预混料不可直接饲喂，使用时尽量与精饲料混合均匀，合格的羊专用预混料无须另行添加其他添加剂，有特殊情况例外。

3. 糟渣类

糟渣类作为饲料原料喂羊，不仅可以降低成本，而且能够充分利用资源优势，但必须科学保存，合理添加。例如豆腐渣（图 6-9），蛋白质含量很高，但能量不足，在使用豆腐渣时，可降低精饲料中豆粕、棉粕的含量，适当增加青贮饲料含量；酒糟、啤酒渣（图 6-10）、果渣、药厂的糖渣等则正好相反，能量较高，但蛋白质含量相对低，可在精饲料中适当提高豆粕、棉粕的含量。

图 6-9　豆腐渣

图 6-10　啤酒渣

4. 羊 EM 专用菌

EM 菌（Effective Microorganisms）为有效微生物群的英文缩写，也被称作 EM 技术（EM Technology）。它由光合细菌、乳酸菌、酵母菌、芽孢杆菌、醋酸菌、双歧杆菌、放线菌 7 大类微生物中的 10 属 80 种微生物共生共荣，这些微生物能非常有效地分解有机物。它是由世界著名应用微生物学家，日本琉球大学比嘉照夫教授在 20 世纪 70 年代发明的，EM 技术是目前世界上应用范围最大的一项生物工程技术。只要使用恰当，它就会与所到之处的良性力量迅速结合，产生抗氧化物质，消除氧化物质，消除腐败，抑制病原菌，形成良好的生态环境。

羊属于反刍动物，采食粗饲料既是消化特点的需要，也能充分利用饲料资源，因此如何调制粗饲料对于养羊显得尤为重要。青贮饲料是青绿饲料贮存的最好方式。模拟青贮自然发酵过程的微生物群落特点，筛选与配制能够促进青贮料快速发酵的活菌制剂，在青贮饲料制作时加入到青贮饲料中，可改善青贮饲料的质量。

微生物青贮剂亦称青贮接种菌，是专门用于饲料青贮的一类微生物添加剂，由 2 种以上的产酸益生菌、复合酶、益生素等多种成分组成，主要作用是有目的地调节青贮饲料内主导微生物菌群，调控青贮发酵过程，促进乳酸菌大量繁殖，更快地产生乳酸，促进多糖与粗纤维的转化，从而有效地提高青贮饲料的质量。

这种微生物添加剂的特点是：

1）微生物青贮剂添加到青贮饲料中，其中乳酸菌为主导发酵菌群，加速了发酵进程，产生更多的乳酸，使 pH 快速下降，限制植物酶的活性，抑制粗蛋白质降解成非蛋白氮，有助于减少蛋白质的损失。

2）提高了发酵物干物质回收率 1%～2%，提高了青贮饲料的消化率。

3）降低了青贮饲料中乙酸和乙醇的数量，提高了乳酸的含量，改善了适口性，提高了羊的采食量。

4）能够保护青贮饲料蛋白质不被分解，而直接被瘤胃利用。

三　精饲料配方举例

1. 羊精饲料配方

如果没有豆腐渣、酒糟等，只有干草、青贮和精饲料 3 部分组成 TMR 饲料，那么种羊的精饲料就要控制在 0.15～0.25 千克/天的饲喂量；育肥羊则要控制在 0.3～0.6 千克/天的饲喂量。精饲料配方见表 6-24。

表 6-24　羊精饲料组成重量比例（%）

	精饲料平均日喂量/（千克/只）	玉　米	豆　粕	棉　粕	麸　皮	预　混　料
种羊	0.15	58	7	7	12	16
	0.2	60	7	8	13	12
	0.25	60.5	8	8	14	9.6
育肥羊	0.3	62	8	9	13	8
	0.35	63	8	9	13	6.9
	0.4	63	8	10	13	6
	0.45	63	8.5	10	13	5.3
	0.5	63.5	8.5	10	13	4.8
育肥羊	0.55	64	8.5	10	13	4.4
	0.6	64	9	10	13	4

注：饼粕类指豆粕、棉籽粕、花生粕等，豆粕含量在 6% 以上，其余部分用棉籽粕或花生粕。预混料日饲喂量为 24 克。

2. 羊精饲料制作

按配方比例将玉米、饼粕类、麸皮、预混料混合均匀即可。精饲料混合设备见图 6-11。

图 6-11　精饲料混合设备

四　TMR 配合比例

1）如果没有豆腐渣、酒糟等，只有干草、青贮和精饲料 3 部分组成

TMR 饲料，那么羊饲料组成重量比例见表6-25。

表6-25　羊饲料组成重量比例配方一（%）

	精饲料平均 日喂量/（千克/只）	精 饲 料	黄贮玉米	干 草
种羊	0.15	5	80	15
	0.2	6	79	15
	0.25	8	77	15
	0.3	10	75	15
	0.35	11	74	15
	0.4	13	72	15
育肥羊	0.45	14	71	15
	0.5	16	69	15
	0.55	18	67	15
	0.6	19	66	15

注：黄贮玉米按水分含量在60%~70%计算。

2）如果有豆腐渣，可按照每只羊每天1千克饲喂，则由豆腐渣、干草、青贮和精饲料4部分组成 TMR 饲料。羊饲料组成重量比例见表6-26。

表6-26　羊饲料组成重量比例配方二（%）

	精饲料平均日喂量 /（千克/只）	精 饲 料	黄贮玉米	干 草	豆 腐 渣
种羊	0.15	5	48	15	32
	0.2	6	47	15	32
	0.25	8	45	15	32
	0.3	10	43	15	32
	0.35	11	42	15	32
	0.4	13	40	15	32
育肥羊	0.45	14	39	15	32
	0.5	16	37	15	32
	0.55	18	35	15	32
	0.6	19	34	15	32

注：黄贮玉米、豆腐渣按水分含量在60%~70%计算。

五 TMR 的制作

根据羊的养殖数量，羊 TMR 日粮的制作大体分为 5 大类。50 只以内的散养型；50～200 只的小规模养殖；200～1000 只的中小规模养殖；1000～3000 只的中等规模养殖；3000 只以上的规模养殖。

1. 50 只以内的养殖规模

1）按比例依次取干草、青贮饲料、精饲料。

2）人为将干草、青贮饲料、精饲料充分揉制并混合均匀（图 6-12）。

3）将 EM 菌按 2 千克/吨全价日粮喷洒。

4）直接饲喂或用塑料薄膜密封好，3～7 天内饲喂完。

2. 50～200 只的小规模养殖

1）按比例依次取干草、青贮饲料、精饲料。

2）采用小型揉丝机将干草、青贮饲料、精饲料充分揉制并混合均匀（图 6-13）。

图 6-12　人为混合饲料　　　　图 6-13　小型揉丝机

3）将 EM 菌按 2 千克/吨全价日粮喷洒。

4）直接饲喂或用塑料薄膜密封好，3～7 天内饲喂完。

3. 200～1000 只的中小规模养殖

采用大型揉丝机将干草、青贮饲料、精饲料充分揉制并混合均匀（图 6-14、图 6-15）。

4. 1000～3000 只的中等规模养殖

通过 TMR 混料机将干草、青贮饲料、精饲料充分揉制并混合均匀（图 6-16）。

图6-14　大型揉丝机混合饲料　　图6-15　大型揉丝机揉制饲料

图6-16　小型TMR日粮撒料车

5. 3000只以上的规模养殖

直接购置TMR混料饲喂车，通过TMR混料饲喂车，极大地简化了饲喂程序，节约了人力，一台5吨的车就可以饲喂3000只以上的羊只（图6-17～图6-20）。

图6-17　TMR饲料混合机组　　图6-18　TMR喂料车

图 6-19　全自动 TMR 车取料　　　图 6-20　全自动 TMR
　　　　　　　　　　　　　　　　　　　车饲喂羊群

——第七章——
羊的饲养管理

饲养管理是养好羊的基础，饲养管理不仅要强调饲养，更要注重管理，尤其是羊场规章制度、操作规程、档案管理等的制定与实施。而且，规章制度一定要为羊的饲养管理服务。

第一节 羊场制度建设

羊场制度是羊场成功经营的前提，羊场制度包括羊场岗位职责、门卫制度及员工制度等。各个羊场应根据自己的实际情况建立完善的制度。

一 羊场人员岗位职责建立

羊场人员包括负责人、办公室人员、门卫、内勤、外勤、技术员和饲养员等，应针对不同岗位，结合场内实际情况建立人员岗位职责。如：总经理的职责为全面负责。办公室档案管理人员的职责是组织每周例会，制定每周例会表（表7-1）；每周生产数据统计汇总、基地所有事务及人员协调、来人接待等。每周生产总结以短信形式汇报，每月书面总结。为提高每个员工的工作效率和工作效果，公司应鼓励每个员工参加与公司业务有关的培训课程，并建立培训记录。这些记录将作为对员工的工作能力评估的一部分。公司在安排员工接受公司出资的培训时，可根据劳动合同与员工签订培训协议、约定服务期等事项。

（1）**场长职责** 生产区整体负责。每月向总经理以书面形式提供工作进展和下月预期工作，重大决策需总经理决定；羊饲养管理、卫生防疫和疫病防治、羔羊育肥、繁殖，场内羊饲养管理技术监督及执行；负责羊

的周转、饲喂程序和饲喂量的制定、饲养员工作情况监督。

表7-1　每周例会表

姓名	职责	时间
过去1周所做工作总结：		
下周预期工作：		
工作体会和对公司的意见和建议：		

（2）兽医职责　每周向办公室以书面形式提供1周内工作进展和下周预期工作；负责羊的防疫、场内消毒、疫病防治。

（3）繁殖技术员职责　每周向办公室以书面形式提供1周内工作进展和下周预期工作；负责羊的发情鉴定、人工授精、助产及羔羊护理；羊的周转。

（4）饲料生产人员职责　每周向办公室以书面形式提供1周内工作进展和下周预期工作。

（5）饲养员职责　每周向办公室以书面形式提供1周内工作进展和下周预期工作；羊的饲喂、羊舍内及负责区的卫生和消毒；配合技术员工作。

（6）门卫职责　出入物品及人员登记。

（7）内勤职责　执行办公室安排的内部工作。

（8）厨师职责　负责全天员工饭菜。

（9）外勤职责　饲料、药物购置等外事工作。

二　门卫制度

门卫制度也可根据生产实际情况制定，例如，门卫主要负责的内容包括：

1）场内工作人员进入场区时，在场区门前踏3%的氢氧化钠（或石灰水）溶液池、更衣室更衣、用消毒液洗手，消毒后才能进入场区。工作完毕，必须经过消毒后方可离开现场。

2）非场内工作人员一律禁止进入场区，严禁参观场区。

3）因生产或业务需要进入场区时，需经兽医同意、场长批准后更换工作服、鞋、帽，经消毒室消毒后方可进入。

4）严禁外来车辆入内，若生产或业务必需，车身经过全面消毒后方可入内。在生产区使用的车辆、用具，一律不得外出，更不得私用。

5）做好登记。外来人员、车辆出入记录见表7-2。如有不按门卫制度操作者，承担全部后果。

表7-2　外来人员、车辆出入记录表

时　间	姓　名	身份证号及地址	备　注

第二节　羊场操作规程和档案管理

羊场操作规程是羊场成功经营的基础，羊场操作规程包括饲料生产制作规程、防疫治疗规程及繁殖操作规程等。各个羊场应根据自己的实际情况建立完善的操作规程。羊场所有记录应准确、可靠、完整。引进、购入、配种、产羔、断奶、转群、增重、饲料消耗均应有完整记录。引进种羊要有种羊系谱档案和主要生产性能记录。饲料配方及各种添加剂使用也要有记录。要有疫病防治记录和出场销售记录。上述有关资料应保留3年以上。

一　规程的制定方法

1）结合自己的养殖规模，制定饲料的制作方案，具体内容参照TMR日粮的制作。

2）结合自己的养殖环境、养殖品种以及羊只的生理特点，制定防疫治疗规程，可参照羊的保健和羊常见病防治。

3）结合养殖品种和规模，制订详细的繁殖计划，具体内容参照羊场繁殖规划。

二　羊只档案信息

1. 羊只基本信息数据（表7-3）

表7-3　羊只基本信息

羊场编号		羊只编号		二维码	照片
	品种　年　月		编号		
		初生日期	性别		
来源		同胎只数			

（1）羊场编号 羊场编号由 10 位数字组成，由省市县（区）6 位代码和企业 4 位顺序号组成（表7-4）。

表7-4 羊场编号数字组成表

省	市	县（区）	乡镇村
河南省	郑州市	金水区	企业编号（顺序号）
4 1	0 1	0 5	

按照国家行政区划编码确定各省（直辖市、自治区）的编号，由两位数码组成（表7-5），第一位是国家行政区划的大区号，例如，北京市属"华北"，编码是"1"，第二位是大区内省市号，"北京市"是"1"，因此，北京编号是"11"。

表7-5 中国羊只各省（直辖市、自治区）编号表

省（直辖市、自治区）市	编号	省（直辖市、自治区）市	编号	省（直辖市、自治区）市	编号
北京	11	安徽	34	贵州	52
天津	12	福建	35	云南	53
河北	13	江西	36	西藏	54
山西	14	山东	37	重庆	55
内蒙古	15	河南	41	陕西	61
辽宁	21	湖北	42	甘肃	62
吉林	22	湖南	43	青海	63
黑龙江	23	广东	44	宁夏	64
上海	31	广西	45	新疆	65
江苏	32	海南	46	台湾	71

（2）羊只编号（个体标识） 建立个体标识是对羊群管理的首要步骤。个体标识有耳标、液氮烙号、条形码、电子识别标识，目前常用的主要是耳标识牌。建议标识牌数字采用 10 位标识系统，即：2 位品种代码 +2 位出生年份的后两位 +2 位出生月份 +4 位顺序号（按照公单母双结尾）。

例如，某场 2016 年 8 月出生的第一只公羊，编号见表7-6和图7-1。

表7-6 羊只编号方法

品种代码		出 生 年		出生月份		顺序号（公单母双）			
X	H	1	6	0	8	0	0	0	1

图 7-1　羊只编号方法

　　品种代码采用与羊只品种名称（英文名称或汉语拼音）有关的两位大写英文字母组成（用表 7-7 来举例说明）。

表 7-7　中国羊只品种代码编号表

品　　种	代码	品　　种	代码	品　　种	代码
滩羊	TA	考力代羊	KO	青海毛肉兼用细毛羊	QX
同羊	TO	腾冲绵羊	TM	青海高原毛肉兼用细毛羊	QB
兰州大尾羊	LD	藏羊	ZA	凉山细毛羊	LB
和田羊	HT	子午岭黑山羊	ZH	中国美利奴羊	ZM
哈萨克羊	HS	承德无角山羊	CW	巴美肉羊	BM
贵德黑裘皮羊	GH	太行山羊	TS	豫西脂尾羊	YZ
多浪羊	DL	中卫山羊	ZS	乌珠穆沁羊	UJ
阿勒泰羊	AL	柴达木羊	CS	洼地绵羊	WM
湘东黑山羊	XH	吕梁黑山羊	LH	蒙古羊	MG
马头山羊	MT	澳洲美利奴羊	AM	小尾寒羊	XW
波尔山羊	BG	黔北麻羊	QM	昭通山羊	ZS
德国肉用美利奴羊	DM	夏洛莱羊	CH	重庆黑山羊	CH
杜泊羊	DO	萨福克羊	SU	广灵大尾羊	GD
大足黑山羊	DZ	圭山山羊	GZ	川南黑山羊	CN
贵州白山羊	GB	川中黑山羊	CZ	贵州黑山羊	GH
成都麻羊	CM	建昌黑山羊	JH	马关无角山羊	WW
德克赛尔羊	TE	无角道赛特羊	PD	南江黄羊	NH
藏山羊	ZS	新疆细毛羊	XX	大尾寒羊	DW

　　（3）3 代系谱　按照 3 代系谱记录羊只的遗传信息（表 7-8）。

表7-8　羊只系谱

系　　　谱							
	编号	等级		编号	等级		编号	等级

（说明：系谱表为空白表格，包含父、母及各代祖先栏目）

表中行标识：
- 父
  - 父父
    - 父父父
    - 父父母
  - 父母
    - 父母父
    - 父母母
- 母
  - 母父
    - 母父父
    - 母父母
  - 母母
    - 母母父
    - 母母母

2. 羊只生长发育测定

按照初生、断奶（45天）、3月龄、6月龄、12月龄和成年6个阶段分别记录羊只的生长发育情况（表7-9）。

表7-9　羊只生长发育测定

年　　龄	体　高	体　长	胸　围	管　围	体　重
初生					
断奶（45天）					
3月龄					
6月龄					
12月龄					
成年					

3. 繁殖档案（表7-10～表7-13）

表7-10　母羊繁殖记录卡　　　编号：

配种日期	与配公羊		分娩日期	产羔羊数			
	编　号	等　级		公	母	死　胎	合　计

公羔编号	母羔编号	去向				备注
		售出羊号	屠宰羊号	死亡羊号	留场羊号	

表7-11 公羊繁殖记录卡（采精记录）

表7-11 公羊繁殖记录卡（采精记录）

羊　号					
采精时间	量	活力	密度	其他	采精人员（签名）

表7-12 公羊繁殖记录卡（配种记录）

公　羊　号				
配种母羊号	第一次配种时间	配种次数	备注（结果）	输精员（签名）

表7-13 繁殖月报表　　　时间：　　月份：

羊舍	配种羊数	返情羊数	流产羊数	分娩羊数	产羔数	产活羔数	备注	饲养员

合计

4. 饲料生产和饲喂档案（表7-14～表7-17）

表7-14 饲料生产记录表

时间	玉米	饼粕类	麸皮	预混料	青贮	干草	豆腐渣	备注	合计	人员

表7-15 饲料生产月报表　　　时间：　　月份：

玉米	饼粕类	麸皮	预混料	青贮	干草	豆腐渣	其他	合计	人员

表7-16 饲料使用记录表

时间	羊舍	
	饲喂量	
	饲养员	
	饲喂量	
	饲养员	

表 7-17   羊只饲喂月报表　　时间：　　月份：

羊　舍		备　注	饲　养　员
合计			

5. 疫病防治记录（表 7-18～表 7-19）

表 7-18   防疫记录

时　间	疫苗名称	使用方法	剂　量	备注及操作人

时　间	疫苗名称	使用方法	剂　量	备注及操作人

表 7-19   疫病防治月报表　　时间：　　月份：

羊舍	发病数	治疗数	结　果				备　注	饲　养　员
			痊愈	淘汰	死亡	其他		
合计								

6. 育肥档案（表 7-20）

表 7-20   育肥舍羊只月报表　　时间：　　月份：

羊　舍	转入时间	羊只数	转入体重	转出时间	羊只数	转出体重	备注	饲　养　员
育肥一舍								
育肥二舍								
育肥三舍								
育肥四舍								
合计								

第三节　繁殖母羊的饲养管理

　　羊按生理阶段可分为羔羊、育成羊和成年羊 3 个阶段。羊的饲养管理可根据不同生理阶段和性别进行分类饲养管理。

繁殖母羊可分为空怀期、妊娠期和哺乳期3个阶段,其中妊娠期可分为前期(3个月)、后期(2个月)和哺乳期(2个月)。重点是妊娠后期和哺乳期,共约4个月。

一 繁殖母羊的饲养

1. 空怀母羊

以恢复体况、膘情达到七成以上配种为宜。空怀期母羊配种前(10~15天),母羊饲喂量按干物质计算,约为体重的3%,全价混合日粮水分控制在50%左右,日饲喂量3~4千克,其中精饲料0.15~0.2千克,含预混料24克。

2. 妊娠母羊

应做好保胎工作,并使胎儿发育良好。不得饲喂发霉、变质、冰冻或其他异常饲料。不得空腹饮水和饮冰碴水。日常管理中不得惊吓、驱赶羊只,特别是羊在出入圈门或补饲时,要防止相互挤压,避免流产。妊娠后期的母羊应在放牧的基础上,根据膘体等具体情况给予补饲,不宜进行防疫注射。

在妊娠前3个月,营养需要与空怀期基本相同。在妊娠的后2个月,比空怀期蛋白质需要量提高15%~20%,钙、磷含量增加40%~50%,并要有足量的维生素A、维生素E和维生素D。妊娠后期,每天每只补饲混合精饲料0.2千克。

3. 哺乳母羊

产后的2个月为哺乳期,应保证母羊全价饲养。哺乳母羊应保证母羊有充足的奶水供给羔羊。经常检查母羊乳房,如有乳房发炎、化脓等情况,要及时采取相应措施予以处理。应保持圈舍清洁干燥,及时清除胎衣、毛团、塑料袋(膜)等。

在母羊产后的7天内,可喂给米汤、米溜水,让其自由饮用;产后15~20天,根据母羊乳汁分泌情况可适当增加补饲,一般每天可补饲精饲料0.2~0.3千克。全价混合日粮每天采食量为3~4千克。

二 繁殖母羊的管理

制定完整的繁殖规划。妊娠母羊应加强管理,要防拥挤、防跳沟、防惊群、防滑倒,日常活动要以"慢、稳"为主,不能吃霉变饲料和冰冻饲料,以防流产。

母羊产后1~3天内,不能喂过多的精饲料,不能饮冷、冰水。在羔羊断奶前，应逐渐减少多汁饲料和精饲料喂量，防止发生乳房疾病。母羊舍要经常扫打、消毒，胎衣和毛团等污物要及时清除，以防羔羊吞食发病。一般羔羊到2月龄左右断奶。

搞好栏舍维护，加强日常管理。搞好栏舍维护，要做到"一保、二用、三不、四勤"。"一保"是保证圈舍清洁卫生、干燥温暖；"二用"是用温水饮羊，用干草或干栏舍；"三不"是圈舍不进风、不漏雨、不潮湿；"四勤"是圈舍勤垫草、勤换草、勤打扫、勤除粪；同时，还要绝对避免踢打、惊吓，防止与其他羊或其他动物相斗或互相挤压。

三 注意事项

（1）及时断奶 尽量保证羔羊在2月龄以内断奶，最高可提前到6周龄断奶，可以保证母羊及时发情、及时配种（人工授精）。

（2）及时配种 母羊断奶后在1个月内完成统一发情和配种（人工授精），尽量避开7~9月配种，防止12月至第二年2月产羔，以降低羔羊死亡率。

（3）准确的妊娠诊断 对配种后2个月内母羊及时做好妊娠诊断，减少空怀。

第四节 种公羊的饲养管理

种公羊的好坏对整个羊群的生产性能和品质高低起着决定性作用。俗话说："母羊好，好一窝，公羊好，好一坡。"种公羊数量少，种用价值高，对后代的影响大，对提高羊群的生产力起着重要作用，故在饲养方面要求很高。对种公羊必须精心饲养管理，要求保持良好的种用体况，即四肢健壮，体质结实，膘情适中，精力充沛，性欲旺盛，精液品质良好。常年保持中上等膘情，健壮的体质、充沛的精力、旺盛的精液品质，可保证和提高种羊的利用率。

一 种公羊的饲养

1. 非配种期的饲养

非配种期加强饲养，全价混合日粮采食量为体重的3%~3.5%，日粮组成主要包括精饲料、干草类、青贮饲料和糟渣类，其中，精饲料控制在0.4~0.8千克/天。

2. 配种期的饲养

饲料应力求多样化，互相搭配，以便营养价值完全、容易消化、适口性好。根据当地情况，有目的、有针对性地选用。

配种期饲养可分为预备配种期（配种前 1 ~ 1.5 个月）和配种期 2 个阶段。预备配种期开始补喂精饲料，饲喂量为配种期标准的 60% ~ 70%，然后逐渐增加到配种期的饲养标准。要定期抽检精液品质。

在配种期，每天必须补喂精饲料和蛋白质。1 毫升精液需可消化蛋白质 50 克。体重 80 ~ 90 千克的种公羊，大约每天需要 250 克以上的可消化粗蛋白质，并且根据日采精次数的多少，相应调整标准喂量及其他特需饲料（牛奶、鸡蛋等）。

日粮定额一般可按混合精饲料 1.2 ~ 1.4 千克、青干草 2 千克、胡萝卜等多汁饲料 0.5 ~ 1.5 千克（有放牧条件者后两种可全减或酌减）、鸡蛋 1 ~ 4 个或牛奶 0.5 ~ 1.0 千克、食盐 15 ~ 20 克、骨粉 5 ~ 10 克的标准喂给。每天分 2 ~ 3 次给草料，自由饮水。

二　种公羊的管理

种公羊配种、采精要适度，一般 1 只公羊即可承担 100 ~ 200 只母羊的配种任务，因此要定期检查精液品质。

种公羊舍要求环境安静，远离母羊舍，以减少发情母羊和公羊之间的相互干扰。种公羊舍应选择通风、向阳、干燥的地方，高温、潮湿会对精液品质产生不良影响。种公羊应单独饲养，每只公羊约需面积 2 米^2，以免相互爬跨和顶撞。专人饲养，以便熟悉其特性，建立条件反射和增进人与羊的感情。

小公羊要及时进行生殖器官检查，对于小睾丸、短阴茎、包皮偏厚、独睾、隐睾、附睾不明显、公羊母相、8 月龄无精或死精的，要淘汰。

坚持运动，每天 1 ~ 2 小时，经常刷拭，每天 1 次，定期修蹄，每季度 1 次。耐心调教，和蔼待羊，驯养为主，防止恶癖。10 月龄时可适量采精或交配。种公羊在采精初期，每周采精最好不要超过 2 次。1 岁可正式投入采精生产，每周采精 4 次左右。若饲养条件好且种公羊体质好，每周采精次数可适当增加。

三　注意事项

1）专人专养，公羊的饲养人员要固定，同时，采精工作也应该由饲养员负责，这样有利于公羊和饲养员之间的交流，减少应激。

2) 1.5 岁的种公羊，1 天内采精不宜超过 1~2 次，每次采精收集 2 次射精量，2 次采精间隔 10~15 分钟，公羊在采精前不宜吃得过饱。

第五节　育成羊的饲养管理

育成羊指从断奶到第一次配种的羊。

一　育成羊的饲养

保证有足够青干草、青贮料及多汁饲料的供应。每天要补给混合精饲料 150~250 克。对种用羊公、母分群，按种用标准饲养。母羊初配体重应达到成年体重的 70%。

二　育成羊的管理

(1) 称重　在 3 月龄、6 月龄和 1 周岁时进行称重。绵羊从初生到 12 月龄体重变化见表 7-21。

表 7-21　绵羊从初生到 12 月龄体重变化（单位：千克）

月龄	初生	1	2	3	4	5	6	7	8	9	10	11	12
公羊	4.0	12.8	23.0	29.4	34.7	37.6	40.1	43.1	47.0	51.5	56.3	59.6	60.9
母羊	3.9	11.7	19.5	25.2	28.7	31.4	34.4	36.8	39.8	42.6	46.0	49.8	52.6

(2) 选留　将不符合种用的育成羊转入育肥舍进行育肥。

(3) 饮水　自由饮水。

(4) 运动　加强运动。

(5) 卫生防疫　做好圈舍卫生，按时防疫。

第六节　羔羊的饲养管理

羔羊指从出生到断奶阶段（42~60 天）的羊只。此阶段羊的饲养管理主要是保证羔羊及时吃好初奶和常乳。提早补料，10 日龄开始采食幼嫩的青干草；15~20 日龄，适量补饲配合精饲料。防寒防湿、通风保暖；加强运动、增强羔羊体质。

一　饲养方法

1. 初乳阶段（出生后 7 天内）

初乳期羔羊要尽量使其吃初乳，多吃初乳。羊羔至少每天早、中、晚各吃 1 次初乳。同时，要做好肺炎、肠胃炎、脐带炎和羔羊痢疾的预防工作。

2. 常乳阶段（1 周龄至断奶前）

安排好羔羊的吃奶时间，最好让羔羊能在早、中、晚各吃 1 次常乳。
10~14 日龄开始训练采食。尽量将饲料配制成颗粒饲料让其自由采食。
羔羊配合饲料配方见表 7-22。

表 7-22　羔羊配合饲料配方（%）

配　　方	玉　米	豆　饼	麸　皮	优质草粉	葡萄糖粉	预混料
1	54	22	12	3	1	8
2	53	20	12	6	1	8
3	52	18	12	9	1	8

3. 羔羊的断奶

羔羊精饲料日补饲超过 200 克，45 日龄即可实施断奶。

二　注意事项

1）尽可能提早补饲。
2）当羔羊习惯采食饲料后，所用的饲料要多样化、营养好、易消化。
3）饲喂时要做到少喂勤添。
4）要做到定时、定量、定点。
5）保证饲槽和饮水的清洁、卫生。

第七节　羊的全价饲料育肥

根据羊的不同生产需要，结合当地饲料资源进行搭配，生产颗粒饲料
进行羊育肥。

一　分类

常见育肥方式有舍饲育肥和工厂化育肥。

1. 舍饲育肥

育肥羊在圈舍中，按饲养标准配制日粮，采用科学的饲养管理，这
是一种短期、强度的育肥方式。此法育肥期短、周转快、效果好、经济
效益高，并且不分季节，可全年均衡供应羊肉产品。舍饲育肥主要用于
组织肥羔生产，用以生产高档肥羔肉，也可根据生产季节，组织成年羊

育肥。舍饲育肥期通常为 60 ~ 80 天。与相同月龄的放牧育肥羊相比，舍饲可提高活重 10% 以上，胴体重可高出 20%。

舍饲育肥的基本要求是：精饲料占日粮的 60% 以上，随着精饲料比例的增加，羊的育肥强度也要随之加大，以预防采食精饲料过多造成羊肠毒血症和因钙磷比例失调引起尿结石症。圈舍应保持干燥、通风、安静和卫生。

2. 工厂化育肥生产

工厂化育肥生产是指在人为控制的环境条件下，进行规模化、集约化、工艺化的养羊生产模式，具有生产周期短、自动化程度高、受外界环境因素影响小的特点。在工厂化育肥生产中，3 月龄的羊体重可达周岁羊体重的 50%，6 月龄可达 75%。

（1）进度与强度 绵羊羔育肥时，一般细毛羔羊在 8 ~ 8.5 月龄结束，半细毛羔羊于 7 ~ 7.5 月龄结束，肉用羔羊在 5 ~ 6 月龄结束。若采用强度育肥，育肥期短，且可以获得高的增重效果；若采用放牧育肥，需延长育肥期，但生产成本较低。

（2）育肥准备 育肥前做好圈舍和饲草饲料的准备。舍饲、混合育肥均需要羊舍，羊舍要求冬暖夏凉、清洁卫生、平坦高燥，圈舍大小按每只羊占地面积 0.8 ~ 1.0 米^2 计算。在我国北方地区应推广使用塑料暖棚养羊技术。育肥羊的饲料种类应多样化，尽量选用营养价值高、适口性好、易消化的饲料，主要包括精饲料、粗饲料、多汁饲料、青绿饲料，还需准备一定量的微量元素添加剂、维生素、抗生素添加剂以及食盐等，粉渣、酒糟、甜菜渣等加工副产品也可以适当选用。

（3）挑选育肥羊 根据市场销路和育肥条件，确定每次育肥羊的数量。育肥羊主要来源于自群繁殖和外地购入，收购的羊当天不宜饲喂，只给予饮水和少量干草，让其安静休息。同期育肥羊根据瘦弱状况、性别、年龄、体重等进行分组，育肥前要进行驱虫、防疫。育肥开始后，观察羊只表现，及时挑出伤、病、弱羊只，给予治疗并改善管理条件。

二 育肥方式

1. 繁育羔羊直线育肥

断奶前，用羔羊开口颗粒熟化饲料进行补饲（图 7-2）。

断奶后 1 周内完成驱虫、防疫等工作。1 周后采用全价颗粒饲料不限量自由采食，100 天育肥时期达到成年体重的 70% ~ 80%。

2. 异地收购育肥羊育肥

从外地引入育肥羊，到育肥目的地后，第一周完成育肥前流程（表

7-23），然后采用全价颗粒饲料不限量强度育肥（图 7-3）。

图 7-2 羔羊补饲

图 7-3 全价饲料直线育肥

表 7-23 育肥准备

引入时间	饲　喂
第 1 天	禁止饲喂，多维饮水
第 2 天	500 克/只，自由饮水
第 3~7 天	饲料从 500 克增加到 1000 克，自由饮水，防疫完成，剪毛，驱虫
第 7 天~出栏	不限量自由采食，自由饮水

三 全价颗粒饲料育肥的优点

1）储存时间长。粉状颗粒本身含水量在 15% 左右，极易吸潮变质结块，失去饲喂价值。粉状饲料经加工后制成颗粒料，水分丧失一部分，加工成的颗粒含水量约为 13%，符合标准要求，颗粒料在良好的储存条件下一般可储存 3~4 个月，比粉状饲料多 2~3 个月的保质时间。

2）促进羊生长发育。由于加工成的颗粒料表面光滑、硬度高、熟化深透，种羊、肉羊都较喜欢采食，咀嚼充分，消化利用率高，可促进种羊、肉羊生长发育。

3）适口性好。饲料经加工后，可增加香味，刺激羊的食欲，增加采食量，提高饲料消化率。

4）节约饲料。给羊喂粉状饲料，容易抛撒，易使羊挑食，在刮风时饲料飞扬，造成浪费，饲料利用率仅为 92%。改喂颗粒料后，羊无法挑食，饲料利用率可达 99%，饲料利用率可提升 7%。

第八节 羊的编号

编号对于羊只识别和选种选配是一项必不可少的基础性工作，常用的方法有带耳标法、剪耳法、墨刺法和烙角法。这里只介绍常用的戴耳标法。

一 带耳标法

耳标有金属耳标和塑料耳标 2 种，形状有圆形和长条形，以圆形为好。耳标用以记载羊的个体号、品种符号及出生时间等。金属耳标是用钢字钉把羊的出生年月和个体号打在耳标上，上边第一个号数代表年份的最末 1 个字，第二、第三个数代表月份，后面的数字代表个体号。如110023，前面的 110 表示 2011 年 10 月出生，后面的 023 为个体号。塑料耳标使用起来也很方便，是把羊的出生年月和个体号写上。一般习惯将公羊编为单号，将母羊编为双号，每年从 1 号或 2 号编起，不许逐年累计。可用红、黄、蓝 3 种不同颜色代表羊的等级。

二 注意事项

1）耳标一般带在左耳的耳根软骨部，避开血管，要在蚊、蝇未起时安好耳标。

2）墨刺法和烙角法虽然简便经济，但都有不少缺点，如墨刺法字迹模糊，无法辨认，而烙角法仅适用于有角羊。所以，现在这两种方法使用较少，或者只用作辅助编号。

第九节 羊的断尾

为了保持羊毛的清洁，防止发生寄生虫病，有利于母羊配种，羔羊生后 1 周左右即可断尾。身体瘦弱的羊，或天气过冷时，可适当延长。断尾最好在晴天的早上进行，不要在阴雨天或傍晚进行。

一 方法与步骤

1. 热断法

需要一个特制的断尾铲和 2 块 20 厘米见方的两面钉有铁皮的木板。一块木板的下方凿一个半圆形的缺口，断尾时把尾巴压在半圆形的缺口里。这块木板不但用来压住尾巴，而且断尾时可防止灼热的断尾铲烫伤羔羊的肛门和睾丸。另一块木板衬在板凳上面，以免把凳子烫坏。断尾时需两人配合，一人保定羔羊，另一人在离尾根4厘米处（第三、第四尾椎之间），用带有半圆形缺口的木板把尾巴紧紧压住，把灼热的断尾铲放在尾巴上稍微用力往下压，即将尾巴断下。专用电热断尾钳见图7-4。

图7-4　羊断尾钳

2. 结扎法

用橡皮筋在第三、第四尾椎之间紧紧扎住，断绝血液流通，下端的尾巴10天左右即可自行脱落。

二 注意事项

断尾时切的速度不宜过快，否则止不住血。断下尾巴后若仍出血，可用热铲烫一烫，然后用碘酊消毒。

第十节　羊的运输

一 运输前准备

运输前要做好充分准备，运输过程中要尽量让羊舒适安静，减少一些损失。装车前6小时适量饲喂，充足饮水，饮水中加入抗应激药物和多维维生素。

羊运输前，当地动物防疫监督机构应根据国家有关规定进行检疫，办好产地检疫和过境检疫及相关手续，出具检疫证明。

运输车辆在运输前应用消毒液彻底消毒。在装羊的车厢内铺一层秸秆，或在车厢底板上撒一层干燥的沙土，防止羊在运输过程中滑倒或相互挤压致死（图7-5）。

图7-5　羊的装车

195

提前选好行车路线，尽量选择道路平整、离村较近的线路，以便遇到特殊情况及时处理。

确保运输车辆的车况良好，手续齐备，装有高栏，防止羊跳车；携带苫布以备雨雪天使用；根据运程备足草料及水盆、料盆等器具；带少量消炎止痛药品及抗生素类药物。

二 运输中注意事项

运程中尽量不喂草料，超过 24 小时需饮水，在饮水中加入抗应激药物和多维维生素。

押车人员要经常检查车上的羊（图7-6），发现羊怪叫、倒卧时要及时停车，将其扶起并安置到不易被挤压的角落。卸羊时要防止车厢板与车厢之间的缝隙别断羊腿，最好将车靠近高台处卸羊，防止羊跳车受伤或母羊流产。

三 运输后注意事项

种羊卸车时，应视车高低决定是否借助卸羊台，卸下之后不能立即喂饲料，可适量饮水，饮水中加入多维维生素（图7-7）。

12 小时后，适当饲喂全价日粮，控制在 1 千克以内。48 小时后开始正常饲喂。

图 7-6　及时下车检查

图 7-7　卸羊

—— 第八章 ——
羊的保健与疫病监测

羊的保健是羊健康高效养殖的保证。羊的卫生保健受养殖环境、羊自身状况（包括健康状况、年龄、性别、抗病力、遗传因素等）、外界致病因素及气候、环境等因素的影响。羊从生产到出售，要经过出入场检疫、收购检疫、运输检疫和屠宰检疫几个环节。

第一节 羊的健康检查

一 羊各种常用生理正常数值

羊的正常体温为 38～39.5℃，羔羊高出约 0.5℃，剧烈运动或经暴晒的病羊，须休息半小时后再测温。健康羊的脉搏数为 70～80 次/分，健康羊的呼吸频率为 12～20 次/分钟，一般都是胸腹式呼吸，胸壁和腹壁的运动都比较明显，呈节律性运动，吸气后紧接呼气，经短暂间歇，又行下一次呼吸。在正常情况下，羊用上唇采食，靠唇舌吮吸把水吸进口内来饮水（表 8-1）。

表 8-1 羊的体温、呼吸、脉搏（心跳）数值

年　　龄	性别	体温/℃		呼吸/（次/分）		脉搏/（次/分）	
		范　　围	平均	范　　围	平均	范　　围	平均
3～12 月龄	公	38.4～39.5	38.9	17～22	19	88～127	110
	母	38.1～39.4	38.7	17～24	21	76～123	100
1 岁以上	公	38.1～38.8	38.6	14～17	16	62～88	78
	母	38.1～39.6	38.6	14～25	20	74～116	94

正常时羊瘤胃左侧肷窝稍凹陷，瘤胃收缩次数每 2 分钟 2~4 次，听诊瘤胃蠕动音类似沙沙声，在肷窝隆起时最强，以后逐渐减弱（表 8-2）。羊粪呈小而干的球样。羊排尿时，都取一定半蹲姿势。

表 8-2　羊的反刍情况和瘤胃蠕动次数

年　　龄	每个食团咀嚼次数		每个食团反刍时间/秒		反刍间歇时间/秒		瘤胃蠕动次数（5 分）	
	范　　围	平均	范　　围	平均	范　　围	平均	范　　围	平均
4~12 月龄	54~100	81	33~58	44	4~8	6	9~12	11
1 岁以上	69~100	76	34~70	47	5~9	6	8~14	11

二　羊临床检查方法

（1）**问诊**　了解羊群和病羊的生活史与患病史，着重了解以下 3 个方面。一是患羊发病时间和病后主要表现，附近其他羊只有无类似疾病发生；二是饲养管理情况，主要了解饲料种类和饲喂量；三是治疗经过，了解用药种类和效果。

（2）**视诊**　视诊是用眼睛或借助器械观察病羊的各种异常现象，是识别各种疾病不可缺少的方法，特别是对大羊群中发现病羊更为重要。视诊时，先观察全貌，如精神、姿势等。然后再由前向后查看，即从头部、颈部、胸部、腹部、臀部及四肢等处，注意观察体表有无创伤、肿胀等现象。最后让病羊运动，观察步行状态。

（3）**触诊**　触诊是利用手的感觉进行检查的一种方法。根据病变的深浅和触诊的目的可分为浅部触诊和深部触诊。浅部触诊的方法是检查者将手放在被检部位上轻轻滑动触摸，可以了解被检部位的温度、湿度和疼痛度等；深部触诊是用不同的力量对病羊进行按压，以了解病变的性质。

（4）**叩诊**　叩诊就是叩打动物体表某部，便之振动发生声音，按其声音的性质推断被叩组织、器官有无病理改变的一种诊断方法。常用指叩诊，根据被叩组织是否含有气体，以及含气量的多少，可出现清音、浊音、半浊音和鼓音。

（5）**听诊**　直接用耳听取音响的称为直接听诊，主要用于听取病羊的呻吟、喘息、咳嗽、打喷嚏、嗳气、磨牙及高朗的肠音等。用听诊器进行听诊的称为间接听诊，主要用于心脏、肺脏及胃肠检查。

（6）**嗅诊** 嗅诊就是借嗅觉器官闻病羊的排泄物、分泌物、呼出气、口腔气味以及深入羊舍了解卫生状况，检查饲料是否霉败等的一种方法。

三 羊临床检查指标

1. 体温

（1）**发热** 体温高于正常范围，并伴有各种症状的称为发热。

（2）**微热** 体温升高 0.5~1℃ 称为微热。

（3）**中热** 体温升高 1~2℃ 称为中热。

（4）**高热** 体温升高 2~3℃ 称为高热。

（5）**过高热** 体温升高 3℃ 以上称为过高热。

（6）**稽留热** 体温高热持续 3 天以上，上、下午温差在 1℃ 以内，称为稽留热，见于纤维素性肺炎。

（7）**弛张热** 体温日差在 1℃ 以上而不降至常温的，称弛张热，见于支气管肺炎、败血症等。

（8）**间歇热** 体温有热期与无热期交替出现，称为间歇热，见于血孢子虫病、锥虫病。

（9）**无规律发热** 发热的时间不定，变动也无规律，而且体温的温差有时不大，有时出现巨大波动，见于渗出性肺炎等。

（10）**体温过低** 体温在常温以下。见于产后瘫痪、休克、虚脱、极度衰弱和濒死期等。

2. 脉搏

羊利用股动脉检脉。检查时，通常用右手的食指、中指及无名指先找到动脉管，然后用 3 指轻压动脉管，以感觉动脉搏动，计算 1 分钟的脉搏数（健康羊脉搏数为 70~80 次/分）。发热性疾病、各种肺脏疾病、严重心脏病以及贫血等均能引起脉搏数增多。

3. 呼吸

（1）**呼吸数增多** 临床上能引起脉搏数增多的疾病，多能引起呼吸数增多。另外，呼吸疼痛性疾病（胸膜炎、肋骨骨折、创伤性网胃炎、腹膜炎等）也可致使呼吸数增多。呼吸数减少，见于脑积水、产后瘫痪和气管狭窄等。

（2）**呼吸运动** 在病理状态下可出现胸式呼吸（吸气时胸壁运动比较明显）或腹式呼吸（吸气时腹壁运动比较明显）。吸气后紧接呼气，经短暂间歇，又进行下一次呼吸。一般吸气短而呼气略长，可因兴奋、恐惧和剧烈运动等而发生改变。如呼吸运动长时间变化，则是病理状态。临床上常见的呼吸节律变化有潮式呼吸、间歇呼吸及深长呼吸3种。

（3）呼吸困难

1）吸气性呼吸困难。吸气用力，时间延长，鼻孔开张，头颈伸直，肘向外展，肋骨上举，肛门内陷，并常听到类似哨声样的狭窄音。主要是气息通过上呼吸道发生障碍的结果。见于鼻腔、喉、气管狭窄的疾病和咽淋巴结肿胀等。

2）呼气性呼吸困难。呼气用力，时间延长，背部拱起，肷窝变平，腹部容积变小，肛门突出，呈明显的二段呼气，于肋骨和软肋骨的结合处形成一条喘沟，呼气越困难喘沟越明显。主要是肺内空气排出发生障碍的结果，见于毛细支气管炎和慢性肺气肿等。

3）混合性呼吸困难。吸气和呼气都困难，而且呼吸加快。由于肺呼吸面积减少，或肺呼吸受限制，肺内气体交换障碍，致使血中二氧化碳蓄积和缺氧而引起，见于肺炎、胸膜炎等疾病。心源性、中毒性等呼吸困难也属于混合性呼吸困难。

4. 采食和饮水

（1）采食障碍　表现为采食方法异常，唇、齿和舌的动作不协调，难把食物纳入口内，或刚纳入口内，未经咀嚼即脱出。见于唇、舌、牙、颌骨的疾病及各种脑病，如慢性脑水肿、脑炎、破伤风、面神经麻痹等。

（2）咀嚼障碍　表现为咀嚼无力或咀嚼疼痛。常见咀嚼突然张口，上、下颌不能充分闭合，致使咀嚼不全的食物掉出口外。见于佝偻病、骨软症、放线菌病等。此外，由于咀嚼的齿、颊、口腔黏膜、下颌骨和咬肌等的疾病，咀嚼时引起疼痛而出现咀嚼障碍。神经障碍也可引起咀嚼困难或完全不能咀嚼。

（3）吞咽障碍　吞咽时或吞咽稍后，动物摇头伸颈、咳嗽，由鼻孔逆出混有食物的唾液和饮水。见于咽喉炎、食管阻塞及食管炎。

（4）饮水　在正常生理情况下饮水多少与气候、运动和饲料的含水量有关。在病理状态下，饮欲可发生变化，出现饮欲增加或饮欲减退。饮欲增加见于热性病、腹泻、大出汗以及渗出性胸膜炎的渗出期。饮欲减退见于伴有昏迷的脑病及某些胃肠病。

5. 瘤胃

肷窝深陷，见于饥饿和长期腹泻等。瘤胃鼓胀时，上部腹壁紧张而有弹性，用力强压也难以感知瘤胃内容物性状。前胃弛缓时，内容物柔软。瘤胃积食时，感觉内容物坚实。胃黏膜有炎症时，触诊有疼痛反应。瘤胃收缩无力、次数减少、收缩持续时间短促，表示其运动机能减退，见于前胃弛缓、创伤性网胃炎、热性病以及其他全身性疾病。听诊瘤胃，蠕动音加强，表示瘤胃收缩增强。蠕动音减弱或消失，表示前胃弛缓或瘤胃积食等。

6. 排粪

粪便稀软甚至水样，表明肠消化机能障碍、蠕动加强，见于肠炎等。粪便硬固或粪球干、小，表明肠管运动机能减退或肠肌弛缓，水分大量被吸收，见于便秘初期。褐色或黑色粪表明前部肠管出血，粪便表面附有鲜红色血液表明后部肠管出血。粪便呈灰白色表明阻塞性黄疸，是由于粪胆素减少所致。粪便酸臭、腐败腥臭时表明肠内容物强烈发酵和腐败，见于胃肠炎、消化不良等。粪便中混有虫体见于胃肠道寄生虫病。

7. 排尿

（1）尿失禁 表现为羊未取排尿姿势，而经常不自主地排出少量尿液，见于腰荐部脊髓损伤和膀胱括约肌麻痹。

（2）尿淋沥 表现为尿液不断呈点滴状排出，是由于排尿功能异常亢进和尿路疼痛刺激而引起，见于急性膀胱炎和尿道炎等。

（3）排尿带痛 羊只排尿时表现为痛苦不安、努责、呻吟、回顾腹部和摇尾等，排尿后仍长时间保持排尿姿势。排尿疼痛见于膀胱炎、尿道炎和尿路结石等。

第二节 羊场（舍）的消毒

消毒是指运用各种方法消除或杀灭饲养环境中的各类病原体，减少病原体对环境的污染，切断疾病的传染途径，达到防止疾病发生、蔓延，进而达到控制和消灭传染病的目的。消毒主要是针对病原微生物和其他有害微生物，并不是消除或杀灭所有的微生物，只是要求把有害微生物的数量减少到无害化程度。

一 消毒类型

（1）疫源地消毒 是指对存在或曾经存在过传染病的场所进行的消毒。场所主要指被病原微生物感染的羊群及其生存的环境（如羊群、舍）、用具等。一般可分为随时消毒和终末消毒 2 种。

（2）预防性消毒 对健康或隐性感染的羊群，在没有被发现有传染病或其他疾病时，对可能受到某种病原微生物感染羊群的场所环境、用具等进行的消毒，谓之预防性消毒。对养羊场附属部门，如门卫室、兽医室等的消毒属于此类型。

二 消毒剂的选择

消毒剂应选择对人和羊安全、无残留、不对设备造成破坏、不会在羊体内产生有害堆积的消毒剂。可选用的消毒剂有石炭酸（酚）、美酚、双酚、次氯酸盐、有机碘混合物（碘伏）、过氧乙酸、生石灰、氢氧化钠、高锰酸钾、硫酸铜、新洁尔灭、松馏油、70% 乙醇和来苏儿等，聚维酮碘是最常用的消毒药。

三 羊场消毒方法

（1）清扫与洗刷 为了避免尘土及微生物飞扬，先用水或消毒液喷洒，然后再清扫。主要清除粪便、垫料、剩余饲料、灰尘及墙壁和顶棚上的蜘蛛网、尘土等。

（2）羊舍消毒 消毒液的用量为 1 升/米^3，泥土地面、运动场为 1.5 升/米^3 左右。消毒顺序：一般从离门远处开始，以墙壁、顶棚、地面的顺序喷洒一遍，再从内向外将地面重复喷洒 1 次，关闭门窗 2 ~ 3 小时，然后打开门窗通风换气，再用清水清洗饲槽、水槽及饲养用具等。

（3）饮水消毒 羊的饮水应符合畜禽饮用水水质标准，对饮水槽的水应隔 3 ~ 4 小时更换 1 次，饮水槽和饮水器要定期消毒，为了杜绝疾病发生，有条件者可用含氯消毒剂进行饮水消毒。

（4）空气消毒 一般被污染的羊舍空气中微生物数量在每立方米 10 个以上，当清扫、更换垫草、出栏时更多。空气消毒最简单的方法是通风，其次是利用紫外线杀菌或甲醛气体熏蒸。

（5）消毒池的管理 在羊场大门口应设置消毒池，长度不小于汽车轮胎的周长，约 2 米以上，宽度应与门的宽度相同，水深 10 ~ 15 厘米，内放 2% ~ 3% 的氢氧化钠溶液或 5% 的来苏儿溶液和草酸。消毒液 1 周更换 1 次，北方在冬季可使用生石灰代替氢氧化钠。

（6）粪便消毒 通常有掩埋法、焚烧法及化学消毒法。掩埋法是将粪便与漂白粉或新鲜生石灰混合，然后深埋于地下 2 米左右处。对患有烈性传染病家畜的粪便须进行焚烧，方法是挖 1 个深 75 厘米，长、宽各 75 ~ 100 厘米的坑，在距坑底 40 ~ 50 厘米处加一层铁炉算子，对湿粪可加一些干草，用汽油或酒精点燃。常用的粪便消毒方法是发酵消毒法。

（7）污水消毒　一般污水量小，可拌洒在粪中堆积发酵，必要时可用漂白粉按每立方米 8 ~ 10 克搅拌均匀后消毒。

四　注意事项

羊舍、羊圈及用具应保持清洁、干燥，每天清除粪便及污物，堆积制成肥料。饲草保持清洁干燥，保证不发霉腐烂，饮水要清洁，清除羊舍周围的杂物、垃圾，填平死水坑，消灭鼠、蚊、蝇。

羊舍清扫后消毒，常用消毒药有 10% ~ 20% 的石灰乳和 10% 的漂白粉混悬液。产房在产羔前消毒 1 次，产羔高峰时进行多次，产羔结束后再进行 1 次。在病羊舍、隔离舍的出入口处应放置浸有消毒液的麻袋片或草垫；消毒液可用 2% ~ 4% 的氢氧化钠（针对病毒性疾病）或 10% 的克辽林溶液。

地面消毒可用含 2.5% 有效氯的漂白粉混悬液、4% 的福尔马林或 10% 的氢氧化钠溶液。粪便消毒最实用的方法是生物热消毒法。污水消毒将污水引入污水处理池，加入化学药品消毒。

第三节　羊的剪毛、药浴、驱虫与修蹄

一　剪毛

剪毛有手工剪毛和机械剪毛 2 种。细毛羊、半细毛羊和杂种羊，1 年剪 1 次毛，粗毛羊 1 年剪 2 次毛。剪毛时间与当地气候和羊群膘度有关，最好在气候稳定和羊只体力恢复之后进行，一般北方地区在每年 5 ~ 6 月进行。肉用品种羊 1 年剪毛 2 ~ 3 次。3 月第一次，8 月末第二次；或 3 月、6 月、9 月各剪毛 1 次。

1. 剪毛的方法与步骤

剪毛应从低价值羊开始。同一品种羊，按羯羊、试情羊、幼龄羊、母羊和种公羊的顺序进行。不同品种羊，按粗毛羊、杂种羊、细毛羊或半细毛羊的顺序进行。患皮肤病和外寄生虫病的羊最后剪，以免传染。剪毛前 12 小时停止放牧、饮水和喂料，以免剪毛时粪便污染羊毛和发生伤亡事故。

羊群较小时多用手工剪毛。剪毛要选择在无风的晴天，以免羊着凉感冒。剪毛时，先用绳子把羊的左侧前后肢捆住，使羊左侧卧地，剪毛人蹲

在羊背后，从羊后肋向前肋直线开剪，然后沿与此平行方向剪腹部及胸部的毛，再剪前后腿毛，最后剪头部毛，一直把羊的半身毛剪至背中线，再用同样的方法剪另一侧的毛。最后检查全身，剪去遗留的羊毛（图8-1）。

图8-1　电动剪羊毛

2. 剪毛的注意事项

1）剪刀放平，紧贴羊的皮肤剪，留茬要低而齐，若毛茬过高，也不要重复剪取。

2）保持毛被完整，不要让粪土、草屑等混入毛被，以利于羊毛分级、分等。

3）剪毛动作要快，翻羊要轻，时间不宜拖得太久。

4）尽量不要剪破皮肤，万一剪破要及时消毒、涂药或缝合。

二 药浴

剪毛后的10～15天内，应及时组织药浴，以防疥癣病的发生。如间隔时间过长，则毛长长，不易洗透。药浴使用的药剂有0.05%的辛硫磷乳油、1%的敌百虫溶液、氰戊菊酯（80～200毫克/千克）、溴氰菊酯（50～80毫克/千克），也可用石硫合剂，其配方是生石灰7.5千克，硫黄粉末12.5千克，用水拌成糊状，加水300升，边煮边搅拌，煮至浓茶色为止，沉淀后取上清液加温水1000升即可。

1. 药浴的方法与步骤

药浴分池浴、淋浴和盆浴3种。池浴（图8-2）在专门建造的药浴池进行，最常见的药浴池为水泥沟形池，药液的深度以没及羊体为原则，羊出浴后在滴流台上停留10～20分钟。淋浴（图8-3～图8-5）在特设的淋浴场进行，淋浴时把羊赶入，开动水泵喷淋，经3分钟淋透全身后关闭，将淋过的羊赶入滤液栏中，经3~5分钟后放出。盆浴在大盆或缸中进行，用人工方法把羊逐只洗浴。

图8-2　药浴池药浴

图8-3　羊淋浴装置

图8-4　药浴喷淋装置

图8-5　自走式药浴喷淋车

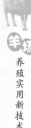
2. 药浴的注意事项

药浴前 8 小时给羊停止喂料,药浴前 2 ~ 3 小时给羊饮足水,以防羊喝入药液。药浴应选择暖和无风天气进行,以防羊受凉感冒,浴液温度保持在 30℃左右。先浴健康羊,后浴病羊。药浴后 5 ~ 6 小时可转入正常饲养。第一次药浴后 8 ~ 10 天可重复药浴 1 次。

三 驱虫

1. 驱虫药物

驱虫药物可用阿维菌素、伊维菌素或阿苯达唑,均按用量说明计算。阿苯达唑 10 毫克/千克体重和盐酸左旋咪唑 8 毫克/千克体重联合用药效果更好。

2. 驱虫时间和方法

在 3 ~ 10 月,每 1.5 ~ 2 个月拌料驱虫 1 次。母羊驱虫应在产后 5 天驱 1 次,隔 15 天后再驱 1 次,年产 2 胎的驱虫 4 次。妊娠羊禁止驱虫。羔羊在 1 月龄驱虫 1 次,隔 15 天再驱 1 次,用法用量按各药品说明计算。种公羊 1 年 2 次(春、秋),每次间隔 15 天二次用药,用量按各药品说明计算。羊的驱虫时间和药物使用见表 8-3。

表 8-3　羊的驱虫时间和药物使用 (仅供中部地区肉羊参考)

次　　数	时　　间	药　　物	用量及备注
第一次	2 月 15 日	阿苯达唑	10 毫克/千克体重
第二次	4 月 1 日	左旋咪唑	8 毫克/千克体重
第三次	5 月 15 日	阿苯达唑	10 毫克/千克体重
第四次	7 月 1 日	阿苯达唑	10 毫克/千克体重
第五次	8 月 15 日	左旋咪唑	8 毫克/千克体重
第六次	10 月 1 日	阿苯达唑	10 毫克/千克体重

注:妊娠母羊另外执行。如遇到天气变化等情况,时间的前后变更控制在 1 周之内。

3. 驱虫的注意事项

羊驱虫往往是成群进行,在查明寄生虫种类的基础上,根据羊的发育状况、体质、季节特点用药。羊群驱虫应先做小群试验,用新驱虫剂或新驱虫法更应如此,然后再大群推行。

四 修蹄

羊蹄壳生长较快,如不整修,易造成畸形,系部下坐,行走不便而影响采食。所以，绵羊在剪毛后和进入冬牧前宜进行修蹄。

修蹄一般在雨后进行，这时蹄质软，易修剪。修蹄时让羊坐在地上，羊背部靠在修蹄人员的两腿间，从前蹄开始，用修蹄剪或快刀将过长的蹄尖剪掉，然后将蹄底的边缘修整得和蹄底一样平齐。蹄底修到可见浅红色的血管为止，不要修剪过度。整形后的羊蹄，蹄底平整，前蹄是方圆形。变形蹄需多次修剪，逐步校正。

为了避免羊发生蹄病，平时应注意休息场所的干燥和通风，勤打扫和勤垫圈，或撒草木灰于圈内和门口，进行消毒。如发现蹄趾间、蹄底或蹄冠部皮肤红肿，跛行甚至分泌有臭味的黏液，应及时检查治疗。轻者可用10%的硫酸铜溶液或10%的甲醛溶液洗蹄1~2分钟，或用2%的来苏儿液洗净蹄部并涂以碘酊。

第四节　羊的免疫

当地畜牧兽医行政管理部门应根据《中华人民共和国动物防疫法》及其配套法规的要求，结合当地实际情况，制定疫病的免疫规划。羊饲养场根据免疫规划制定本场的免疫程序，并认真实施，注意选择适宜的疫苗和免疫方法。

一　羔羊常用免疫程序

羔羊的免疫力主要从初乳中获得，在羔羊出生后1小时内，要保证其吃到初乳。对半月龄以内的羔羊，疫苗主要用于紧急免疫，一般暂不注射。羔羊常用疫苗和使用方法见表8-4。

表8-4　羔羊常用疫苗和使用方法

时　间	疫苗名称	剂量/只	方　法	备　注
出生2小时内	破伤风抗毒素	1头份	肌内注射	预防破伤风
15日龄	三联四防	1头份	肌内注射	预防梭菌病
20日龄	小反刍兽疫	1头份	肌内注射	预防小反刍兽疫
25日龄	羊痘弱毒疫苗	1头份	尾根内侧皮内注射	预防羊痘
30日龄	羊传染性胸膜肺炎氢氧化铝菌苗	1头份	肌内注射	预防羊传染性胸膜肺炎
35月龄	口蹄疫	1头份	肌内注射	预防口蹄疫

二 成羊免疫程序

羊的免疫程序和免疫内容不能照抄、照搬，而应根据各地的具体情况制定。羊接种疫苗时要详细阅读说明书，查看有效期，记录生产厂家和批号，并严防接种过程中通过针头传播疾病。

经常检查羊只的营养状况，要适时进行重点补饲，防止营养物质缺乏，尤其对妊娠、哺乳母羊和育成羊更为重要。严禁饲喂霉变饲料、毒草和农药喷过不久的牧草。禁止羊只饮用死水或污水，以减少病原微生物和寄生虫的侵袭，羊舍要保持干燥、清洁、通风。

根据本地区常发生传染病的种类及当前疫病流行情况，制定切实可行的免疫程序。按免疫程序进行预防接种，使羊只从出生到淘汰都可获得特异性抵抗力，增强羊对疫病的抵抗力。空怀和其他羊免疫程序见表8-5。

表8-5　空怀和其他羊免疫程序

疫苗名称	防疫时间	免疫剂量	注射部位
春季免疫			
三联四防灭活苗	3月1日	1头份	皮下或肌内注射
羊痘弱毒疫苗	3月5日	1头份	尾根内侧皮内注射
羊传染性胸膜肺炎氢氧化铝菌苗	3月10日	1头份	皮下或肌内注射
羊口蹄疫苗	3月15日	1头份	皮下注射
秋季免疫			
三联四防灭活苗	9月1日	1头份	皮下或肌内注射
羊传染性胸膜肺炎氢氧化铝菌苗	9月5日	1头份	皮下或肌内注射
羊口蹄疫苗	9月10日	1头份	皮下注射
小反刍兽疫	9月15日	1头份	肌内注射

注：1. 本免疫程序供生产中参考。

2. 每种疫苗的具体使用以生产厂家提供的说明书为准。

三 注意事项

1）要了解被预防羊群的年龄、妊娠、泌乳及健康状况，体弱或原来就生病的羊预防后可能会引起各种反应，应说明清楚，或暂时不进行免疫。

2）对15日龄以内的羔羊，除紧急免疫外，一般暂不注射。

3）预防注射前，对疫苗有效期、批号及厂家应注意记录，以便备查。

4）对预防接种的针头，应做到一只一换。

第五节　羊检疫和疫病控制

羊从生产到出售，要经过出入场检疫、收购检疫、运输检疫和屠宰检疫。羊场或养羊专业户引进羊时，只能从非疫区购入，经当地兽医检疫部门检疫，并签发检疫合格证明书；运抵目的地后，再经本场或专业户所在地兽医验证、检疫并隔离观察1个月以上，确认为健康者，经驱虫、消毒，没有注射过疫苗的还要补注疫苗，方可混群饲养。羊场采用的饲料和用具也要从安全地区购入，以防疫病传入。

一　疫病监测

1）当地畜牧兽医行政管理部门必须依照《中华人民共和国动物防疫法》及其配套法规的要求，结合当地实际情况，制定疫病监测方案，由当地动物防疫监督机构实施，羊饲养场应积极予以配合。

2）羊饲养场常规监测的疾病至少应包括：口蹄疫、羊痘、蓝舌病、炭疽、布鲁氏菌病。同时，需注意监测外来病的传入，如痒病、小反刍兽疫、梅迪/维斯纳病、山羊关节炎/脑炎等。除上述疫病外，还应根据当地实际情况，选择其他一些必要的疫病进行监测。

3）根据实际情况由当地动物防疫监督机构定期或不定期对羊饲养场进行必要的疫病监督抽查，并将抽查结果报告当地畜牧兽医行政管理部门，必要时还应反馈给羊饲养场。

二　发生疫病羊场的防疫措施

1）及时发现，快速诊断，立即上报疫情。确诊病羊，迅速隔离。如果发现一类和二类传染病暴发或流行（如口蹄疫、痒病、蓝舌病、羊痘、炭疽等），应立即采取封锁等综合防疫措施。

2）对易感羊群进行紧急免疫接种，及时注射相关疫苗和抗血清，并加强药物治疗、饲养管理及消毒管理。提高易感羊群抗病能力。对已发病的羊只，在严格隔离的条件下，及时采取合理的治疗，争取早日康复，减

少经济损失。

3）对污染的圈、舍、运动场及病羊接触的物品和用具都要进行彻底的消毒和焚烧处理。对患传染病的病死羊和淘汰羊，严格按照传染病羊尸体的卫生消毒方法，进行焚烧后深埋。

三 疫病控制和扑灭

1）立即封锁现场，驻场兽医应及时进行诊断，并尽快向当地动物防疫监督机构报告疫情。

2）确诊发生口蹄疫、小反刍兽疫时，羊饲养场应配合当地动物防疫监督机构，对羊群实施严格的隔离、扑灭措施。

3）发生痒病时，除了对羊群实施严格的隔离、扑杀措施外，还需追踪调查病羊的亲代和子代。

4）发生蓝舌病时，应扑杀病羊；如果只是血清学反应呈现抗体阳性，并不表现临床症状，则需采取清群和净化措施。

5）发生炭疽时，应焚毁病羊，并对可能的污染点彻底消毒。

6）发生羊痘、布鲁氏菌病、梅迪/维斯纳病、山羊关节炎/脑炎等疫病时，应对羊群实施清群和净化措施。

7）全场进行彻底的清洗消毒，病死或淘汰羊的尸体按 GB 16548—1996 进行无害化处理。

四 防疫记录

每群羊都应有相关的生产记录，其内容包括：羊只来源，饲料消耗情况，发病率、死亡率及发病死亡原因，无害化处理情况，实验室检查及其结果，用药及免疫接种情况，消毒情况，羊只发运目的地等。所有记录应妥善保存，并在清群后保存 2 年以上。建立羊卡，做到一羊一卡一号，记录羊只的编号、出生日期、外表、生产性能、免疫、检疫、病历等原始资料。羊防疫档案记录表见表 8-6。

表 8-6　羊防疫档案记录表

羊基本情况		
羊号	羊场编号	登记日期
品种	来源	出生日期
毛色	初生重/千克	外貌

免疫记录

日期	疫苗名称	接种剂量	接种方法	接种人员

消毒记录

日期	消毒对象	消毒剂	剂量	消毒方法	消毒人员

疫病监测记录

日期	布鲁氏菌病	口蹄疫	羊痘	羊口疮	羊传染性胸膜肺炎	伪狂犬病	其他

羊病史记录

发病日期	病名	预后情况	实验室检查	原因分析	使用兽药

无害化处理记录

处理日期	处理对象	处理数量/只	处理原因	处理方法	处理人员

第六节　羊药物使用技术

一　羊给药方法

根据药物的种类、性质、使用目的以及动物的饲养方式，选择适宜的用药方法。临床上一般采用以下给药方法。

1. 个体给药

（1）口服给药　口服给药简便，适合大多数药物，可发挥药物在胃肠道的作用，如肠道抗菌药、驱虫药、制酵药、泻药等，常常采用口服。

常用的口服方法有灌服、饮水、混到饲料中喂服、舐服等。应在饲喂前服用的药物有苦味健胃药、收敛止泻药、胃肠解痉药、肠道抗感染药、利胆药。应空腹或半空腹服用的药物有驱虫药、盐类泻药。刺激性强的药物应在饲喂后服用。

（2）注射给药 注射给药的优点是吸收快而完全，药效出现快。不宜口服的药物大都可以注射给药。常用的注射方法有皮下注射、肌内注射、静脉注射、静脉滴注，此外还有气管注射、腹腔注射，以及瘤胃、直肠、子宫、阴道、乳管注入等。皮下注射是将药物注入颈部或股内侧皮下疏松结缔组织中，经毛细血管吸收，一般 10 ~ 15 分钟即可出现药效；刺激性药物及油类药物不宜皮下注射。肌内注射是将药物注入富含血管的肌肉（如臀肌）中，吸收速度比皮下注射快，一般经 5 ~ 10 分钟即可出现药效。油剂、混悬剂也可肌内注射，刺激性较大的药物可注于肌肉深部，药量大的应分点注射。静脉注射是将药物注入体表明显的静脉中，作用最快，适用于急救、注射量大或刺激性强的药物。

（3）灌肠法 灌肠法是将药物配成液体，直接灌入直肠内，羊可用小橡皮管灌肠。先将直肠内的粪便清除，然后在橡皮管前端涂上凡士林，插入直肠内，把橡皮管的盛药部分提至高于羊的背部。灌肠完毕后，拔出橡皮管，用手压住肛门或拍打尾根部，以防药物排出。灌肠药液的温度应与体温一致。

（4）胃管法 给羊插入胃管的方法有 2 种：一是经鼻腔插入；二是经口腔插入。胃管正确插入后，即可接上漏斗灌药。药液灌完后，再灌少量清水，然后取掉漏斗，用嘴吹气，或用橡皮球打气，使胃管内残留的液体完全入胃，用拇指堵住胃管管口，或折叠胃管，慢慢抽出。该法适用于灌服大量水剂及有刺激性的药液。患咽炎、咽喉炎和咳嗽严重的病羊，不可用胃管灌药。

（5）皮肤、黏膜给药 通过皮肤和黏膜吸收药物，使药物在局部或全身发挥治疗作用。常用的给药方法有滴鼻、点眼、刺种、毛囊涂擦、皮肤局部涂擦、药浴、埋藏等。刺激性强的药物不宜用于黏膜。

2. 群体给药

（1）混饲给药 将药物均匀混入饲料中，让羊采食时能同时吃进药物，适用于长期投药。不溶于水或适口性差的药物用此法更为恰当。药物必须与饲料混合均匀，并应准确掌握饲料中药物的浓度。

（2）混水给药 将药物溶解于水中，让羊自由饮用。此法适用于因病不能吃食，但还能饮水的羊。采用此法须注意根据羊可能饮水的量，来计算药量与药液浓度；限制时间饮用药液，以防止药物失效或增加毒性等。

（3）气雾给药 将药物以气雾剂的形式喷出，让羊经呼吸道吸入而在呼吸道发挥局部作用，或使药物经肺泡吸收进入血液而发挥全身治疗作用。若喷雾于皮肤或黏膜表面，则可发挥保护创面、消毒、局部麻醉、止血等局部作用。本法也可供室内空气消毒和杀虫之用。气雾吸入要求药物对羊呼吸道无刺激性，且药物应能溶于呼吸道的分泌液中。

（4）药浴 采用药浴方法可杀灭体表寄生虫，但须用药浴设施。药物最好是水溶性的，药浴应注意掌握好药液浓度、温度和浸洗的时间。

二 羊药品的使用

羊进行预防、治疗和诊断疾病所用的兽药必须符合《中华人民共和国兽药典》《中华人民共和国兽药规范》《兽药质量标准》和《进口兽药质量标准》的相关规定。优先使用符合《中华人民共和国兽用生物制品质量标准》《进口兽药质量标准》的疫苗预防羊疾病。

允许使用《中华人民共和国兽药典》及《中华人民共和国兽药规范》收载的用于羊的兽用中药材、中药成方制剂。允许使用国家畜牧兽医行政管理部门批准的微生态制剂。

允许使用的抗菌药和抗寄生虫药见表8-7。

表8-7　无公害食品肉羊饲养允许使用的抗寄生虫药、
抗菌药及其使用规定

类别	名称	制剂	用法与用量（用量以有效成分计）	休药期/天
抗寄生虫药	阿苯达唑	片剂	内服，一次量，10～15毫克/千克体重	7
	双甲脒	溶液	药浴、喷洒、涂刷、配成0.025%～0.05%的乳液	21
	溴酚磷	片剂、粉剂	内服，一次量，12～16毫克/千克体重	21
	氯氰碘柳胺钠	片剂	内服，一次量，10毫克/千克体重	28
		注射液	皮下注射，一次量，5毫克/千克体重	28
		混悬液	内服，一次量，10毫克/千克体重	28

羊场
养殖实用新技术

类别	名称	制剂	用法与用量（用量以有效成分计）	休药期/天
抗寄生虫药	溴氰菊酯	溶液	药浴，5~15 毫克/升水	7
	三氮脒	注射用粉针	肌内注射，一次量，3~5 毫克/千克体重，临用前配成5%~7%的溶液	28
	二嗪磷	溶液	药浴，初液，250 毫克/升水；补充液，750 毫克/升水（均按二嗪磷计）	28
	非班太尔	片剂、颗粒剂	内服，一次量，5 毫克/千克体重	14
	芬苯达唑	片剂、粉剂	内服，一次量，5~7.5 毫克/千克体重	6
	伊维菌素	注射剂	皮下注射，一次量，0.2 毫克（相当于200 单位）/千克体重	21
	盐酸左旋咪唑	片剂	内服，一次量，7.5 毫克/千克体重	3
		注射液	皮下、肌内注射，7.5 毫克/千克体重	28
	硝碘酚腈	注射液	皮下注射，一次量，10 毫克/千克体重，急性感染，13 毫克/千克体重	30
	吡喹酮	片剂	内服，一次量，10~35 毫克/千克体重	1
	碘醚柳胺	混悬液	内服，一次量，7~12 毫克/千克体重	60
	噻苯达唑	粉剂	内服，一次量，50~100 毫克/千克体重	30
	三氯苯唑	混悬液	内服，一次量，5~10 毫克/千克体重	28
抗菌药	氨苄西林钠	注射用粉针	肌内、静脉注射，一次量，10~20 毫克/千克体重	12
	苄星青霉素	注射用粉针	肌内注射，一次量，3 万~4 万单位/千克体重	14
	青霉素钾	注射用粉针	肌内注射，一次量，2 万~3 万单位/千克体重，一天2~3 次，连用2~3 天	9
	青霉素钠	注射用粉针	肌内注射，一次量，2 万~3 万单位/千克体重，一天2~3 次，连用2~3 天	9
	硫酸小檗碱	粉剂	内服，一次量，0.5~1 克	0
		注射液	肌内注射，一次量，0.05~0.1 克	0

类别	名称	制剂	用法与用量 （用量以有效成分计）	休药期/ 天
抗菌药	恩诺沙星	注射液	肌内注射，一次量，2.5 毫克/千克体重，一天1~2次，连用2~3天	14
	土霉素	片剂	内服，一次量，羔羊，10~25 毫克/千克体重（成年反刍兽不宜内服）	5
	普鲁卡因青霉素	注射液	肌内注射，一次量，2万~3万单位/千克体重，一天1次，连用2~3天	9
		混悬液	肌内注射，一次量，2万~3万单位/千克体重，一天1次，连用2~3天	9
	硫酸链霉素	注射用粉针	肌内注射，一次量，10~15 毫克/千克体重，一天2次，连用2~3天	14

三 注意事项

严格遵守药物使用所规定的作用与用途、用法与用量及其他注意事项。严格遵守规定的休药期。所用兽药必须来自具有"兽药生产许可证"和产品批准文号的生产企业，或者具有"进口兽药许可证"的供应商。所有兽药的标签必须符合《兽药管理条例》的规定。

建立并保存免疫程序记录；建立并保存全部用药记录。治疗、用药记录包括羊编号、发病时间及症状、药物名称（商品名、有效成分、生产单位）、给药途径、给药剂量、疗程、治疗时间等；预防或促生长混饲用药记录包括药品名称（商品名、有效成分、生产单位及批号）、给药剂量、疗程等。

禁止使用未经国家畜牧兽医行政管理部门批准的兽药和已经淘汰的兽药。禁止使用《食品动物禁用的兽药及其他化合物清单》中的药物。

第七节 羊病的诊断

尽早识别病羊，不仅能有效控制疾病的传播，而且能尽早采取相应的治疗方法，减少因疾病带来的损失。

一 羊病的诊断方法

（1）看体态 健康羊膘满肉肥，体格强壮，病羊则体弱。患慢性病和寄生虫病的羊都显得比较瘦弱，疾病后期往往皮包骨。急性病初期不会出现消瘦，只是精神明显不好。

（2）看皮毛 健康羊被毛发亮、整洁、富有弹性。如果羊毛粗乱无光、蓬乱易断，皮肤松弛不洁则是慢性病羊常有的表现，特别是内外寄生虫病感染的时候，情况更为严重。

（3）看行动 健康羊无论采食还是休息，常聚集在一起，休息时多呈半侧卧势，人一接近即行起立；病羊食欲、反刍减少，常常离群卧地，出现各种异常姿势。健康羊眼睛明亮有神、洁净湿润，听觉灵敏，胆小又灵活；发病羊则精神萎靡，眼睛无神，头低耳垂，变得比较迟钝。健康羊发出洪亮而有节奏的叫声；病羊叫声高低常有变化，甚至不用听诊器就可听见呼吸声及咳嗽声、肠音。羊中毒时常常是低头呆立，感染寄生虫的病羊则显得懒散而疲倦。

（4）看鼻液 健康羊没有鼻液，但鼻镜湿润、光滑，常有微细的水珠。若发现稀薄、黏性或脓性鼻液，鼻镜干燥、不光滑、表面粗糙，则是患病的征兆。

（5）看饮食 健康羊采草时争先恐后，抢着吃头排草。采食减少常发生于患病初期，食欲废绝多见于重病，尤其是肠胃方面的疾病，大量饮水常出现在严重腹泻的前期。

（6）看反刍 羊正常的反刍轻快有力，时间和次数都有规律，这是健康羊的重要标志。一般羊在采食 30～50 分钟后，经过休息便可进行第一次反刍，每次反刍要持续 30～60 分钟，24 小时内要反刍 4～8 次。但在发生肠胃或传染病时，反刍次数减少，反刍缓慢甚至停止。

（7）看黏膜 健康羊的黏膜是浅红色的。若黏膜苍白，可能是患贫血、营养不良或感染了寄生虫；而结膜潮红是发炎和患某些急性传染病的症状；结膜发绀呈暗紫色多为病情严重。健康羊的口腔黏膜为浅红色，用手摸感到暖手，无恶臭味。病羊口腔时冷时热，黏膜浅白或潮红干涩、流涎，有恶臭味。健康羊的舌头呈粉红色且有光泽、转动灵活、舌苔正常。病羊舌头活动不灵、软绵无力、舌苔薄而色浅或苔厚而粗糙无光。

（8）看粪便 健康羊的粪便呈椭圆形粒状，成堆或呈现链条状排出，粪球表面光滑、较硬，补喂精饲料的良种羊的粪便呈较软的团块状，无异味。便秘时粪粒又干又小；下痢时常为黑绿色；病羊如患寄生虫病多出现软便，颜色异常，呈褐色或浅褐色，异臭。肾脏和膀胱等器官发病时，常有排尿困难、尿液浑浊或带血，有时带有刺鼻的异味。健康羊小便清亮无色或微带黄色，并有规律；病羊大小便不正常，大便或稀或硬，甚至停止，小便色黄或带血。

（9）测体温　体温是羊健康与否的晴雨表，羊的体温可用体温计在肛门测定，正常体温是 39.5 ~ 40.5℃。如果发现羊精神失常，可用手触摸角的基部或皮肤，无病的羊两角尖凉，角根温和。贫血时体温降到正常以下；急性热性病时，羊体温升高，而体温突然下降常是临死的前兆。

（10）测呼吸　待羊只安静后，将耳朵贴在羊胸部肺脏区，可清晰地听到呼吸音。健康羊每分钟呼吸 12 ~ 20 次，能听到间隔匀称，带"嘶嘶"声的肺呼吸音。病羊则出现"呼噜、呼噜"节奏不齐的拉风箱似的肺泡音，呼吸次数在急性发热时增加，中毒时常减少。

二　羊病的快速诊断

具体内容见附录 A。

第九章
羊常见病防治

羊常见病的有效控制，已成为制约我国养羊业发展的重要一环。因此，如何合理地对羊进行防病治病是确保养羊业健康发展的关键。

第一节　羔羊常见病防治

羔羊脐带一般是在出生后的第二天开始干燥，6天左右脱落，脐带干燥脱落的早晚与断脐的方法、气温及通风有关。由于这一时期羔羊身体各方面的功能尚不完善，对外界适应能力差，抗病力低，如果饲养与护理不当，很容易得病。做好初生羔羊疾病的诊疗工作，有着重大的意义。

一　初生羔羊假死

初生羔羊假死也称新生羔羊窒息，其主要特征是刚产出的羔羊发生呼吸障碍，或无呼吸而仅有心跳，如抢救不及时，往往死亡。

【病因】分娩时产出期拖延或胎儿排出受阻，胎盘水肿，胎囊破裂过晚，倒生时脐带受到压迫，脐带缠绕，子宫痉挛性收缩等，均可引起胎盘血液循环减弱或停止，使胎儿过早地呼吸，吸入羊水而发生窒息。此外，母羊发生贫血及大出血，使胎儿缺氧和体内二氧化碳量增高，也可导致本病的发生。

对接产工作组织不当，严寒的夜间分娩时，因无人照料，使羔羊受冻太久；难产时脐带受到压迫，或胎儿在产道内停留时间过长，有时是因为倒生，助产不及时，使脐带受到压迫，造成循环障碍；母羊有病，血内氧气不足，二氧化碳积聚多，刺激胎儿过早地发生呼吸反射，以致将羊水吸入呼吸道。

【症状】羔羊横卧不动，闭眼，舌外垂，口色发紫，呼吸微弱甚至完全停止；口腔和鼻腔积有黏液或羊水；听诊肺部有湿啰音、体温下降。严重时全身松软，反射消失，只是心脏有微弱跳动。

【预防】及时进行接产，对初生羔羊精心护理。分娩过程中，如遇到胎儿在产道内停留较久，应及时进行助产，拉出胎儿。如果母羊有病，在分娩时应迅速助产，避免延误而使胎儿发生窒息。

【治疗】如果羔羊尚未完全窒息，还有微弱呼吸，应即刻提起后腿，将羔羊吊起来，轻拍胸腹部，刺激呼吸反射，同时促进排出口腔、鼻腔和气管内的黏液和羊水，并用净布擦干羊体，然后将羔羊泡在温水中，使头部外露。稍停留之后，取出羔羊，用干布迅速摩擦身体，然后用毡片或棉布包住全身，使口张开，用软布包舌，每隔数秒钟，把舌头向外拉动1次，使其恢复呼吸动作。待羔羊复活以后，放在温暖处进行人工哺乳。

若已不见呼吸，必须在除去鼻孔及口腔内的黏液及羊水之后，施行人工呼吸。同时注射尼可刹米、洛贝林或樟脑水0.5毫升。也可以将羔羊放入37℃左右的温水中，让头部外露，用少量温水反复洒向心脏区，然后取出，用干布摩擦全身。

二 胎粪停滞

胎粪是胎儿胃肠道分泌的黏液、脱落的上皮细胞、胆汁及吞咽的羊水经消化作用后，残余的废物积聚在肠道内形成的。新生羔羊通常在生后数小时内就排出胎粪。如果在生后第一天不排出胎粪，或吮乳后新形成的粪便黏稠不易排出，则称为新生羔羊便秘或胎粪停滞。此病主要发生在早期的初生羔羊，常见于绵羊羔。

【病因】母羊营养不良，引起初乳分泌不足，初乳品质不佳，或羔羊吃不上初乳；新生羔羊孱弱，加上吮乳不足或吃不上初乳，则肠道弛缓无力，胎粪不能排出，即可发生胎粪停滞。

【症状】羔羊生后1天内未排出胎粪，精神逐渐不振，吃奶次数减少，肠音减弱，且表现不安，即拱背、摇尾、努责，有时还有踢腹、卧地并回顾等轻度腹痛症状。有时症状不明显；偶尔腹痛明显，卧地、前肢抱头打滚。有时羔羊排粪时大声鸣叫；有时由于黏稠粪块堵塞肛门，可继发肠臌气。以后，精神沉郁，不吃乳。呼吸及心跳加快，肠音消失。全身无力，经常卧地乃至卧地不起，羔羊渐陷于自体中毒状态。

【诊断】为了确诊，可在手指上涂油，进行直肠检查。便秘多发生在直肠和小结肠后部，在直肠内可摸到硬固的黄褐色粪块。

【预防】妊娠后期要加强母羊的饲养管理，补喂富有蛋白质、维生素及矿物质的饲料，使羔羊出生后吃到足够的初乳。要随时观察羔羊表现及排便情况，以便及早发现，及时治疗。

【治疗】采用润滑肠道和促进肠道蠕动的方法，不宜给予轻泻剂，以免引起顽固性腹泻。必要时，可通过手术排出粪块。

先用温肥皂水300~500毫升及橡皮球进行浅部灌肠，排出肛门近处的粪块，一般效果良好。必要时也可在2~3小时后再灌肠1次，也可用橡皮管插入直肠内20~30厘米后灌注开塞露5毫升，或液状石蜡40~60毫升。用橡皮球及肥皂水灌肠，一般效果良好。

可口服液状石蜡5~15毫升，或硫酸钠2~5克，并同时用酚酞0.1~0.2克灌肠，效果很好。投药后，按摩和热敷腹部可增强肠道蠕动。

也可施行剖腹术，排出粪块，在左侧腹壁或脐部后上方腹白线一侧选择术部，切口长约10厘米。切开腹壁后，伸手入腹腔，将小结肠后部及直肠内的粪块逐个或分段挤压至直肠后部，然后再设法将其排出肛门外，最后缝合腹壁。

如果羔羊有自体中毒现象，必须及时采取补液、强心、解毒及抗感染等治疗措施。

三 羔羊痢疾

羔羊痢疾是初生羔羊的一种急性传染病。其特征是持续下痢，以羔羊腹泻为主要特征，主要危害7日龄以内的羔羊，死亡率很高。一类是厌气性羔羊痢疾，病原体为产气荚膜梭菌；另一类是非厌气性羔羊痢疾，病原体为大肠杆菌。

【病因】引起羔羊痢疾的病原微生物主要为大肠杆菌、沙门氏杆菌、产气荚膜梭菌、肠球菌等。这些病原微生物可混合感染或单独感染而使羔羊发病。传染途径主要通过消化道，但也可经脐带或伤口传染。本病的发生和流行与妊娠母羊营养不良、羔羊护理不当、产羔季节天气突变、羊舍阴冷潮湿有很大关系。

【症状】自然感染潜伏期为1~2天。病羔体温微升或正常，精神不振，行动不活泼，被毛粗乱，孤立在羊舍一边，低头弓背，不想吃奶，眼睑肿胀，呼吸、脉搏增快，不久则发生持续性腹泻，粪便恶臭，开始为糊状，后变为水样，含有气泡、黏液和血液（彩图 9-1）。粪便颜色不一，有黄、绿、黄绿、灰白等色。到病情后期，常因虚弱、脱水、酸中毒而造成死亡。病程一般为 2 ~ 3 天。也有的病羔腹胀，排少量稀便，而主要表现神经症状，四肢瘫软，卧地不起，呼吸急促，口流白沫，头向后仰，体温下降，最后昏迷死亡。剖检可见主要病变在消化道，肠黏膜有卡他出血性炎症，内有血样内容物，肠肿胀，小肠溃疡。

【诊断】根据羔羊食欲减退、精神萎靡、卧地不起，粪便起初呈黄色稀汤状，后来为血样紫黑色稀粪，结合症状可做出诊断。

【预防】加强妊娠母羊及哺乳期母羊的饲养管理，保持妊娠母羊的良好体质，以便产出健壮的羔羊。做好接羔护羔工作，产羔前对产房做彻底消毒，可选用 1% ~ 2% 的热氢氧化钠溶液或 20% ~ 30% 的石灰水喷洒羊舍地面、墙壁及产房一切用具；冬、春季节做好新生羔羊的保温工作。

也可进行药物或疫苗预防。刚分娩的羔羊留在家里饲养，可口服青霉素片，每天 1 ~ 2 片，连服 4 ~ 5 天。也可灌服土霉素，每次 0.3 克，连用 3 天。在羔羊痢疾常发生的地区，可用羔羊痢疾菌苗给妊娠母羊进行 2 次预防接种，第一次在产前 25 天，皮下注射 2 毫升，第二次在产前 15 天，皮下注射 3 毫升，即可获得 5 个月的免疫期。

【治疗】

① 土霉素、胃蛋白酶各 0.8 克，分为 4 包，每 6 小时加水灌服 1 次；盐酸土霉素 200 毫克，每 6 小时内肌内注射 1 次，连用 2 ~ 3 天；或土霉素、胃蛋白酶各 0.8 克，碱式硝酸铋、鞣酸蛋白各 0.6 克，分为 4 包，每 6 小时加水灌服 1 次，连服 2 ~ 3 天。

② 磺胺脒、胃蛋白酶、乳酶生各 0.6 克，分成 4 包，每 6 小时加水灌服 1 次，连用 2 ~ 3 天；磺胺脒、乳酸钙、碱式硝酸铋、鞣酸蛋白各 1 份，充分混合，日灌服 2 次，每只每次 1 ~ 1.5 克，连服数日；或用磺胺脒 25 克，碱式硝酸铋 6 克，加水 100 毫升，混匀，每只每次灌 4 毫升 ~ 5 毫升，每天 2 次。

③ 严重失水或昏迷的羔羊除上述治疗外，可静脉注射 5% 的葡萄糖生理盐水 20 ~ 40 毫升，皮下注入阿托品 0.25 毫克。

④ 用胃管灌服 6% 硫黄镁溶液（内含 0.5% 的甲醛）30 ~ 60 毫升，6 ~ 8 小时后，再灌服 1% 的高锰酸钾溶液 1 ~ 2 次。

⑤ 中药疗法。一是用乌梅散：乌梅（去核）、炒黄连、郁金、甘草、猪苓、黄芩各 10 克，诃子、焦山楂、神曲各 13 克，泽泻 8 克，干柿饼 1

个（切碎）。将以上各药混合捣碎后加水400毫升，煎汤至150毫升，以红糖50克为引，用胃管灌服，每只每次30毫升。如腹泻不止，可再服1~2次。二是用承气汤加减：大黄、酒黄芩、焦山楂、甘草、枳实、厚朴、青皮各6克，将以上各药混合后研碎加水400毫升，再加入朴硝16克（另包），用胃管灌服。

四 羔羊肺炎

由于新生羔羊的呼吸系统在形态和功能上发育不足，神经反射尚未成熟，故最容易发生肺炎。多在早春和晚秋天气多变的季节发生，发病恢复后的羔羊生长发育会受阻。

【病因】羔羊肺炎主要因为天气剧烈变化，感冒加重而致，并无特殊的病原菌。羔羊肺炎发生的主要原因是羔羊体质不健壮和外界环境不良。

妊娠母羊在冬季营养不足，第二年春季产出的羔羊就会有大批肺炎出现，因为母羊营养不良，直接影响到羔羊先天发育不足，产重不够，抵抗力弱，容易患病。因初乳不足或者初乳期以后奶量不足，就会影响羔羊的健康发育。运动不足和维生素缺乏，也容易患肺炎。另外，圈舍通风不良，羔羊拥挤，空气污浊，对呼吸道产生了不良刺激。酷热或突然变冷，或者夜间羔羊圈舍的门窗没关闭好，受到贼风或低温的侵袭。

【症状】病初咳嗽，流鼻涕，很快发展到呼吸困难，心跳加快，食欲减少或废绝。病羊精神萎靡，被毛粗乱而无光泽（图9-1），有黏性鼻液或干固的鼻痂。呼吸迫促，每分达60~80次，有的达到100次以上。体温升高，病后的2~3天内可高达40℃以上，听诊有啰音。羔羊肺炎病变见彩图9-2。

图9-1　羔羊肺炎

【预防】天气晴朗时，让羔羊在棚外活动，接受阳光照射，加强运动，增强对外界环境的适应能力，勤清除棚圈内的污物，更换垫草，使棚舍适当通风，空气新鲜，干燥。给羔羊喂奶时注意温度，务使羔羊吃饱，增强其抵抗寒冷的能力。注意保温，喂给易于消化且营养丰富的饲料，给予充足的清洁饮水。注意妊娠母羊的饲养。供给充足的营养，特别是蛋白质、维生素和矿物质，以保证胎羊的发育，提高羔羊的产重。保证初乳及哺乳期奶量的充足供给。加强管理，减少同一羊舍内羔羊的密度，保证羊舍清洁卫生，注意夜间防寒保暖，避免贼风及过堂风的侵袭，尤其是天气突然变冷时，更应特别注意。当羔羊群中发生感冒较严重时，应给全群羔羊服用磺胺二甲基嘧啶，以预防继发肺炎。预防剂量可比治疗剂量稍小，一般连用3天，即有预防效果。

【治疗】肌内注射青霉素、链霉素或口服磺胺二甲基嘧啶（每千克体重 0.07 克）；严重时，静脉滴注 50 万单位四环素葡萄糖液，并配合给予解热、祛痰和强心药物。

（1）及时隔离，加强护理 尽快消除引起肺炎的一切外界不良因素。为病羊提供良好的条件，例如放在宽大而通风良好的圈舍，铺足垫草，保持温暖，以减轻咳嗽和呼吸困难症状。

（2）应用抗生素或磺胺类药物 磺胺二甲基嘧啶采用口服，对于人工哺乳的羔羊，可放在奶中喝下，既没有注射用药的麻烦，又可避免羔羊注射抗生素的痛苦。口服剂量是：每只羔羊日服 2 克，分 3 ~ 4 次，连服 3 ~ 4 天。抗生素疗法，可以肌内注射青霉素或链霉素，也可静脉注射四环素。对于严重病例，还可采用气管注射或胸腔注射。气管注射时，可将青霉素 20 万单位溶于 3 毫升 0.25% 的盐酸普鲁卡因中，或将链霉素 0.5 克溶于 3 毫升蒸馏水中，每天 2 次。胸腔注射时，可在倒数第 6 ~ 8 肋间、背中线向下 4 ~ 5 厘米处进针 1 ~ 2 厘米。青霉素剂量为：1 月龄以内的羔羊 10 万单位，1 ~ 3 月龄为 20 万单位，每天 2 次，连用 2 ~ 3 天。在采用抗生素或磺胺类药物治疗时，当体温下降以后，不可立即中断治疗，要再用同量或较小量持续应用 1 ~ 2 天，以免复发。因为复发病例的症状更为严重，用药效果也差，故应倍加注意。

（3）中药疗法 如咳嗽剧烈，可用冬花、桔梗、知母、杏仁、郁金各 6 克，元参、双花各 8 克，水煎后 1 次灌服；如要清肺祛痰，可要用黄芩、桔梗、甘草各 8 克，栀子、白芍、桑白皮、款冬花、陈皮各 7 克，麦冬、瓜蒌各 6 克，水煎后 1 次灌服。

在治疗过程中，必须注意心脏机能的调节，尤其是小循环的改善，因此可以多次注射咖啡因或樟脑制剂。

五 羔羊感冒

母羊分娩时，断脐带后，擦干羔羊身上的黏液，用干净的麻袋片等物包好，把羔羊放在保温的暖舍内，卧床上要铺较多的柔软干草，以免羔羊受凉。因天气骤变，突然寒冷，舍内外温差过大或因羊舍防寒设备差，管理不当，受贼风侵袭，常引发羔羊感冒。

【症状】体温升高到40~42℃，眼结膜潮红，羔羊精神萎靡，不爱吃奶，流浆液性鼻液，咳嗽，呼吸促迫。

【治疗】在气温寒冷的情况下，10日内的羔羊应暂不到舍外活动，以防感冒。羔羊患有感冒时，要加强护理，喂给易消化的新鲜青嫩草料，饮清洁的温水，防止再受寒。口服解热镇痛药或注射安钠咖等针剂。为预防继发肺炎，应注射青霉素等抗生素药物。

六 羔羊消化不良

羔羊消化不良是一种常见的消化道疾病。本病的特征主要是消化机能障碍和不同程度的腹泻。羔羊到2~3月龄以后，此病发病次数逐渐减少。

【病因】母羊饲养管理不当，新生羔羊吃不到初乳或吃初乳过晚，初乳品质过差。哺乳母羊患病，母乳中含有病理产物和病原微生物。母乳中维生素，特别是维生素A、维生素B、维生素C不足或缺乏。羔羊受寒或羊舍过潮，卫生条件差。人工给羔羊哺乳不能定时定量，后期给羔羊补饲不当等。

【症状】羔羊消化不良多发生于哺乳期，该病的主要特征是腹泻。粪便多呈灰绿色，且其中混有气泡和白色小凝块（脂肪酸皂），带有酸臭味，混有未消化的凝乳块及饲料碎片。伴有轻微臌气和腹痛现象。持续腹泻时由于脱水，皮肤弹性降低，被毛蓬乱失去光泽，眼球凹陷。单纯性消化不良，体温一般正常或偏低。中毒性消化不良可能表现一定的神经症状，后期体温突然下降。

【诊断】羔羊腹围增大，触诊胃部有硬块，羔羊表现为不同程度的腹泻，站立时拱脊，浑身颤抖，精神沉郁不振，体温偏低。

【预防】注意改善卫生条件，清扫圈舍，将患病羔羊置于干燥、温暖、清洁的单独圈舍里，地面铺以干燥、清洁的垫草，圈舍里的温度应保持在12℃以上。母羊补喂营养丰富的青草和豆类饲料。羔羊出生后，应在1小时内让其尽量多吃初乳。母乳不足时，可补喂其他羊只的乳汁，少量多次。

【治疗】为排出胃肠内容物，可用油类或盐类缓泻剂；为促进消化，可用乳酶生；为防止肠道感染，可用磺胺类药物加诺氟沙星配合治疗；对病程较长引起机体脱水的，可静脉注射5%的葡萄糖氯化钠溶液，配合维生素 C 和能量合剂辅助治疗。

多数药物治疗往往无效，可减食或绝食 1～2 天，仅喂清洁饮水或配合止泻药物。停食后开始再喂食时，应逐渐恢复，先给予易消化的米汤或乳汁。

七 羔羊佝偻病

羔羊佝偻病又称为小羊骨软症，俗称弯腿症，是羔羊迅速生长时期的一种慢性维生素缺乏症。其特征为钙、磷代谢紊乱，骨的形成不正常。严重时骨骼发生特殊变形。多发生在冬末春初季节，绵羊羔和山羊羔都可发生。

【病因】 饲料中钙、磷及维生素 D 中任何一种的含量不足，或钙、磷比例失调，都能影响骨的形成。因此先天性佝偻病起因于妊娠母羊矿物质（钙、磷）或维生素 D 的缺乏，影响了胎儿骨组织的正常发育。出生后在紫外线照射不足的情况下，使饲料本身维生素的含量降低；哺乳小羊时奶量不足，断奶后饲料太单纯，钙、磷缺乏或比例失衡，或维生素 D 缺乏；内分泌腺（如甲状旁腺及胸腺）功能紊乱，影响钙的代谢。以上因素均能引起羔羊佝偻病。

【症状】 患有先天性佝偻病的羔羊，生后衰弱无力，经数天仍不能自行起立。后天性佝偻病，发病缓慢，最初症状不太明显，只是食欲减退，腰部膨胀，下痢，生长缓慢。病羊步态不稳，病继续发展时，则前肢一侧或两侧发生跛行（图9-2）。病羊不愿起立和运动，长期躺卧，有时长期弯着腕关节站立。在发生变形以前，如果触摸和叩诊骨骼，可以发现有疼痛反应。在起立和运动时，心跳与呼吸加快。典型症状为管状骨及扁骨的形态渐次发生变化，关节肿胀，肋骨下端出现佝偻病性念珠状物。膨起部分在初期有明显疼痛。骨质发生变化的结果表现为各种状态的弯曲，足的姿势改变，呈狗熊足或短腿狗足姿势。

图9-2　羔羊佝偻病

【诊断】 主要根据迅速生长的羔羊表现步态僵硬，尤其是掌骨和跖骨远端骨骺变大、有明显的疼痛性肿胀，可做出临床诊断。

【预防】 改善和加强母羊的饲养管理，加强运动和放牧，应特别重视饲料中矿物质的平衡，多给青饲料，补喂骨粉，增加幼羔的日照时间。给母羊精饲料中加入骨粉和干苜蓿粉，可以防止羔羊发病。

【治疗】 可用维生素 A、D₃ 注射液 3 毫升，肌内注射；精制鱼肝油 3 毫升灌服或肌内注射，每周 2 次。为了补充钙制剂，可静脉注射 10% 的葡萄糖酸钙液 5 ~ 10 毫升；也可肌内注射维丁胶性钙 2 毫升，每周 1 次，连用 3 次。也可喂给三仙蛋壳粉：神曲 60 克、焦山楂 60 克、麦芽 60 克、蛋壳粉 120 克，混合后每只羔羊 12 克，连用 1 周。

八 羔羊白肌病

羔羊白肌病也称肌营养不良症，是伴有骨骼肌和心肌变性，并发生运动障碍和急性心肌坏死的一种微量元素缺乏症。常见于降水多的地区或灌溉地区，多发生于饲喂豆科牧草的羔羊、早期补饲的羔羊和饲喂高水平日粮的羔羊。常在 3 ~ 8 周龄急性发作。

【病因】 缺硒、缺维生素 E 是本病发作的主要原因，与母乳中钴、铜和锰等微量元素的缺乏也有关。

【症状】 首先出现在四肢肌肉，初期时可能影响到心肌而猝死。症状也常扩展到膈、舌和食管处肌肉。慢性常伴有肺水肿引发的肺炎。临床症状有后肢僵直、弓背，有时卧倒，仍思食，有哺乳或采食愿望（彩图 9-3）。

【诊断】 羔羊精神不振，运动无力，站立困难，卧地不愿起立；有时呈现强直性痉挛状态，随即出现麻痹、血尿；死亡前昏迷，呼吸困难。死后剖检，骨骼肌苍白，营养不良。

【预防】 加强母羊饲养管理，供给豆科牧草，在母羊妊娠期间可注射 0.1% 的亚硒酸钠，成年母羊 1 次用量为 4 ~ 6 毫升，也可配合维生素 E 同时注射，每隔 15 ~ 30 天注射 1 次，共注 2 ~ 3 次即可。含硒饲料、黄洛奇舔砖等也有效。出生后 5 ~ 7 日龄羔羊可全部进行预防性注射亚硒酸钠 1.5 毫升，隔 7 天 1 次，共注 2 次，即可起到预防作用。

【治疗】 对发病羔羊应用硒制剂，如 0.2% 的亚硒酸钠溶液 2 毫升，每月肌内注射 1 次，连用 2 次。与此同时，应用氯化钴 3 毫克、硫酸铜 8 毫克、氯化锰 4 毫克、碘盐 3 克，加水适量内服。如辅以维生素 E 注射液 300 毫克肌内注射，则效果更佳。

有的羔羊病初不见异常，往往于放牧时由于受到刺激后剧烈运动或过度兴奋而突然死亡。该病常呈地方性同群发病。

九　羔羊破伤风

破伤风又称强直症，俗称锁口风、脐带风，是一种人畜共患的急性中毒性传染病。其特征为全身或部分肌肉呈持续性痉挛和对外界刺激反应性增高。

【病因】它是由破伤风梭菌经伤口感染引发的一种急性传染病，成年羊、幼羊都可以感染。羔羊多在断脐、去势、剪耳等操作过程中消毒不当而感染。破伤风梭菌是存在于土壤中的粗大杆菌，能形成芽孢，长期存活，所以四季均可发生。

【症状】肌肉强直是本病的主要特征（图 9-3）。病羊四肢强直，背腰不灵活，尾根上翘，行动困难。卧地后角弓张，不能站立，头尾偏向一侧，呼吸促迫，常因窒息而死亡，死亡率高达 95% ~ 100%。

图 9-3　羔羊破伤风

【预防】伤口和断脐带用碘酊消毒；羔羊出生后 12 小时内，肌内注射破伤风抗毒素 1500 单位。

【治疗】注射大量破伤风抗毒素（10 000 单位），每天 1 次，连用 4 ~ 7 天。一般将抗毒素用 5% 的葡萄糖溶液静脉注射，也可肌内注射氯丙嗪 10 ~ 25 毫克。

第二节　羊常见传染病防治

一　口蹄疫

口蹄疫是由口蹄疫病毒引起的以偶蹄动物为主的急性、热性、高度传染性疫病，世界动物卫生组织（OIE）将其列为必须报告的动物传染病，我国规定为一类动物疫病。

为预防、控制和扑灭口蹄疫，依据《中华人民共和国动物防疫法》《重大动物疫情应急条例》《国家突发重大动物疫情应急预案》等法律法规，制定口蹄疫防治技术规范。

【流行病学特点】偶蹄动物，包括牛科动物（牛、瘤牛、水牛、牦牛）、绵羊、山羊、猪及所有野生反刍和猪科动物均易感，驼科动物（骆驼、单峰骆驼、美洲驼、美洲骆马）易感性较低。

传染源主要为潜伏期感染及临床发病动物。感染动物的呼出物、唾液、粪便、尿液、乳、精液及肉和副产品均可带毒。康复期动物可带毒。

易感动物可通过呼吸道、消化道、生殖道和伤口感染病毒，通常以直接或间接接触（飞沫等）方式传播，或通过人、犬、蝇、蜱、鸟等动物媒介传播，或经车辆、器具等被污染物传播。如果环境气候适宜，病毒可随风远距离传播。

【临床症状】羊跛行；唇部、舌面、齿龈、鼻镜、蹄踵、蹄叉、乳房等部位出现水疱；发病后期，水疱破溃、结痂，严重者蹄壳脱落，恢复期可见瘢痕、新生蹄甲；传播速度快，发病率高；成年动物死亡率低，幼畜常突然死亡且死亡率高（彩图9-4）。

【病理变化】消化道可见水疱、溃疡；幼畜可见骨骼肌、心肌表面出现灰白色条纹，形色酷似虎斑。

【病原学检测】间接夹心酶联免疫吸附试验，检测阳性；RT-PCR试验，检测阳性；反向间接血凝试验（RIHA），检测阳性；病毒分离，鉴定阳性。

【血清学检测】中和试验，抗体阳性；液相阻断酶联免疫吸附试验，抗体阳性；非结构蛋白抗体ELISA检测，感染抗体阳性；正向间接血凝试验（IHA），抗体阳性。

【结果判定】疑似口蹄疫病例：符合该病的流行病学特点和临床诊断或病理诊断指标之一，即可定为疑似口蹄疫病例。疑似口蹄疫病例，病原学检测方法任何一项为阳性，可判定为确诊口蹄疫病例；疑似口蹄疫病例，在不能获得病原学检测样本的情况下，未免疫家畜血清抗体检测呈阳性或免疫家畜非结构蛋白抗体ELISA检测呈阳性，可判定为确诊口蹄疫病例。

【疫情报告】任何单位和个人发现家畜有上述临床异常情况的，应及时向当地动物防疫监督机构报告。动物防疫监督机构应立即按照有关规定赴现场进行核实。

【疫情处置】对疫点实施隔离、监控，禁止家畜、畜产品及有关物品移动，并对其内、外环境实施严格的消毒措施。必要时采取封锁、扑杀等措施。

【免疫程序】

1）国家对口蹄疫实行强制免疫，各级政府负责组织实施，当地动物防疫监督机构进行监督指导。免疫密度必须达到100%。

2）预防免疫，按农业部制定的免疫方案所规定的程序进行。

3）所用疫苗必须采用农业部批准使用的产品，并由动物防疫监督机构统一组织、逐级供应。

4）所有养殖场或养殖户必须按科学合理的免疫程序做好免疫接种，建立完整免疫档案（包括免疫登记表、免疫证、免疫标识等）。

5）任何单位和个人不得随意处置及转运、屠宰、加工、经营、食用口蹄疫病（死）畜及产品；未经动物防疫监督机构允许，不得随意采样；不得在未经国家确认的实验室剖检分离、鉴定、保存病毒。

二　羊痘

羊痘是一种急性接触性传染病，分布很广，人们称之为"羊天花"或"羊出花"。本病在绵羊及山羊身上都可发生，也能传染给人。其特征是有一定的病程，通常都是由丘疹到水疱，再到脓疱，最后结痂。绵羊易感性比山羊大，造成的经济损失很严重。除此之外，还由于病后恢复期较长，造成营养不良，使羊毛的品质变劣；妊娠病羊常常流产；羔羊的抵抗力较弱，死亡率更大，故应加强防治，彻底扑灭。

【流行病学特点】羊痘可发生于全年的任何季节，但以春、秋两季比较多发，传播很快。病的主要传染来源是病羊，病羊呼吸道的分泌物、痘疹渗出液、脓汁、痘痂及脱落的上皮内都含有病毒，病期的任何阶段都有传染性。当健康羊和病羊直接或间接接触时，很容易受到传染。该病的天然传染途径为呼吸道、消化道和受损伤的表皮。受到污染的饲料、饮水、羊毛、羊皮、草场、初愈的羊以及接触的人畜等，都能成为传播的媒介。但病愈的羊能获得终身免疫。该病潜伏期为2~12天。

【临床症状】发痘前，可见病羊体温升高到41~42℃，食欲减少，结膜潮红，从鼻孔流出黏性或脓性鼻液，呼吸和脉搏增快，经1~4天后开始发痘。

发痘时，痘疹大多发生于皮肤无毛或少毛部位，如眼的周围、唇、鼻翼、颊、四肢和尾的内面、阴唇、乳房、阴囊及包皮上。山羊大多发生在乳房皮肤和乳头上。开始为红斑，1~2天形成丘疹，突出皮肤表面，随后丘疹逐渐增大，变成灰白色水疱，内含清亮的浆液。此时病羊体温下降。羊痘症状见图9-4、彩图9-5。

图 9-4 羊痘局部特征

在羊痘流行中，由于个体的差异，有的病羊呈现非典型经过，如在形成丘疹后，不再出现其他各期变化；有的病羊经过很严重，痘疹密集，互相融合连成一片，由于化脓菌侵入，皮肤发生坏死或坏疽，全身病状严重；有的病羊甚至在痘疹聚集的部位或呼吸道和消化道发生出血。这些重病例多死亡。一般典型病程需 3~4 周，冬季较春季为长。如有并发肺炎（羔羊较多）、胃肠炎、败血症等时，病程可延长或早期死亡。

羊痘的各种不典型的症状如下：

1）只呈呼吸道及眼结膜的卡他症状，并无痘的发生，这是因为羊的抵抗力特别强大。

2）丘疹并未变成水疱，数日内脱落、消失。

3）脓疱特别多，互相融合而形成大片脓疱，即形成融合痘。

4）有时水疱或脓疱内部出血，羊的全身症状剧烈，形成溃疡及坏死区，称为黑痘或出血痘。

5）若伴发整块皮肤的坏死及脱落，则称为坏疽痘，此型痘通常引起死亡。

【剖检】特征性的病理变化主要见于皮肤及黏膜。尸体腐败迅速。在皮肤（尤其是毛少的部位）上可见到不同时期的痘疱。呼吸道黏膜有出血性炎症，有时见增生性病灶，呈灰白色，圆形或椭圆形，直径约 1 厘米。气管及支气管内充满混有血液的浓稠黏液。有继发病症时，肺脏有肝变区。消化道黏膜也有出血性发炎，特别是肠道后部，常可发现不深的溃疡，有时也有脓疱。病势剧烈时，前胃及真胃有水疱，间或在瘤胃有丘疹出现。淋巴结水肿、多汁而发炎。肝脏有脂肪变性病灶。

【诊断】 在典型的情况下，可根据标准病程（红斑、丘疹、水疱、脓疱及结痂）确定诊断。当症状不典型时，可用病羊的痘液接种给健康羊进行诊断。区别诊断：在液泡及结痂期间，可能误认为是皮肤湿疹或疥癣病，但此二病均无发热等全身症状，而且湿疹并无传染性；疥癣病虽能传染，但发展很慢，并不形成水疱和脓疱，在镜检刮屑物时可以发现螨虫。

【防治】

1）平时做好羊的饲养管理，圈要经常打扫，保持干燥清洁。冬、春季节要适当补饲，做好防寒过冬工作。

2）在羊痘常发地区，每年定期免疫注射。羊痘鸡胚化弱毒疫苗，无论大小绵羊，一律尾内或股内皮下注射0.5毫升，山羊皮下注射2毫升。

3）当发生羊痘时，立即将病羊隔离，将羊圈及管理用具等进行消毒。对尚未发病羊群，用羊痘鸡胚化弱毒苗进行紧急注射。

4）对于绵羊痘，采用自身血液疗法能刺激淋巴、循环系统及器官，特别是网状内皮系统，使其发挥更大的作用，促进组织代谢，增强机体全身及局部的反应能力。

5）对皮肤病变酌情进行对症治疗，如用0.1%的高锰酸钾溶液洗净后，涂5%的碘甘油、紫药水。对细毛羊、羔羊，为防止继发感染，可以肌内注射青霉素80万～160万单位，每日1～2次，或用10%的磺胺嘧啶10～20毫升，肌内注射1～3次。用痊愈血清治疗，大羊为10～20毫升，小羊为5～10毫升，皮下注射，预防量减半。用免疫血清效果更好。

三 布鲁氏菌病

布鲁氏菌病（布氏杆菌病，简称布病）是由布鲁氏菌属细菌引起的人兽共患的常见传染病。我国将其列为二类疫病。为了预防、控制和净化布鲁氏菌病，依据《中华人民共和国动物防疫法》及有关的法律、法规、制定布鲁氏菌病防治技术规范。

【流行病学特点】 布鲁氏菌是一种细胞内寄生的病原菌，主要侵害动物的淋巴系统和生殖系统。病畜主要通过流产物、精液和乳汁排菌，污染环境。羊、牛、猪的易感性最强。母畜比公畜、成年畜比幼年畜发病率高。在母畜中，第一次妊娠母畜发病较多。带菌动物，尤其是病畜的流产胎儿、胎衣是主要传染源。消化道、呼吸道、生殖道是主要的感染途径，也可通过损伤的皮肤、黏膜等感染。常呈地方性流行。

人主要通过皮肤、黏膜、消化道和呼吸道感染，尤其以感染羊种布鲁氏菌、牛种布鲁氏菌最为严重。

【临床症状】潜伏期一般为 14～180 天。

最显著症状是妊娠母畜发生流产（彩图 9-6），流产后可能发生胎衣滞留和子宫内膜炎，从阴道流出污秽不洁、恶臭的分泌物。新发病的畜群流产较多；老疫区畜群发生流产的较少，但发生子宫内膜炎、乳腺炎、关节炎、胎衣滞留、久配不孕的较多。公畜往往发生睾丸炎、附睾炎或关节炎。

【病理变化】主要病变为生殖器官的炎性坏死，脾脏、淋巴结、肝脏、肾脏等器官形成特征性肉芽肿（布病结节）。有的可见关节炎。胎儿主要呈败血症病变，浆膜和黏膜有出血点和出血斑，皮下结缔组织发生浆液性、出血性炎症。

【疫情报告】任何单位和个人发现疑似疫情，应当及时向当地动物防疫监督机构报告。

动物防疫监督机构接到疫情报告并确认后，按《动物疫情报告管理办法》及有关规定及时上报。

【疫情处理】发现疑似疫情，畜主应限制动物移动；对疑似患病动物应立即隔离。

【预防和控制】非疫区以监测为主；稳定控制区以监测净化为主；控制区和疫区实行监测、扑杀和免疫相结合的综合防治措施。

（1）免疫接种　疫情呈地方性流行的区域，应采取免疫接种的方法。疫苗选择布鲁氏菌病疫苗 S2 株（以下简称 S2 疫苗）、M5 株（以下简称 M5 疫苗）、S19 株（以下简称 S19 疫苗）以及经农业部批准生产的其他疫苗。

（2）无害化处理　患病动物及其流产胎儿、胎衣、排泄物、乳汁、乳制品等按照《畜禽病害肉尸及其产品无害化处理规程》（GB 16548—1996）进行无害化处理。

（3）消毒　对患病动物污染的场所、用具、物品严格进行消毒。饲养场的金属设施、设备可采取火焰、熏蒸等方式消毒；圈舍、场地、车辆等，可选用 2% 的氢氧化钠溶液等有效消毒药消毒；羊场的饲料、垫料等，可采取深埋发酵处理或焚烧处理；粪便消毒采取堆积密封发酵方式。皮毛消毒用环氧乙烷、甲醛熏蒸等。

发生重大布鲁氏菌病疫情时，当地县级以上人民政府应按照《重大动物疫情应急条例》有关规定，采取相应的扑灭措施。

小反刍兽疫（Peste des Petits Ruminants，PPR）是由小反刍兽疫病毒（PPRV）引起的山羊和绵羊的急性接触性传染病。世界动物卫生组织（OIE）将其列为必须报告的动物疫病，我国将其列为一类动物疫病。

【流行病学特点】小反刍兽疫是一种严重危害山羊和绵羊等小反刍兽的急性接触性传染病，发病率和死亡率高，以发热、口炎、腹泻、肺炎为主要特征。山羊和绵羊是该病的自然宿主，山羊比绵羊更易感且临床症状更为严重，不同品种的山羊易感性也有差异。野山羊、长角大羚羊、东方盘羊、瞪羚羊、岩羊以及鹿等野生小反刍动物和亚洲水牛、骆驼等可感染发病，主要流行于非洲西部、中部和亚洲的部分地区。小反刍兽疫病毒不感染人，不属于人畜共患传染病。本病主要通过呼吸道和消化道感染。传播方式主要是通过直接接触传播，患病羊和隐性感染羊的鼻液、粪尿等分泌物和排泄物中含有大量的病毒，是主要的传染源，处于亚临诊型的病羊尤为危险。与被病毒污染的饲料、饮水、衣物、工具、圈舍和牧场等接触也可发生间接传播，在养殖密度较高的羊群中偶尔会发生近距离的气溶胶传播。本病一年四季均可发生，但多雨季节和干燥寒冷季节多发。在疫区，常为零星发生，当易感动物增加时即可发生流行。易感羊群发病率通常达60%以上，病死率可达50%以上。

【临床症状】本病潜伏期一般为4～6天。世界动物卫生组织（OIE）《陆生动物卫生法典》规定为21天。山羊临床症状比较典型，绵羊一般较轻微。主要表现突然发热，体温可达40～42℃，持续3～5天。病初，先是水样鼻液，此后变成大量的黏脓性卡他样鼻液并致使呼吸困难（图9-5），鼻内膜发生坏死，眼流分泌物，出现眼结膜炎。发热症状出现后，口腔内膜轻度充血，继而出现糜烂。初期多在下齿龈周围出现小面积坏死，严重病例迅速扩展到齿垫、腭、颊、乳头及舌等处，坏死组织脱落形成不规则的浅

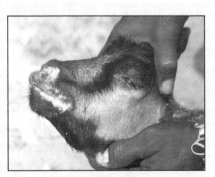

图9-5　患小反刍兽疫的羊

糜烂斑。多数病羊发生严重腹泻或下痢，造成迅速脱水、消瘦。妊娠母羊可发生流产。病羊死亡多集中在发热后期，特急性病例发热后突然死亡（彩图9-7）。

【病理变化】剖检病变可见口腔和鼻腔黏膜糜烂坏死。并发支气管肺炎、肺尖肺炎。有时可见坏死性或出血性肠炎，盲肠、结肠近端和直肠出现特征性条状充血、出血，呈斑马状条纹；淋巴结特别是肠系膜淋巴结水肿，脾脏肿大并可出现坏死病变。组织学上可见肺部组织出现多核巨细胞以及细胞内嗜酸性包涵体。

【诊断】根据临床症状和病理变化可做出初步诊断，确诊需进一步做实验室诊断。实验室诊断方法有琼脂凝胶免疫扩散试验、病毒中和试验和酶联免疫吸附试验等。病料采集：用棉拭子无菌采集眼睑下结膜分泌物和鼻腔、颊部及直肠黏膜，全血（加肝素抗凝），血清（制取血清的血液样品不要冷冻，但要保存在阴凉处）。用于组织病理学检查的样品，可采集淋巴结（尤其是肠系膜和支气管淋巴结）、脾脏、大肠和肺脏，置于10%的甲醛中保存待检。应注意与牛瘟、蓝舌病和口蹄疫等病相鉴别。

【防治】严禁从存在本病的国家或地区引进相关动物。羊舍周围用碘制剂消毒药每天消毒2次。妊娠母羊注射小反刍兽疫活疫苗可以起到一定的预防效果。

由于本病发病急、传染性极强、发病率和致死率高，对此应引起高度重视，切实做好小反刍兽疫的各项防治工作。加强管理，建立健全防疫制度，做好日常饲养管理和消毒工作，切实提高生产安全水平。严禁外来人员和车辆进入圈舍或场区。若外来人员或车辆需进场，在进入前应彻底消毒。加强疫情监测排查，及时发现和消除隐患。强化活羊调运监管，严禁从疫区引进羊只。外来羊只尤其是来源于活羊交易市场的羊调入后，必须隔离观察30天以上，确认健康无病后方可混群饲养。一旦发生疫情或疑似疫情，要迅速启动应急机制，严格按照《动物防疫法》《小反刍兽疫防控应急预案》和《小反刍兽疫防治技术规范》等有关规定要求，采取紧急、强制性的控制和扑灭措施，依法果断处置。

五　羊传染性胸膜肺炎

羊传染性胸膜肺炎是由山羊丝状支原体引起的，呈革兰氏阴性。病原体存在于病羊的肺脏和胸膜渗出液中，主要通过呼吸道感染。传染迅速，发病率高，在自然条件下，丝状支原体山羊亚种只感染山羊，3岁以下的山羊最易感染，而绵羊肺炎支原体则可感染山羊和绵羊。

【流行病学特点】病羊和带菌羊是本病的主要传染源。本病常呈地方性流行，接触传染性很强，主要通过空气、飞沫经呼吸道传染。阴雨连绵，寒冷潮湿，羊群密集、拥挤等因素，有利于空气、飞沫传染的发生；冬季流行期平均为 15 天，夏季可维持 2 个月以上。

【临床症状】以咳嗽、胸肺粘连等为特征，潜伏期 18～26 天，病初体温升高至 41～42℃，热度呈稽留型或间歇型，有肺炎症状，压迫病羊肋间隙时，感觉痛苦（彩图 9-8）。病程末期，常发展为肠胃炎，伴有带血的急性下痢，渴欲增加。妊娠羊常发生流产。

【防治】每年秋季注射 1 次胸膜肺炎疫苗；杜绝羊只、人员串动；圈舍定期消毒。用沙星类药物治疗和预防有特效。

平时预防，除加强一般措施外，关键是防止引入或迁入病羊和带菌者。新引进羊只必须隔离检疫 1 个月以上，确认健康时方可混入大群。

发病羊群应进行封锁，及时对全群进行逐头检查，对病羊、可疑病羊和假定健康羊分群隔离和治疗；对被污染的羊舍、场地、用具和病羊的尸体、粪便等，应进行彻底消毒或无害化处理。

六 羊常见细菌性猝死症

引起羊猝死的细菌性疾病较多，常见的有羊快疫、羊猝狙、羊肠毒血症、羊炭疽、羊黑疫、肉毒梭菌和链球菌病等。这些疾病均可引起羊在短期内死亡，且症状类似。

1. 羊快疫

【病原】病原体为腐败梭菌。通过消化道或伤口传染。经过消化道感染的，可引起羊快疫；经过伤口感染的，可引起恶性水肿。

【感染途径】在自然条件下，在被死于羊快疫病羊尸体污染的牧场放牧或吞食了被其污染的饲料和饮水，都可发生感染。很多降低抵抗力的因素，可促进该病发生，如寒冷、冰冻饲料、绦虫等。

【症状】该病的潜伏期只有几小时，突然发病，在 10～15 分钟内迅速死亡，有时可以延长至 2～12 小时。死前全身痉挛、腹胀，结膜急剧充血。常见的现象是羔羊当天表现正常，第二天早晨却发现死亡；其发病症状主要表现为体温升高，食欲废绝，离群静卧，磨牙，呼吸困难，甚至发生昏迷，天然无绒毛部位有红色渗出液，头、喉、舌等部黏膜肿胀，呈蓝紫色，口腔流出带血泡沫，有时发生带血下痢，常有不安、兴奋、突跃式

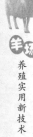

运动或其他神经症状。

【治疗】磺胺类药物及青霉素均有疗效，但由于病期短促，生产中很难生效。

【预防】每年定期应用羊快疫、羊猝狙、羊肠毒血症、羔羊痢疾四联苗预防注射。

羊群中一旦有发病的羊只，立即将病羊隔离，并给发病羊群全部灌服0.1%的高锰酸钾溶液250毫升或1%的硫酸铜溶液80～100毫升，同时进行紧急接种。

病死羊尸体、粪便和被污染的泥土一起深埋，以断绝污染土壤和水源的机会。圈舍用3%的氢氧化钠溶液或20%的漂白粉彻底消毒。

2. 羊猝狙

【病原】本病是由C型产气荚膜梭菌引起的一种毒血症。

【症状】以急性死亡、腹膜炎和溃疡性肠炎为特征，十二指肠和空肠黏膜严重充血糜烂，个别区段有大小不等的溃疡灶。常在死后8小时内，由于细菌的增殖，在骨骼肌间积聚血样液体，肌肉出血，有气性裂孔。以1～2岁的绵羊发病较多。

【诊断】本病的流行特点、症状与羊快疫相似，这两种病常混合发生。诊断主要靠肠内容物毒素种类的检查和细菌的定型，其方法见羊肠毒血症的诊断。

【防治】同羊快疫。

3. 羊肠毒血症

【病原】羊肠毒血症是D型产气荚膜梭菌产生毒素所引起的绵羊急性传染病。

【感染途径】本菌常见于土壤中，通过口腔进入胃肠道，在真胃和小肠内大量繁殖，产生大量毒素。毒素被机体吸收后，可使羊体发生中毒而发病。

【症状】以发病急，死亡快，死后肾脏多见软化为特征。又称软肾病、类快疫。最急性病羊死亡很快。个别呈现疝痛症状，步态不稳，呼吸困难，有时磨牙，流涎，短时间内倒地死亡。急性的表现为，病羊食欲消失，下痢，粪便恶臭，带有血液及黏液，意识不清，常呈昏迷状态，经过1～3日死亡。有的可能延长，其表现特点有时兴奋，有时沉郁，黏膜有黄疸或贫血，这种情况，虽然可能痊愈，但大多数失去利用价值。

【诊断】该病的诊断以流行病学、临床症状和病理剖检为基础，注意个别羔羊突然死亡。剖检见心包扩大，肾脏变软或呈乳糜状。最根本的方法是细菌学检查。

【防治】同羊快疫。

4. 炭疽

【病原】该病是由炭疽杆菌引起的传染病，常呈败血性。

【症状】潜伏期1～5天。根据病程，可分为最急性型、急性型和亚急性型。

（1）最急性型 突然昏迷、倒地，呼吸困难，黏膜青紫色，天然孔出血。病程为数分钟至几小时。

（2）急性型 体温达42℃，少食，呼吸加快，反刍停止，妊娠羊可流产。病情严重时，惊恐、咩叫，后变得沉郁，呼吸困难，肌肉震颤，步态不稳，黏膜青紫。初便秘，后可腹泻、便血，有血尿。天然孔出血，抽搐痉挛。病程一般为1～2天。

（3）亚急性型 皮肤、直肠或口腔黏膜出现局部的炎性水肿，初期硬，有热痛，后变冷而无痛。病程为数天至1周以上。

【防治】经常发生炭疽的地区，应进行预防注射。未发生过本病的地区，在引进羊时要严格检疫，不要买进病羊。尸体要焚烧、深埋，严禁食用；被病羊污染的环境可用20%的漂白粉彻底消毒。疫区应封锁，疫情完全消灭后14天才能解除。

5. 羊黑疫

羊黑疫又称传染性坏死性肝炎，是羊的一种急性高度致死性毒血症。

【发病特点】以2～4岁、营养良好的绵羊多发，山羊也可发生。主要发生于低洼潮湿地区，以春、夏季多发。

【症状】临床症状与羊肠毒血症、羊快疫等极其相似，症程短促。病程长的病例一般为1～2天。食欲废绝，反刍停止，精神不振，放牧掉群，呼吸急促，体温在41℃左右，俯卧昏睡而死。

【防治】病程稍缓的病羊，肌内注射青霉素80～160万单位，一天2次。也可静脉注射或肌内注射抗诺维氏梭菌血清，一次50～80毫升，连续用1～2次。

控制肝片吸虫的感染，定期注射羊厌气菌病五联苗，皮下或肌内注射5毫升。发病时一般圈至高燥处，也可用抗诺维氏梭菌血清早期预防，皮下或肌内注射10～15毫升，必要时重复1次。

6. 肉毒梭菌中毒

【病因】肉毒梭菌存在于家畜尸体内和被污染的草料中，该菌在适宜

第九章 羊常见病防治

的条件下（潮湿、厌氧，18～37℃）能够繁殖，产生外毒素。羊只吞食了含有毒素的草料或尸体后，即会引起中毒。

【症状】中毒后一般表现为吞咽困难，卧地不起，头向侧弯，颈、腹部和大腿肌肉松弛。一般体温正常，多数1日内死亡。最急性的，不表现任何症状，突然死亡。慢性的，继发肺炎，消瘦死亡。

【防治】不用腐败发霉的饲料喂羊，清除牧场、羊舍和周围的垃圾、尸体。定期预防注射类毒素。注射肉毒梭菌抗毒素6万～10万单位；投服泻药清理肠胃；配合对症治疗。

7. 羊链球菌病

【病原】病原体为C型溶血性链球菌。多经呼吸道感染。当天气寒冷、饲料不好时容易发病，在牧草青黄不接时最容易发病和死亡。新发病地区多呈流行性，常发地区则呈地方流行性或散发性。

【症状】病程短，最急性病例24小时内死亡，一般为2～3天。病初体温高达41℃以上；结膜充血，有脓性分泌物；鼻孔有浆液、黏液、脓性鼻汁；有时唇、舌肿胀流涎，并混有泡沫；颌下淋巴结肿大，咽喉肿胀，呼吸急促，心跳加快；排软便并带黏液或血。最后衰竭卧地不起。

【诊断】根据发病季节、症状和剖检，可以做出初步诊断。细菌学检查具有确诊意义。

【防治】加强饲养管理，保证羊体健壮。每年秋季注射疫苗。圈舍定期消毒。治疗可用青霉素、磺胺类药物。

8. 羊快疫、羊猝狙、羊肠毒血症、羊炭疽的区分

羊快疫病原体为腐败梭菌、羊猝狙病原体为C型产气荚膜梭菌、羊肠毒血症病原体为D型产气荚膜梭菌，羊炭疽病原为炭疽杆菌。这些传染病，羊易感，对养羊业危害较大，症状有些相似，应注意鉴别（表9-1）。

表9-1 羊快疫、羊猝狙、羊肠毒血症、羊炭疽的鉴别

鉴别要点	羊 快 疫	羊肠毒血症	羊 猝 狙	羊 炭 疽
发病年龄	6～18个月	2～12个月	1～2岁	成年羊
营养状况	膘轻好者多发	同左	同左	营养不良多发
发病季节	秋季和早春多发	春夏之交和秋季多发	冬、春多发	夏、秋多发

鉴别要点	羊 快 疫	羊肠毒血症	羊 猝 狙	羊 炭 疽
发病诱因	气候骤变	精饲料等过食	多见阴洼沼泽地区	气温高、雨水多，吸虫、昆虫活跃
高血糖和尿糖	无	有	无	无
胸腺出血	无	有	无	无
真胃出血性炎	很显著、弥漫性、斑块状	不特征	轻微	较显著，小点状
小肠溃疡性炎	无	无	有	无
骨骼肌气肿出血	无	无	死后 8 小时出现	无
肾脏软化	少有	死亡时间较久者多见	少有	一般无
急性脾肿	无	无	无	有
抹片检查	肝被膜触片常有无关节长丝状的腐败梭菌	血液和脏器组织一般不见细菌	体腔渗出液和脾脏抹片中可见 C 型产气荚膜梭菌	血液和脏器涂片见有荚膜的炭疽杆菌

七 羊口疮

【病原】病原为滤过性口疮病毒。其形态与羊痘病毒相似。病痂内的病毒在炎热的夏季经过 30~60 天即失去传染力，但在秋、冬季节散播在土壤里的病毒，到第二年春季仍有传染性。

【传染途径】主要传染源是病羊，通过接触传染。也可经污染的羊舍、草场、草料、饮水和用具等感染。传染的门户是损伤的皮肤和黏膜。

【症状】主要发生于两侧口角部、上下唇的内外面、齿龈、舌尖表面及硬腭等处，少数见于鼻孔及眼部（图 9-6）。病初口角或上、下唇的内外侧充血，出现散在的红疹。随着红疹数目逐

图9-6　羊口疮

渐增加，患部肿大，并形成脓疱。经 2 ~ 4 日，红疹全部变为脓疱。脓疱迅速破裂，形成溃疡，以后形成一层灰褐色痂块。痂块逐渐增大，结成黑色赘庞状的痂块，摸起来极为坚硬。如剥除痂块，疮面凹凸不平，容易出血。延及舌面、齿龈及硬腭的病变，常常烂成一片，但不经过结痂过程。

【诊断】羔羊发病率高而严重，传染迅速。患病局限于唇部的为多数。病变特点是形成疣状结痂，痂块下的组织增生呈桑葚状。

【预防】定期注射口疮疫苗。用 0.1% 的高锰酸钾溶液清洗，10 ~ 15 天即可痊愈。

第三节　羊寄生虫病防治

一　螨病

螨病是羊的一种慢性寄生性皮肤病，由疥螨和痒螨寄生在体表而引起的，短期内可引起羊群严重感染，危害严重。

【病原】疥螨寄生于皮肤角化层下，虫体在隧道内不断发育和繁殖。成虫体长 0.2 ~ 0.5 毫米，肉眼不易看见。痒螨寄生在皮肤表面，虫体长 0.5 ~ 0.9 毫米，长圆形，肉眼可见。

【症状】病初，虫体刺激神经末梢，引起剧痒，羊不断在圈墙、栏柱等处摩擦；在阴雨天气、夜间、通风不好的圈舍会随着病情的加重，痒觉表现愈加剧烈，继而皮肤出现丘疹、结节、水疱；甚至脓疮；后形成痂皮和龟裂（图 9-7、彩图 9-9）。特别是绵羊患疥螨病时，病变主要局限于头部，病变处如干涸的石灰。绵羊感

图 9-7　羊疥螨

染痒螨后，可见患部有大片被毛脱落。患羊因终日啃咬和摩擦患部，烦躁不安，影响采食和休息，日渐消瘦，最终可极度衰竭而死亡。

【发病特点】主要发生于冬季和秋末春初。疥螨病一般始于羊皮肤柔软且短毛的部位，如嘴唇、口角、鼻面、眼圈及耳根部，以后皮肤炎症逐渐向周围蔓延；痒螨病则起始于被毛稠密和温湿度比较恒定的皮肤部位，

如绵羊多发生于背部、臀部及尾根部，以后才向体侧蔓延。

【防治】涂药疗法适合于病羊率数量少，患部面积小的情况，并可在任何季节使用，但每次涂擦面积不得超过体表的1/3。涂药用克辽宁擦剂（克辽宁1份、软肥皂1份、酒精8份，调和即成）、5%的敌百虫溶液（来苏儿5份，溶于温水100份中，再加入5份敌百虫配成）。药浴疗法适用于病畜数量多且气候温暖的季节，药浴液用0.5%~1%的敌百虫水溶液，0.05%的辛硫磷乳油水溶液。

二 肠道线虫病

【病因】羊通过采食被污染的牧草或饮水感染。

【症状】羊消化道线虫感染的临床症状以贫血、消瘦、下痢与便秘交替和生产性能降低为主要特征。表现为结膜苍白、下颌间和下腹部水肿，便稀或便秘，体质瘦弱，严重时造成死亡（图9-8、图9-9）。

图9-8 羊捻转血矛线虫

图9-9 寄生虫性顽固性拉稀

【预防】

1）加强饲养管理及卫生消毒工作。

2）进行计划性驱虫。

3）进行药物预防。可用噻苯达唑进行药物预防。

【治疗】

1）阿苯达唑，按5~20毫克/千克体重，口服。

2）吩噻唑，按0.5~1.0毫克/千克体重，混入稀面糊中或用面粉做成丸剂使用。

3）噻苯达唑，按50~100毫克/千克体重，口服。对成虫和未成熟虫体都有良好的效果。

4）驱虫净，按10~15毫克/千克体重，配成5%的水溶液灌服。

三 绦虫病

本病分布很广，能引起羔羊的发育不良，甚至死亡。

【病原】本病的病原为绦虫，比较常见的有扩展莫尼茨绦虫和贝氏莫尼茨绦虫，是一种长带状、有许多扁平体节的蠕虫，寄生在羊的小肠中，羊放牧时吞食含有绦虫卵的地螨而引起感染。

【症状】感染绦虫的病羊一般表现为食欲减退、饮欲增加、精神不振、虚弱、发育迟滞，严重时病羊下痢，粪便中混有成熟绦虫节片（图9-10），病羊迅速消瘦、贫血，有时出现回旋运动或头部后仰的神经症状，有的病羊因虫体成团引起肠阻塞产生腹痛甚至肠破裂，因腹膜炎

图9-10　粪便中的绦虫节片

而死亡。后期经常做咀嚼运动，口周围有许多泡沫，最后死亡。

【预防】

1）采取圈养的饲养方式，以免羊吞食地螨而感染。

2）避免在低湿地放牧，尽可能地避免在清晨、黄昏和雨天放牧，以减少感染。

3）定期驱虫，舍饲羊应在放牧前对羊群驱虫，放牧1个月内第二次驱虫，1个月后第三次驱虫。

4）驱虫后的羊粪便要及时集中堆积发酵或沤肥，至少2~3个月才能杀灭虫卵。

5）经过驱虫的羊群，不要到原地放牧，及时转移到清净的安全牧场，可有效地预防绦虫病的发生。

【治疗】

1）阿苯达唑，15~20毫克/千克体重，内服。

2）苯硫咪唑，60~70毫克/千克体重，内服。

3）硝氯酚，3~4毫克/千克体重，内服（肝片吸虫病）。

4）三氯苯唑（肝蛭净），10~12毫克/千克体重，内服（肝片吸虫病）。

5）硫溴酚（蛭得净），10～12 毫克/千克体重，内服（肝片吸虫病）。

6）氯硝柳胺，75～80 毫克/千克体重，内服（前后盘吸虫）。

四 犁形虫病

【病原】 犁形虫病是由蜱传播的，这种病是一种季节性很强的地方性流行病。

【症状】 病羊精神沉郁，食欲减退或废绝，体温升高至 40～42℃，呈稽留热型。呼吸促迫，喜卧地（彩图 9-10）。反刍及胃肠蠕动减弱或停止。初期便秘，后期腹泻，粪便带血丝。羊尿混浊或血尿。可视黏膜充血，部分有眼屎，继而出现贫血和轻度黄疸，中后期病羊高度贫血、血液稀薄，结膜苍白。颈浅淋巴结肿大，有的颈下、胸前、腹下及四肢发生水肿。

【预防】

1）在秋、冬季节，应搞好圈舍卫生，消灭越冬硬蜱的幼虫；春季刷拭羊体时，要注意观察和抓蜱。可向羊体喷洒敌百虫。

2）加强检疫，不从疫区引进羊，新引进羊要隔离观察，严格把好检疫关。

3）在流行地区，于发病季节前，每隔 15 天用三氮脒预防注射 1 次，按 2 毫克/千克体重配成 7% 的水溶液肌内注射。

【治疗】

1）贝尼尔（三氮咪，血虫净），3.5～3.8 毫克/千克体重，配成 5% 的水溶液，分点深部肌内注射，1～2 天 1 次，连用 2～3 次。

2）阿卡普啉（硫酸喹啉脲），0.6～1 毫克/千克体重，配成 5% 的水溶液，分 2～3 次间隔数小时皮下或肌内注射，每天 1 次，连用 2～3 天。

3）对症治疗，强心、补液、缓泻、灌肠等。

五 羊鼻蝇蛆病

该病是羊鼻蝇幼虫寄生在羊的鼻腔或额突里，并引起慢性鼻炎的一种寄生虫病。

【症状】 患羊表现为精神萎靡不振，可视黏膜浅红，鼻孔有分泌物，摇头、打喷嚏，运动失调，头弯向一侧旋转或发生痉挛、麻痹，听、视力降低，后肢举步困难，有时站立不稳，跌倒而死亡。

【发病特点】 羊鼻蝇成虫多在春、夏、秋季出现，尤以夏季为多。成虫在 6 ~ 7 月开始接触羊群，雌虫在牧地、圈舍等处乱飞，钻入羊鼻孔内产幼虫。经 3 期幼虫阶段发育成熟后，幼虫从深部逐渐爬向鼻腔，当患羊打喷嚏时，幼虫被喷出，落于地面，钻入土中或羊粪堆内化为蛹，经 1 ~ 2 个月后成蝇。雌雄交配后，雌虫又侵袭羊群再产幼虫。

【防治】用 1% ~ 2% 的敌百虫 5 ~ 10 毫升注入鼻腔，或用长针头穿刺骨泪泡，注入 1% 的敌百虫水溶液 0.1 千克/千克体重，或做颈部皮下注射。

第四节　羊其他常见病防治

一　流产

流产又称为妊娠中断，是指由于胎儿或母体的生理过程发生紊乱，或它们之间的正常关系受到破坏而导致的妊娠中断。

【病因及分类】流产的类型极为复杂，可以概括为 3 类，即传染性流产、寄生虫性流产和普通流产（非传染性流产或散发性流产）。

（1）**传染性和寄生虫性流产**　主要是由布鲁氏杆菌、沙门氏菌、绵羊胎儿弯曲菌、衣原体、支原体、边界病及寄生虫等传染病引起的流产。这些传染病往往是侵害胎盘及胎儿引起自发性流产，或以流产作为一种症状，而发生症状性流产。

（2）**普通流产**（非传染性流产）　普通流产又有自发性流产和症状性流产。自发性流产主要是胚胎或胎盘胎膜异常导致的流产，是由内因引起；症状性流产主要是由于饲养管理不当，损伤及医疗错误引起的流产，属于外因造成的流产（图 9-11）。

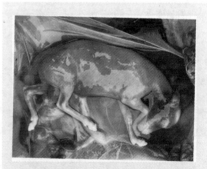

图 9-11　流产胎儿

【诊断】引起流产的原因是多种多样的，各种流产的症状也有所不同。除了个别病例的流产在刚一出现症状时可以试行抑制以外，大多数流产一旦有所表现，往往无法阻止。尤其是群牧羊只，流产常常是成批的，损失严重。因此在发生流产时，除了采用适当治疗方法，以保证母羊及其生殖道的健康外，还应对整个羊群的情况进行详细的调查分析，观察排出的胎儿及胎膜，必要时采样，进行实验室检查，尽量做出确切的诊断，然后提出有效的预防措施。

调查材料应包括饲养放牧条件及制度（确定是否为饲养性流产）；管理及生产情况，是否受过伤害、惊吓，流产发生的季节及天气变化（损伤性及管理性流产）；母羊是否发生过普通病、羊群中是否出现过传染性及寄生虫性疾病；以及治疗情况如何，流产时的妊娠月份，母羊的流产是否带有习惯性等。

对排出的胎儿及胎膜，要进行细致观察，注意有无病理变化及发育异常。在普通流产中，自发性流产表现有胎膜异常及胎儿畸形；霉菌中毒可以使羊膜发生水肿、皮革样坏死，胎盘水肿、坏死并增大。由于饲养管理不当、损伤及母羊疾病、医疗事故引起的流产，一般都看不到明显变化。有时正常出生的胎儿，胎膜上出现有钙化斑等异常变化。

传染性及寄生虫性的因素引起的流产，胎膜及（或）胎儿常有病理变化。例如，因布鲁氏菌病引起流产的胎膜及胎盘上常有棕黄色黏脓性分泌物，胎盘坏死、出血，羊膜水肿并有皮革样的坏死区；胎儿水肿，胸腹腔内有浅红色的浆液等。上述流产常发生胎衣不下。具有这些病理变化时，应将胎儿（不要打开，以免污染）、胎膜以及子宫或阴道分泌物送实验室诊断检验，有条件时应对母羊进行血清学检查。症状性流产，胎膜及胎儿没有明显的病理变化。对于传染性的自发性流产，应将母羊的后躯及所污染的地方彻底消毒，并将母羊隔离饲养。

【预防】加强饲养管理，增强母羊营养，除去造成母羊流产的因素是预防的关键。当发现母羊有流产预兆时，应及时采取制止阵缩及努责的措施，可注射镇静药物，如苯巴比妥、水合氯醛、黄体酮等进行保胎。用疫苗进行免疫，特别是对可引起流产的传染病适时注射相关疫苗。

制定一个生物安全方案，引进的羊群在合群之前，隔离1个月；维持好的身体状况，提供充足的饲料及高质量的维生素、矿物质盐混合物，储备一些能量和蛋白质，以备紧急情况下使用；在流行地区，母羊分娩前4个月和2个月，分别免疫衣原体和弧菌病（可能还有其他疾病）疫苗，如果以前免疫过，免疫1次即可；妊娠期间，饲喂四环素（200～400毫克/天），将药物混在预混料中添加。

避免羊与牛和猪接触，饲料和饮水不被粪尿污染，不要将饲料放到地上，减少羊场鼠、鸟和猫的数量。发生流产后，立即将胎儿的样品（包括胎盘）送往实验室诊断。发生流产后立即诊断、处理流产组织，隔离流产母羊，治疗其他羊只，使羊群尽量生活在一个干净、应激少、宽松的环境中。

【治疗】首先应确定造成流产的原因以及能否继续妊娠，再根据症状确定治疗方案。

（1）先兆流产　妊娠母羊出现腹痛、起卧不安、呼吸及脉搏加快等临床症状，即可能发生流产。处理的原则为安胎，使用抑制子宫收缩药，可采用如下措施。

肌内注射黄体酮。10～30毫克，每天或隔日1次，连用数次。为防止习惯性流产，也可在妊娠的一定时间使用黄体酮。还可注射1%的硫酸阿托品1～2毫升。同时，要给以镇静剂，如溴剂等。此时禁止进行阴道检查，以免刺激母羊。

如果经上述处理，病情仍未稳定下来，阴道排出物继续增多，起卧不安加剧，即进行阴道检查，如果子宫颈口已经开放，胎囊已进入阴道或已破水，流产已难以避免，应尽快促使子宫排出内容物，以免死亡胎儿腐败引起母羊子宫内膜炎，影响以后的繁殖性能。

如果子宫颈口已经开大，可用手将胎儿拉出。流产时，胎儿的位置及姿势往往反常，如胎儿已经死亡，矫正遇有困难，可行截胎术。如果子宫颈口开张不大，手不易伸入，可参考人工引产法，促使子宫颈开放，并刺激子宫收缩。对于早产胎儿，如果有吮乳反射，可尽量加以挽救，帮助吮乳或人工喂奶，并注意保暖。

（2）延期流产　如果胎儿发生干尸化，可先用前列腺素或类似物制剂，前列腺素肌内注射0.5毫克或氯前列烯醇肌内注射0.1毫克；继之或同时应用雌激素，溶解黄体并促使子宫颈扩张。同时，因为产道干涩，应在子宫及产道内涂以润滑剂，以便子宫内容物排出。

对于干尸化胎儿，由于胎儿头颈及四肢蜷缩在一起，且子宫颈开放不大，必须用一定力量或预先截胎才能将胎儿取出。

如果胎儿浸溶，软组织已基本液化，须尽可能将胎骨逐块取净。分离骨骼有困难时，须根据情况先将它破坏后再取出。操作过程中，术者须防止自己受到感染。

取出干尸化及浸溶胎儿后，因为子宫中留有胎儿的分解组织，必须用消毒液或5%～10%的盐水，冲洗子宫，并注射子宫收缩药，促使液体排出。对于胎儿浸溶，因为有严重的子宫炎及全身变化，必须在子宫内放入抗生素，并特别重视全身抗生素治疗，以免造成不育。

难产的发病原因比较复杂，基本上可以分为普通病因和直接病因两大类（图9-12）。普通病因指通过影响母体或胎儿而使正常的分娩过程受阻，主要包括遗传因素、环境因素、内分泌因素、饲养管理因素、传染性因素及外伤因素等。直接病因指直接影响分娩过程的因素。由于分娩的正常与否主要取决于产力、产道及胎儿3个方面，因此难产按其直接原因可以

图9-12 难产

分为产力性难产、产道性难产及胎儿性难产3类，其中前两类又可合称为母体性难产。

1. 助产的基本原则

在手术助产时，必须重视以下基本原则。

（1）及早发现，果断处理 当发现难产时，应及早采取助产措施。助产越早，效果越好。难产病例均应做急诊处理，手术助产越早越好，尤其剖宫产术。

（2）术前检查，拟订方案 术前检查必须周密细致，根据检查结果，结合设备条件，慎重考虑手术方案的每个步骤及相应的保定、麻醉工作等，通常的保定是使母羊呈前低后高或仰卧（有时）姿势，把胎儿推回子宫内进行矫正，以便操作。

（3）正确助产 如果胎膜未破，最好不要弄破胎膜进行助产。如果胎儿的姿势、方向、位置复杂，就需要将胎膜穿破，及时进行助产。如果胎膜破裂时间较长，产道变干，就需要注入液状石蜡或其他油类，以利于助产手术的进行。

（4）尽量保护母羊生殖道受到最小损伤 将刀子、钩子等尖锐器械带入产道时，必须用手保护好，以免损伤产道。进行手术助产时，所有助

产动作不要过于粗鲁。一般来说，只要不是胎儿过大或母体过度疲乏，仅仅需要将胎儿向内推，校正异常部位，即可自然产出。如果需要人力拉出，也应缓缓用力，使胎儿的拉出动作和自然产出一样。同时，重视发挥集体力量。

2. 助产准备

(1) 术前检查 询问羊分娩的时间，是初产或经产，看胎膜是否破裂，有无羊水流出，检查全身状况。

(2) 保定母羊 一般使羊侧卧，保持安静，前躯低、后躯稍高，以便矫正胎位。

(3) 消毒 对手臂、助产用具进行消毒；对阴户外周，用1:5000的新洁尔灭溶液进行清洗。

(4) 产道检查 注意产道有无水肿、损伤、感染，观察产道表面干燥和湿润状态。

(5) 胎位、胎儿检查 确定胎位是否正常，判断胎儿死活。胎儿正产时，手入阴道可摸到胎儿嘴巴、两前肢、两前肢中间夹着胎儿的头部；胎儿倒生时，手入产道可摸到胎儿尾巴、臀部、后路及脐动脉。以手指压迫胎儿，如有反应表示尚还存活。

(6) 助产方法 常见难产部位有头颈侧弯、头颈下弯、前肢腕关节屈曲、肩关节屈曲、肘关节屈曲、胎儿下位、胎儿横向和胎儿过大等；可按不同的异常产位将其矫正，然后将胎儿拉出产道。多胎羊只，应注意怀羔数目，在助产中认真检查，直至将全部胎儿助产完毕，方可将母羊归群（图9-13）。

图9-13 羊的助产

(7) 剖宫产 子宫颈扩张不全或子宫颈闭锁，胎儿不能产出，或骨骼变形，致使骨盆腔狭窄，胎儿不能正常通过产道，在此情况下，可进行剖宫产术，急救胎儿，保护母羊安全。

(8) 阵缩及努责微弱的处理 可皮下注射垂体后叶素、麦角碱注射液1~2毫升。必须注意的是，麦角制剂只限于子宫颈完全开张，胎势、胎位及胎向正常时方可使用，否则易引起子宫破裂。

羊怀双羔时，可遇到双羔同时各将一肢伸出产道，形成交叉。由此形成的难产，应分清情况，可触摸腕关节确定前肢，触摸踝关节确定后肢。确定难产羔羊体位后，可将一只羔羊的肢体推回腹腔，先整顺一只羔羊的肢体，将其拉出产道，再将另一只羔羊的肢体整顺拉出。切忌将两只羔羊的不同肢体误认为同一只羔羊的肢体，施行助产。

3. 剖宫产术

剖宫产术是在发生难产时，切开腹壁及子宫壁，从切口取出胎儿的手术。必要时山羊和绵羊均可施行此术。如果母羊全身情况良好，手术及时，则有可能同时救活母羊和胎儿（图9-14）。

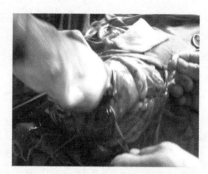

图9-14　羊的剖宫产

【适应症】剖宫产术主要在发生以下情况时采用：无法纠正的子宫扭转，子宫颈管狭窄或闭锁，产道内有妨碍截胎的赘瘤或骨盆因骨折而变形，骨盆狭窄（手无法伸入）及胎位异常等情况。但在有腹膜炎、子宫炎和子宫内有腐败胎儿，母羊因为难产时间长久而十分衰竭时，严禁进行剖宫产。

（1）术前准备　在右肷部手术区域（由髋结节到肋骨弓处）剪毛、剃光，然后用温肥皂水洗净擦干。保定消毒，使羊卧于左侧，用碘酒消毒皮肤，然后盖上手术巾，准备施行手术。麻醉，可以采用合并麻醉或电针麻醉。合并麻醉是口服酒精做全麻，同时对术区进行局麻。口服的酒精应稀释成40%，每10千克体重按35~40毫升计算（也可用白酒，用量相同）。局麻是用0.5%的普鲁卡因沿切口做浸润麻醉，用量根据需要而定。电针麻醉，取百会穴及六脉穴。百会接阳极，六脉接阴极。诱导时间为20~40分钟。针感表现为腰臀肌颤动，肋间肌收缩。

（2）手术过程

1）开腹。沿肌内斜肌纤维的方向切开腹壁。切口应距离髋结节10~12厘米。在切开线上的血管用钳夹法和结扎法进行止血。显露腹腔后，术者手经切口伸入腹腔内，探查胎儿的位置及与切口最近的部位，以确定

子宫切开的方法。

2）显露子宫。术者手经切口向骨盆方向入手，找到大网膜的网膜上隐窝，用手拉着网膜及其网膜上隐窝内的肠管，向切口的前方牵引，使网膜及肠管移入切口前方，并用浸有生理盐水的纱布隔离，以防网膜和肠管向后复位，此时切口内可充分显露子宫及其子宫内的胎儿。当网膜不能向前方牵引时，可将大网膜切开，再用浸有生理盐水的纱布将肠管向前方隔离后，显露子宫。

3）切开子宫。术者将手伸入腹腔，转动子宫，使孕角的大弯靠近腹壁切口。然后切开子宫角，并用剪刀扩大切口长度。切开子宫角时应特别注意，不可损伤子叶和到子叶去的大血管。为了确定子叶的位置，在切开子宫时，要始终用手指伸入子宫来触诊子叶。对于出血很多的大血管，要用肠线缝合或结扎。

4）吸出胎水。在术部铺一层消毒的手术巾，以钳子夹住胎膜，在上面开一个很小的切口，然后插入橡皮管，通过橡皮管用橡皮球或大注射器吸出羊水和尿水。

5）拉出胎儿。待羊水放完后，术者手伸入子宫腔内，抓住胎儿的肢体，缓慢地向子宫切口外拉出，拉出胎儿需术者与助手相互配合好，严防在拉出胎儿时导致子宫壁的撕裂，严防肠管脱出腹腔外。在胎儿从子宫内拉出的瞬间，告诉在场人员用两手掌压迫右腹部以增大腹内压，以防胎儿拉出后由于腹内压的突然降低而引起脑贫血、虚脱等意外情况的发生。拉出胎儿后，若胎儿还存活，交饲养人员去护理。术者与助手立即拎起子宫壁切口，剥离胎膜，并尽量将胎膜剥离下来，若胎膜与子宫壁结合紧密不好剥离，也可不剥离。用生理盐水冲洗子宫壁及子宫腔，除去子宫腔内的血凝块及胎膜碎片，冲洗子宫壁上的污物后，向子宫腔内撒入青霉素、链霉素，进行子宫壁切口的缝合。

对于拉出的胎儿，首先要除去口、鼻内的黏液，擦干皮肤。看到胎儿发生几次深吸气以后，再结扎和剪断脐带。假如没有呼吸反射，应该在结扎以前用手指压迫脐带，直到脐带的脉搏停止为止。此法配合按压胸部和摩擦皮肤，通常可以引起吸气。在出现吸气之后，剪断脐带，交给其他助手进行处理。

6）剥离胎衣。在取出胎儿以后，应进行胎衣剥离。剥离往往需要很长时间，颇为麻烦。但与胎衣留在子宫内所引起的不良后果相比，这一步骤还是非常必要的。

为了便于剥离胎衣，在拉出胎儿的同时，应该静脉注射垂体后叶素或皮下注射麦角碱。如果在子宫腔内注满5%～10%的氯化钠溶液，停留1～2分钟，也有利于胎衣的剥离。最后将注射的液体通过橡皮管排出来。

7）冲洗子宫。剥完胎衣之后，用生理盐水将子宫切口的周围充分擦洗干净。如果切口边缘受到损伤，应该切去损伤部，使其成为新伤口。

8）缝合子宫。第一层用康乃尔氏连续缝合法缝合完毕，用生理盐水冲洗子宫，再转入第二层的伦勃特氏连续缝合。缝毕，再使用生理盐水冲洗子宫壁，清理子宫壁与腹壁切口之间的填塞纱布后，将子宫还纳回腹腔内。

9）缝合腹壁。拉出胎儿后，腹内压减小了，腹壁切口都比较好闭合，若手术中间因瘤胃臌气使腹内压增大，使切口闭合十分困难时，应通过瘤胃穿刺放气减压或插胃管使瘤胃减压后再闭合腹壁切口。第一层对腹膜、腹横肌进行连续缝合，第二层对腹直肌连续缝合，第三层结节缝合腹黄筋膜，最后对皮肤及皮下组织进行结节缝合，并打以结系绷带。

（3）术后护理 肌内注射青霉素，静脉注射5%的葡萄糖盐水。必要时还应注射强心剂。保持术部的清洁，防止感染化脓。经常检查病羊全身状况，必要时应施行适当的症状疗法。如果伤口愈合良好，手术10天以后即可拆除缝合线；为了防止伤口裂开，最好先拆1针留1针，3～4天后将其余缝线全部拆除。

【预后】绵羊的预后比山羊好。手术进行得越早，预后越好。

三 胎衣不下

胎儿出生以后，母羊排出胎衣的正常时间，绵羊为3.5（2～6）小时，山羊为2.5（1～5）小时，如果在分娩后超过14小时胎衣仍不排出，即称为胎衣不下。此病在山羊和绵羊都可发生。

【病因】妊娠母羊饲养管理不当，饲料中缺乏矿物质、维生素，运动不足，体质瘦弱或过度肥胖，胎水过多，怀羔数过多，饮饲失调等，均可造成子宫收缩力量不够，使羔羊胎盘与母体胎盘粘在一起导致发病。此外，子宫炎、胎膜炎、布鲁氏菌病也可引起胎衣不下。发病的直接原因包括2大类。

（1）产后子宫收缩不足 子宫因多胎、胎水过多、胎儿过大以及持续排出胎儿而伸张过度；饲料的质量不好，尤其当饲料中缺乏维生素、钙盐及其他矿物质时，容易使子宫发生弛缓；妊娠期（尤其在妊娠后期）

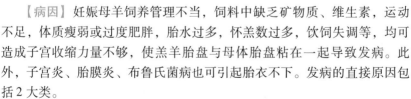

缺乏运动，往往会引起子宫弛缓，胎衣排出很缓慢；分娩时母羊肥胖，可使子宫复旧不全，因而发生胎衣不下；流产和其他能够降低子宫肌肉和全身张力的因素，都能使子宫收缩不足。

（2）胎儿胎盘和母体胎盘发生愈合 患布鲁氏菌病的母羊常因此而发生胎衣不下，其原因是妊娠期子宫内膜发炎，子宫黏膜肿胀，使绒毛固定在凹穴内，即使子宫有足够的收缩力，也不容易让绒毛从凹穴内脱出来；当胎膜发炎时，绒毛也同时肿胀，因而与子宫黏膜紧密粘连，即使子宫收缩，也不容易脱离。

【症状】胎衣不下有全部不下和部分不下。未脱下的胎衣经常垂吊在阴门外。病羊拱背，时常努责，有时由于努责剧烈，使胎衣能在 14 小时以内全部排出，多半不会并发疾病。但若超过 1 天，则胎衣会发生腐败，尤其是天气炎热时腐败更快。因腐败产物引起中毒，而使羊的精神不振，食欲减少，体温升高，呼吸加快，泌乳降低或停止，并从阴道中排出恶臭的分泌物。由于胎衣压迫阴道黏膜，可能使其发生坏死。此病往往并发败血病、破伤风或气肿疽，或者造成子宫或阴道的慢性炎症。如果羊只不死，一般在 5～10 天内，全部胎衣发生腐烂而脱落。山羊对胎衣不下的敏感性比绵羊大（图 9-15）。

图 9-15　胎衣不下

【诊断】病羊常表现弓腰努责，食欲减少或废绝，精神较差，喜卧地，体温升高，呼吸及脉搏增快，胎衣久久滞留不下，可发生腐败，从阴门中流出黑红色腐败恶臭的恶露，其中掺杂有灰白色未腐败的胎衣碎片或脉管。当全部胎衣不下时，部分胎衣从阴门中垂露于跗关节部。

胎衣不下的母羊如果治疗不及时，往往并发子宫内膜炎、子宫颈炎、阴道炎等一系列生殖器官疾病，重者因并发败血症而死亡。产后发情及受胎时间延迟，甚至丧失受胎能力，有的受胎后容易流产，并发瘤胃弛缓、积食及鼓胀等疾病。

【预防】加强妊娠羊的饲养管理：饲喂应不使妊娠羊过肥为原则，每天必须保证适当的运动。

【治疗】在产后 14 小时以内，可待其自行脱落。如果超过 14 小时，必须采取适当措施，因为这时胎衣已开始腐败，若再滞留在子宫中，可引起子宫黏膜的严重发炎，导致不受胎，有时甚至引起败血症。病羊分娩后不超过 24 小时的，可应用垂体后叶素注射液、缩宫素注射液或麦角碱注射液 0.8 ~ 1 毫升，1 次肌内注射。超过 24 小时的，应尽早采用以下方法进行治疗，绝不可强拉胎衣，以免扯断而留在子宫内。

（1）手术剥离胎衣 先用消毒液洗净外阴部和胎衣，再用鞣酸酒精溶液冲洗和消毒术者手臂，并涂以消毒软膏，以免将病原菌带入子宫。如果手上有小伤口，必须预先涂搽碘酊，贴上胶布。用一只手握住胎衣，另一只手送入橡皮管，将 0.01% 的高锰酸钾温溶液注入子宫。手伸入子宫，将绒毛膜从母体子叶上剥离下来。剥离时应由近及远。先用中指和拇指捏挤子叶的蒂，然后设法剥离盖在子叶上的胎膜。为了便于剥离，可事先用手指捏挤子叶。剥离时应当小心，因为子叶受到损伤时可以引起大量出血，并为微生物的进入开放门户，容易造成严重的全身症状。

（2）皮下注射缩宫素 羊的阴门和阴道较小，只有手小的人才能进行胎衣剥离。如果将手勉强伸入子宫，不但不易进行剥离操作，反而会损伤产道，故当手难以伸入时，只有皮下注射缩宫素 1 ~ 3 单位，间隔 8 ~ 12 小时，注射 1 ~ 3 次。如果配合用温的生理盐水冲洗子宫，收效更好。为了排出子宫中的液体，可以将羊的前肢提起。

（3）及时治疗败血症 如果胎衣长久停留，往往会发生严重的产后败血症。其特征是体温升高，食欲消失，反刍停止。脉搏细而快、呼吸快而浅；皮肤冰冷，尤其是耳朵、乳房和角根处。喜卧，对周围环境十分淡漠；从阴门流出污褐色恶臭的液体。遇到这种情况时，应该及早进行治疗。

1）肌内注射抗生素。青霉素 40 万单位，每 6 ~ 8 小时 1 次，链霉素 1 克，每 12 小时 1 次。

2）静脉注射四环素。将四环素 50 万单位，加入 5% 的葡萄糖注射液 100 毫升中注射，每天 2 次。

3）用 1% 的冷食盐水冲洗子宫，排出盐水后向子宫注入青霉素 40 万单位，链霉素 1 克，每天 1 次，直至痊愈。

4）10% ~ 25% 的葡萄糖注射液 300 毫升，40% 乌洛托品注射液 10 毫升，静脉注射，每天 1 ~ 2 次，直至痊愈。

5）中药可用当归 9 克，白术 6 克，益母草 9 克，桃仁 3 克，红花 6

克，川芎 3 克，陈皮 3 克，共研细末，开水调，候温灌服。

结合临床表现，及时进行对症治疗，如给予健胃药、缓泻药、强心药等。

四 生产瘫痪

生产瘫痪又称乳热病或低钙血症，是急性而严重的神经性疾病。其特征为咽、舌、肠道和四肢发生瘫痪，失去知觉。此病主要见于成年母羊，发生于产前或产后数日内，偶尔见于妊娠的其他时期。山羊和绵羊均可患病，但以山羊比较多见。尤其在 2~4 胎的高产奶山羊，几乎每次分娩后都发病。

【病因】舍饲、产乳量高以及妊娠末期营养良好的羊只，如果饲料营养过于丰富，都可成为发病的诱因。由于血糖和血钙降低，以致调节过程不能适应，变为低钙状态，而引起发病。

【症状】最初症状通常出现于分娩之后，少数的病例见于妊娠末期和分娩过程。病羊表现为衰弱无力。病初全身抑郁，食量减少，反刍停止，后肢软弱，步态不稳，甚至摇摆。有的绵羊弯背低头，蹒跚走动。由于发生战栗和不能安静休息，呼吸加快。这些初期症状维持的时间通常很短，管理人员往往注意不到。此后羊站立不稳，在企图走动时跌倒。有的羊跌倒后起立很困难。有的不能起立，头向前直伸，不吃，停止排粪、排尿。皮肤对针刺的反应很弱。

少数羊知觉完全丧失，发生极明显的麻痹症状；张口伸舌，咽喉麻痹。针刺皮肤无反应。脉搏先慢而弱，后变快，勉强可以摸到；呼吸深而慢；病的后期常常用嘴呼吸，唾液随着呼气吹出，或从鼻孔流出食物。病羊常呈侧卧姿势，四肢伸直，头弯于胸部，体温逐渐下降，有时降至 36℃；皮肤、耳朵和角根冰冷，很像将死状态。

有些病羊往往死于没有明显症状的情况下，例如有的绵羊在晚上表现健康，而次日清晨却见死亡。

【诊断】精确的诊断方法是分析血液样品。但由于产程很短，必须根据临床症状的观察进行诊断。乳房通风及注射钙剂效果显著，亦可作为本病的诊断依据。

【预防】

1）喂给富含矿物质的饲料。单纯饲喂富含钙质的混合精饲料，似乎没有预防效果，假若同时给予维生素 D，则效果较好。

2）产前应保持适当运动，但不可运动过度，因为过度疲劳反而容易引起发病。

3）药物预防。对于习惯性发病的羊，于分娩之后，及早应用下列药物进行预防注射，5%的氯化钙注射液40~60毫升，25%的葡萄糖注射液80~100毫升，10%的安钠咖注射液5毫升，三者混合后一次静脉注射。

【治疗】

1）静脉或肌内注射10%的葡萄糖酸钙注射液50~100毫升，或者应用下列处方：5%的氯化钙注射液60~80毫升，10%的葡萄糖注射液120~140毫升，10%的安钠咖注射液5毫升混合，一次静脉注射。

2）乳房送风法：利用乳房送风器送风。没有乳房送风器时，可以用自行车的打气筒代替。送风步骤如下：使羊稍成仰卧姿势，挤出少量的乳汁。用酒精棉球擦净乳头，尤其是乳头孔。然后将煮沸消毒过的导管插入乳头中，通过导管打入空气，直至乳房中充满空气为止。用手指叩击乳房皮肤时有鼓响音，则说明充满空气。在乳房的两侧都要注入空气。为了避免送入的空气外逸，在取出导管时，应用手指捏紧乳头，并用纱布绷带轻轻地扎住每一个乳头的基部。25~30分钟后将绷带取掉。将空气注入乳房各叶以后，轻轻按摩乳房数分钟。然后使羊四肢蜷曲伏卧，并用草束摩擦臀部、腰部和胸部，最后盖上麻袋或布块保温。注入空气以后，可根据情况注射10%的葡萄糖注射液100毫升；如果注入空气后6小时情况并未改善，应重复做乳房送风。

五 子宫内膜炎

羊子宫内膜炎主要是由某些病原微生物传染而发生，可能成为显著的流行病。

【病因】造成羊子宫内膜炎的原因主要是繁殖管理不当，常见的原因如下：

1）配种时消毒不严。基层配种站和个体种畜户，在本交配种时对种公羊的阴茎和母羊外阴部不清洗、不消毒或清洗、消毒不严格；人工授精时对所用器械消毒不严格，或用同一支输精管，不经消毒而给多头母羊输精。

2）分娩时造成子宫、阴道黏膜损伤和感染。在农村，母羊产羔多无产房，又无清洗母羊后躯的习惯，加上一些助产人员接产时不注意清洗、消毒手臂和工具，母羊分娩时阴道外露受到污染，或将粪渣、草屑、灰尘黏附于阴道壁上，分娩后阴道内收，将污物带进体内，有时甚至子宫外翻受污，也不进行清洗、消毒，致使子宫、阴道受到感染。

3）进行人工授精时，技术不熟练和操作时间过长，刺伤母羊的子宫颈，造成子宫颈炎和子宫颈糜烂，继而引发子宫内膜炎。

4）对患有子宫、阴道疾病的母羊，不经过检查，即让健康种公羊与其交配，通过这只公羊与健康母羊交配，造成感染。

5）流产、胎死腹中腐败、阴道或子宫脱出，胎衣不下，子宫损伤，子宫复位不全及子宫颈炎，未能及时治疗和处理，因而继发和并发子宫、阴道疾病。

6）饮用污水感染。常给母羊饮用池塘、污水坑中被污染的水。

7）冲洗子宫时使用的消毒性或腐蚀性药液浓度过大，使阴道及子宫黏膜受到损伤。

8）某些传染病，如布鲁氏菌病、寄生虫病也可引起子宫疾病。

【症状】根据症状可将子宫内膜炎分为急性子宫内膜炎、慢性卡他性子宫内膜炎、慢性卡他性脓性子宫内膜炎、慢性脓性子宫内膜炎、慢性隐性子宫内膜炎、子宫积液和子宫蓄脓。

（1）急性子宫内膜炎　急性子宫内膜炎多因羊分娩过程中，接产人员手臂、助产器具和母羊外阴部未进行消毒或消毒不严格而被细菌感染，尤其在难产、子宫或阴道脱出、胎衣不下时发生较多。母羊全身症状表现不明显，有时体温稍有升高，食欲减退，拱背努责，常做排尿姿势。产后几日内不断从阴门排出大量白色、灰白色、黄色或茶褐色的恶臭脓液。如果胎衣滞留或子宫内有腐败物时，常排出带脓血、腐臭味的巧克力色分泌物。当母羊卧下时排出更多，常在其尾根及后肢关节处结痂。阴道检查时有疼痛感。

（2）慢性卡他性子宫内膜炎　母羊患慢性卡他性子宫内膜炎时，子宫黏膜松软增厚，一般无全身症状，发情周期正常，但屡配不孕。阴道检查时，子宫颈口开张，子宫颈黏膜松弛、充血；阴道黏膜充血或无变化；由阴道流出白色、灰白色或浅黄色的黏稠渗出物，发情时阴道流出的渗出液明显增多，且较稀薄不透明；输精或阴道检查时，可经输精管或开膛器流出大量稀薄的黏液。

（3）慢性卡他性脓性子宫内膜炎　临床较为多见，其症状与慢性卡他性子宫内膜炎相似，子宫黏膜肿胀，剧烈充血和瘀血，有脓性浸润，上皮组织变性、坏死、脱落，有时子宫黏膜有成片肉芽组织瘢痕，可能形成囊肿。病羊出现全身症状，精神不振，体温升高，食欲减退，逐渐消瘦。阴道检查时，可发现阴道及子宫颈部充血、肿胀，黏膜上有脓性分泌物。

（4）慢性脓性子宫内膜炎 经常由阴道排出灰白色、黄白色或褐色混浊、黏稠的脓液，带有腥臭气味，发情时排出更多。尾根、阴门周围及后腿内侧被污染处，变成灰黄色发亮的脓包。发情周期紊乱。夏、秋季常有苍蝇随患病羊飞行或爬在阴门、尾巴上。多数母羊出现体温升高、食欲减退、逐渐消瘦等全身症状。

（5）慢性隐性子宫内膜炎 子宫本身不发生形态学上的变化，平时很难从外部发现其任何症状，一般也无病理变化。发情周期正常，但屡配不孕。取阴道深部分泌物，用广泛试纸进行试验，如被精液浸湿的试纸 pH 在 7.0 以下，怀疑为隐性子宫内膜炎。慢性隐性子宫内膜炎虽无明显的临床症状，但在子宫内膜炎中占比例相当高，因其无明显症状，常不被人注意。

（6）子宫积液 子宫积液是因为变性的子宫腺体分泌机能增强，分泌物增多；同时子宫颈粘连或肿胀，使子宫颈堵塞，子宫内的液体不能排出。有时是因每次发情时，分泌物不能及时排出，逐渐积聚起来而形成的；也有的是因子宫弛缓，收缩无力，发情时分泌的黏液滞留而造成的。病羊往往表现不发情，当子宫颈未完全阻塞时，会从阴道不定时排出稀薄的棕黄色或蛋白样分泌物。如子宫颈口完全阻塞，则见不到分泌物外流。

（7）子宫蓄脓 当患有慢性脓性子宫内膜炎时，子宫黏膜肿胀，子宫颈管闭塞，或子宫颈粘连而形成隔膜，脓液不能排出而在子宫内蓄留，于是就形成了子宫蓄脓。母羊表现为停止发情，举尾，不断弓腰努责。阴道检查时，可发现阴道和子宫颈黏膜充血水肿。

【预防】子宫内膜炎的预防应从饲养管理着手，进行全面的预防。

1）加强饲养管理，防止发生流产、难产、胎衣不下和子宫脱出等疾病。

2）预防和扑灭引起流产的传染性疾病。

3）加强产羔季节接产、助产过程的卫生消毒工作，防止子宫受到感染。

4）抓紧治疗子宫脱出、胎衣不下及阴道炎等疾病。

【治疗】严格隔离病羊，不可与分娩的羊同群喂管；加强护理，保持羊舍的温暖、清洁，饲喂富有营养而带有轻泻性的饲料，经常供给清水。

及时治疗急性子宫内膜炎，肌内注射青霉素或链霉素，防止转为慢性；冲洗或灌注子宫，可用 100～200 毫升 0.1%的高锰酸钾、1%～2%的碳酸氢钠、1%的盐水或含有 0.05%的呋喃唑酮盐水冲洗子宫，每天 1 次或隔日 1 次。子宫内有较多分泌物时，盐水浓度可提高到 3%。促进炎性产物的排出，防止吸收中毒。并可刺激子宫内膜产生前列腺素，有利于子宫功能的恢复。如果子宫颈口关闭很紧，不能冲洗，可给子宫颈涂以 2% 的碘酊，使其松弛。冲洗后灌注青霉素 40 万单位。子宫内给予抗菌药，选用广谱药物，如四环素、庆大霉素、卡那霉素、金霉素、呋喃类药物、诺氟沙星、氟苯尼考等。可将抗菌药物 0.5 ~ 1 克用少量生理盐水溶解，制成溶液或混悬液，用导管注入子宫，每天 2 次。也可每天向子宫内注入 5% ~ 10% 的土霉素混悬液 10 ~ 20 毫升；激素疗法，可用前列腺素类似物，促进炎症产物的排出和子宫功能的恢复。在子宫内有积液时，可注射雌二醇 2 ~ 4 毫克，4 ~ 6 小时后注射缩宫素 10 ~ 20 单位，促进炎症产物排出，配合应用抗生素治疗，可收到较好的疗效。生物疗法（生物防治疗法），用人体阴道中的窦得来因氏杆菌治疗母牛子宫内膜炎，对羊的子宫内膜炎同样可以应用。

中药疗法：

处方一：当归、红花、金银花各 30 克，益母草、淫羊藿各 45 克，苦参、黄芩各 30 克，荆三棱、莪术各 30 克，斑蝥 7 个，青皮 30 克。水煎灌服，每天 1 剂；轻者连用 3 ~ 5 剂，重者 5 ~ 7 剂。适用于膘情较好母羊的各种子宫内膜炎；

处方二：土白术 60 克，苍术 50 克，山药 60 克，陈皮 30 克，酒车前子 25 克，荆芥炭 25 克，酒白芍 30 克，党参 60 克，柴胡 25 克，甘草 20 克。黄油 250 毫升为引；水煎服，每天 1 剂，连用 2 ~ 3 剂；

加减：湿热型去党参，加忍冬藤 80 克，蒲公英 60 克，椿树根皮 60 克；寒湿型加白芷 30 克，艾叶 20 克，附子 30 克，肉桂 25 克；白带日久兼有肾虚者去柴胡、车前子，加韭菜籽 20 克，海螵蛸 40 克，覆盆子 50 克及菟丝子 50 克。

急慢性阴道炎、子宫颈炎和急慢性卡他性子宫内膜炎可用此方。

处方三：当归 60 克，赤芍 40 克，香附 40 克，益母草 60 克，丹参 40 克，桃仁 40 克，青皮 30 克。水煎灌服。每天 1 剂，连用 2 ~ 3 剂。

加减：肾虚者加桑寄生 40 克，川断 40 克，或加狗脊 40 克，杜仲 30 克；白带多者加茯苓 40 克，海螵蛸 40 克，或加车前子 30 克，白芷 25 克；卵巢有囊肿或黄体者加荆三棱 25 克，莪术 25 克；有寒症者加小茴香 30 克，乌药 40 克；体质弱者加党参 60 克，黄芩 60 克。

慢性卡他性脓性和慢性脓性子宫内膜炎可用此方。

处方四：当归 40 克，川芎 30 克，白芍 30 克，熟地 30 克，红花 40 克，桃仁 30 克，苍术 40 克，茯苓 40 克，延胡索 30 克，白术 40 克，甘草 20 克。水煎服，用 1~2 剂。

慢性子宫内膜炎已基本治愈，但子宫冲洗导出液中仍含有点状或细丝状物时可用此方。

六 乳腺炎

母羊患乳腺炎，常由于哺乳前期及泌乳期没有对乳头做好清洗、消毒工作，或因羊羔吸乳时损伤了乳头及乳头孔堵塞，乳汁瘀结而变质，细菌便由乳头上的小伤口通过乳腺管侵入乳腺小叶，或经过淋巴侵入乳腺小叶的间隙组织而造成急性炎症。

【病因】本病多因挤乳方法不妥而损伤乳头、乳腺，放牧、舍饲时划破乳房皮肤，病菌通过乳孔或伤口感染；母羊护理不当、环境卫生不良，给病菌侵入乳房创造了条件。病菌主要有葡萄球菌、链球菌和肠道杆菌等。某些传染病如口蹄疫、放线菌病也可引起乳腺炎。本病以产奶量高和经产的舍饲羊多发。

【症状】患侧乳房疼痛，发炎部位红肿变硬并有压痛，乳汁色黄甚至血性，以后形成脓肿，时间愈久则乳腺小叶的损坏就愈严重。贻误治疗的乳房脓肿，最后穿破皮肤而流脓，创口经久不愈，导致母羊终身失去产奶能力（图 9-16、彩图 9-11）。

图 9-16　乳房肿胀

【治疗】病初向奶房内注入抗生素效果好，在挤奶后将消毒过的乳导管轻插进乳头孔内，用青霉素 40 万单位，链霉素 0.5 克，溶于 5 毫升注射用水中，注入。注后轻揉乳腺体部，使药液均匀分布其中。也可采用青霉素普鲁卡因封闭疗法，在乳房基部多点注入药液，进行封闭治疗。为促进炎症吸收，先冷敷 2~3 天，然后进行热敷，可用 10% 的硫酸镁溶液 1000 毫升，加热至 45℃ 左右，每天热敷 1~2 次，连用 4 次。对于化脓性乳腺炎，应排脓后再用3%的过氧化氢或0.1%的高锰酸钾水冲洗，消毒脓腔，再以0.1%~0.2%的雷佛奴耳纱布引流。同时用抗生素做全身治疗。

时常检查乳房的健康状况，发现乳汁色黄，乳房有结块，即可采取以下治疗措施：

（1）患部敷药　用50℃的热水，将毛巾蘸湿，上面撒适量硫酸镁粉，外敷患部。也可用鱼石脂软膏或中药芒硝200克，调水外敷，可渗透软化皮下细胞组织，活血化瘀，消肿散结。

（2）通乳散结　羊患乳腺炎，乳腺肿胀，乳汁黏稠、瘀结，很难挤出，可在局部外敷的同时，采取以下措施散瘀通乳：

1）给羊多饮0.01%的高锰酸钾溶液，可稀释乳汁的黏稠度，使乳汁变稀，易于挤出。并能消毒防腐，净化乳腺组织。

2）注射"垂体后叶素"10万国际单位。

3）增加挤奶次数，急性期每小时挤奶1次，最多不超过2小时，可边挤边由下而上地按摩乳房，揉捏乳房凝块处，直至挤净瘀汁，肿块消失。

4）挤净乳房瘀汁后，将青霉素80万单位，用生理盐水5毫升稀释后，从乳头孔注入乳房内，杀灭致病细菌。

（3）为增加疗效，抗生素应联合2种以上药品　青霉素与氨苄西林联合注射，青霉素1次160万单位，氨苄西林1次1克，用0.2%的利多卡因5毫升稀释后，内加地塞米松10毫克，每天2~3次，连续注射，直到痊愈。

【预防】

（1）注意保持乳房的清洁卫生　母羊哺乳及泌乳期，乳房充胀，加上产羔7~15天内阴道常有恶露排出，极容易感染疾病。因此，应特别注意保持乳房的清洁卫生，经常用肥皂水和温清水擦洗乳房，保持乳头和乳晕的皮肤清洁柔韧，羊圈舍要勤换垫土并经常打扫，保持圈舍地面清洁干燥，防止羊躺卧在泥污和粪尿上。羊羔吸乳损伤了乳头，暂停哺乳2~3天，将乳汁挤出后喂羊羔，局部贴创可贴或涂紫药水，能迅速治愈。

（2）坚持按摩乳房　在母羊哺乳及泌乳期，每日轻揉按摩乳房1~2次，挤净乳头孔及乳房瘀汁，激活乳腺产乳和排乳，消除隐性乳房炎的隐患。

（3）增加挤奶次数　羊患乳腺炎与每日挤奶次数少、乳房乳汁聚集滞留时间长、造成乳房内压及负荷加重密切相关。因此，改变传统的每天挤奶1次为2~3次，这既可提高2%~3%的产奶量，又减轻了乳房内压及负荷量，可有效防止乳汁凝结引发乳腺炎。

（4）及时做好羊舍的防暑降温工作　夏季炎热，羊常因舍内通风不良、热应激引发乳腺炎等疾病。因此，要及时搭盖宽敞、隔热通风的凉棚，中午高温时要喷洒凉水降温。供给羊充足、清洁的饮水，并加入适量食盐，以补充体液，增加羊体排泄量，有利于清解里热，降低血液及乳汁的黏稠度。给羊投喂蒲公英、紫花地丁、薄荷等清凉草药，可清热泻火，凉血解毒，防治乳腺炎。

七 绵羊妊娠毒血症

绵羊妊娠毒血症是妊娠末期母羊由于碳水化合物和挥发性脂肪酸代谢障碍而发生的亚急性代谢病，以低血糖、酮血症、酮尿症、虚弱和失明为主要特征，主要发生于怀双羔或三羔的羊。5~6岁的绵羊比较多见，主要临床表现为精神沉郁，食欲减退，运动失调、呆滞凝视、卧地不起，甚至昏迷、死亡等，该病主要发生于妊娠最后1个月，分娩前10~20天多发，发病后1天内即可死亡，死亡率可达70%~100%。

【病因】多种情况均能引起此病的发生。

（1）营养不足 膘情差的羊易患病。膘情好的羊也可患病，但一般在症状出现以前，体重减轻，胎儿消耗大量营养物质，不能按比例增加营养。饲养管理不善，造成饲料单一、维生素及矿物缺乏。冬草储备不足，母羊因饥饿而造成身体消瘦。妊娠羊因患其他疾病，影响食欲甚至废绝。由于喂给精饲料过多，特别是在缺乏粗饲料的情况下饲喂给含蛋白质和脂肪过多的精饲料时，更容易发病。

（2）环境因素 气温过低，母羊免疫力下降等原因都可以导致该病发生。舍饲密度大而运动不足也易导致该病发生。经常发生于小群绵羊，草原上放牧的大群羊不发病。

【症状】由于血糖降低，表现脑抑制状态，很像乳热的症状。病初见于离群孤立。当放牧或运动时常落于群后。表现为食欲减退，不喜走动，精神不振，离群呆立或卧地不起，呼出气体有丙酮味。显出神经性症状，特别迟钝或易于兴奋（图9-17）。

图9-17 绵羊妊娠毒血症

【病理变化】尸体非常消

瘦，剖检时没有显著变化。病死的母羊，子宫内常有数个胎儿，肾脏灰白而软。主要变化为肝脏、肾脏及肾上腺脂肪变性。心脏扩张。肝脏高度肿大，边缘钝，质脆，由于脂肪浸润，肝脏常变厚而呈土黄色或柠檬黄色，切面稍外翻，胆囊肿大，蓄积胆汁，胆汁为黄绿色水样。肾脏肿大，包膜极易剥离，切面外翻，皮质部为棕土黄色，满布小红点（为扩张之肾小体），髓质部为棕红色，有放射状红色条纹。肾上腺肿大，皮质部质脆，呈土黄色，髓质部为紫红色。

【诊断】 首先应了解绵羊的饲养管理条件及是否妊娠，再根据特殊的临床症状和剖检变化做出初步诊断。

实验室检查时，血、尿、奶中的酮体和丙酮酸增高，以及血糖和血蛋白降低来确诊。

血中酮体增高至 7.25~8.70 毫摩/升或更高（高酮血症）；血糖降低至 1.74~2.75 毫摩/升（低血糖症）；而正常值为 3.36~5.04 毫摩/升。病羊血液蛋白水平下降至 4.65 克/升（血蛋白过少症）。呼出的气体有一种带甜的氯仿气味，当把新鲜奶或尿加热到蒸汽形成时，氯仿气味更为明显。

【预防】 加强饲养管理，合理配合日粮，尽量防止日粮成分的突然变化。在妊娠的前 2~3 个月内，不要让其体重增加太多。2~3 个月以后，可逐渐增加营养。直到产羔以前，都应保持良好的饲养条件。如果没有青贮饲料和放牧地，应尽量争取喂给豆科干草。在妊娠的最后 1~2 个月，应补喂精饲料。喂量根据体况而定，从产前 2 个月开始，每天喂给 100~150 克，以后逐渐增加，到临分娩之前达到 0.5~1 千克/天。肥羊应该减少喂料量。

在妊娠期内不要突然改变饲养习惯。饲养必须有规律，尤其在妊娠后期，当天气突然变化时更要注意。一定要保证运动。每天应进行放牧或运动 2 小时左右，至少应强迫行走 250 米左右。当羊群发病时，应给妊娠母羊普遍补喂多汁饲料、小米汤、糖浆及多纤维的粗草，并供给足量饮水。必要时还可加喂少量葡萄糖。

【治疗】 绵羊妊娠毒血症发病较急，征兆不明显，死亡率高，冬、春季节母羊分娩时期是该病的高发期，该病发病原因复杂，治疗效果不佳，无特效药，建议养殖期间，加强饲养管理，使用暖圈饲养技术，提高母体免疫力。

1）给予饲养性治疗。停喂富含蛋白质及脂肪的精饲料，增加碳水化合物饲料，如青草、块根及优质干草等。

2）加强运动。对于肥胖的母羊，在病的初期做驱赶运动，使身体变瘦，可以见效。

3）大量供糖。饮水中加入蔗糖、葡萄糖或糖浆，每天饮用，连给4～5天，可使羊逐渐恢复健康。水中加糖的浓度可按20%～30%计算。为了见效快，可以静脉注射20%～50%的葡萄糖注射液，每天2次，每次80～100毫升。只要肝脏、肾脏没有发生严重的结构变化，用高糖疗法均有效。

4）克服酸中毒，可以给予碳酸氢钠，口服、灌肠或静脉注射均可。

5）服用甘油。根据体重不同，每次用20～30毫升，直到痊愈为止。一般服用1～2次就可获得显著效果。

6）注射可的松或促皮质素。剂量及用法如下：醋酸可的松或氢化可的松为10～20毫克。前者肌内注射，后者静脉注射（用前混入25倍的5%葡萄糖或生理盐水中）。也可肌内注射促皮质素40单位。

7）人工流产因妊娠末期的病例，分娩后往往可以自然恢复健康，故人工流产同样有效。方法是用开膣器打开阴道，在子宫颈口或阴道前部放置纱布块。也可施行剖宫产术。

八 公羊睾丸炎

该病主要是由损伤和感染引起的各种急性和慢性睾丸炎症。

【病因】

(1) 由损伤引起感染 常见损伤为打击、啃咬、蹴踢、尖锐硬物刺伤和撕裂伤等，继之由葡萄球菌、链球菌和化脓棒状杆菌等引起感染，多见于一侧，外伤引起的睾丸炎常并发睾丸周围炎。

(2) 血行感染 某些全身感染，如布鲁氏菌病、结核病、放线菌病、鼻疽、腺疫沙门氏杆菌病、乙型脑炎等可通过血行感染引起睾丸炎症。另外，衣原体、支原体、脲原体和某些疱疹病毒也可以经血流引起睾丸感染。在布鲁氏菌病流行地区，布鲁氏菌感染可能是引发睾丸炎最主要的原因。

(3) 炎症蔓延 睾丸附近组织或鞘膜炎症蔓延；副性腺细菌感染沿输精管道蔓延均可引起睾丸炎症。附睾和睾丸紧密相连，常同时感染和互相继发感染。

【症状】

(1) 急性睾丸炎 睾丸肿大、发热、疼痛；阴囊发亮；公羊站立时弓背、后肢功能障碍、步态拘强，拒绝爬跨；触诊可发现睾丸紧张、鞘膜腔内有积液、精索变粗，有压痛。病情严重者体温升高、呼吸浅表、脉频、精神沉郁、食欲减少。并发化脓感染者，局部和全身症状加剧。在个别病例中，脓汁可沿鞘膜管上行入腹腔，引起弥漫性化脓性腹膜炎。

（2）慢性睾丸炎 睾丸不表现明显热痛症状，睾丸组织纤维变性、弹性消失、硬化、变小，产生精子的能力逐渐降低或消失（彩图9-12）。

【病理变化】

炎症引起的体温增加和局部组织温度升高以及病原微生物释放的毒素和组织分解产物都可以造成生精上皮的直接损伤。

【预防】建立合理的饲养管理制度，使公羊营养适当，不要交配过度，尤其要保证足够的运动；对布鲁氏菌病定期检疫，并采取相应措施。

【治疗和预后】

患有急性睾丸炎的病羊应停止交配，安静休息；早期（24小时内）可冷敷，后期可温敷，加强血液循环，使炎症渗出物消散；局部涂擦鱼石脂软膏、复方醋酸铅散；阴囊可用绷带吊起；全身使用抗生素药物；局部可在精索区注射盐酸普鲁卡因青霉素溶液（2%的盐酸普鲁卡因20毫升，青霉素80万单位），隔日注射1次。

无种用价值者可去势。单侧睾丸感染而欲保留做种用者，可考虑尽早将患侧睾丸摘除；已形成脓肿摘除有困难者，可从阴囊底部切开排脓。由传染病引起的睾丸炎，应首先考虑治疗原发病。

睾丸炎预后视炎症严重程度和病程长短而定。急性炎症病例由于高温和压力的影响可使生精上皮变性，长期炎症可使生精上皮的变性不可逆转，睾丸实质可能坏死、化脓。转为慢性经过者，睾丸常呈纤维变性、萎缩、硬化，生育力降低或丧失。

附　录

（1）流产　引起流产的常见疾病及其主要症状见附表 A-1。

附表 A-1　引起流产的常见疾病及其主要症状

疾病类别	疾病名称	主要症状
传染病	布鲁氏菌病	绵羊流产达 30%~40%，其中有 7%~15% 的死胎；流产前 2~3 天，精神萎靡，食欲消失，喜卧，常由阴门排出黏液或带血的黏性分泌物；山羊敏感性更高，常于妊娠后期发生流产，新感染的羊群流产率可达 50%~60%
	沙门氏菌病	发生于产前 6 周，病羊精神沉郁，食欲减退，体温 40.5~41.6℃，有时腹泻；第一年损失约 10%，严重者可高达 40%~50%
	胎儿弯曲菌病	发生于产前 1 个月到 6 周，发病羊可达 50%~60%
	李氏杆菌病	有神经症状，昏迷，有时转圈，流产发生于妊娠 3 个月以后，流产率达 15%
	口蹄疫	口腔、蹄部有水疱，母羊常发生流产
	威尔塞斯布朗病	妊娠母羊发热、流产，娩出死羔，死羔率为 5%~20%
	地方流行性流产	绵羊流产及早产最常发生于第二胎，多为死胎；山羊流产 80% 发生于第 1、2 胎，通常只流产 1 次
	土拉杆菌病	体温高达 40.5~41.0℃，母羊发生流产和产死胎
	衣原体病	以发热、流产、死产和产出弱羔为特征；流产常发生于妊娠中后期。羊群中首次发生时流产率可达 20%~30%，流产前数日食欲减少，精神不振；流产后常发生胎衣不下
	绵羊传染性阴道炎	体温增高达 41.7℃，常引起流产
	裂谷热	体温升高，血尿、黄疸、厌食；妊娠母羊流产有时为绵羊患病的唯一特征
	支原体性肺炎	除主要表现肺炎症状外，妊娠母羊可发生流产
	Q 热	流产损失为 10%~15%，病羊发生肺炎和眼病
	内罗毕绵羊病	体温升高持续 7~9 天，母羊常发生流产

（续）

疾病类别	疾病名称	主要症状
传染病	边界病	有神经症状，表现抖毛；母羊最明显的症状是流产，常娩出瘦弱胎儿或干尸化胎儿
寄生虫病	弓形虫病	流产可发生于妊娠后半期任何时候，但多见于产前1个月内，损失不超过10%
	住肉孢子虫病	发热、贫血、淋巴结肿大、腹泻，有时跛行，共济失调，后肢瘫痪；妊娠母羊可以发生流产，部分胎儿死亡
	蜱传热	体温升高到40~42℃，约有30%妊娠羊流产
	蜱性脓毒血症	体温升高到40~41.5℃，持续9~10天，可引起母羊流产和公羊不育
普通病	中毒病	许多中毒都可引起流产，常常呈群发性
	灌药错误	发生于用药后1~2天
	妊娠毒血症	发生于产前1~2周
	维生素A缺乏	母羊发生流产，产死胎、弱胎，胎衣不下
	安哥拉山羊流产	应激性流产发生于妊娠90~120天，胎羔常为活产，习惯性流产的胎儿水肿、死亡

（2）死胎和羔羊死亡　引起死胎和羔羊死亡的常见疾病及其主要症状见附表 A-2。

附表 A-2　引起死胎和羔羊死亡的常见疾病及其主要症状

疾病类别	疾病名称	主要症状
传染病	败血症和恶性水肿	主要发生于剪号（打耳标）以后；病羊体温升高。剖检见心壁、肾脏和其他器官出血，通常可见到剪号（打耳标）伤或脐部受感染；大腿内侧上部发黑，组织肿胀，含有血色血清和气体
	肠毒血症	抽搐、昏迷、髓样肾；肠子脆弱，含有乳脂样内容物
	黑疫	见于有肝片吸虫的地区，剖检见肝脏内有坏死组织，皮肤发黑，心包内液体增多
	气肿疽	本病与恶性水肿相似，但当切开肌肉时，可见肌组织有时较干
	破伤风	主要发生于羔羊剪号（打耳标）后

疾病类别	疾病名称	主 要 症 状
传染病	口疮	有并发症时可引起死亡，特征是唇部、鼻镜及小腿上有黑痂
	脐病	脐部发炎，可引起败血症和关节跛行
	羔羊痢疾	下痢带血
	钩端螺旋体病	产死羔，3月龄的羊最易感，有血尿、黄疸、贫血，体温升高
	梭菌性感染	包括肠毒血症、黑疫、气肿疽、痢疾，也包括其他梭菌感染
	布氏杆菌病	产死羔或弱羔，流产，弱羔常因冻饿而死
	胎儿弧菌感染	流产出死羔或将死的羔羊
	李氏杆菌感染	流产出死羔或将死的羔羊，有转圈症状
	弓形虫病（Ⅱ型流产）	流产出死羔或将死的羔羊，在子叶绒毛的末端有白色针尖状的坏死灶
	链球菌性子宫感染	流产出死羔或将死的羔羊，体温升高，阴门有排出物
	坏死性肝炎	持续性拉稀；肝脏肿大，且有许多坏死区
寄生虫病	绿头苍蝇侵袭	主要发生于剪号（打耳标）之后，犬、狐狸、乌鸦咬啄之后
	球虫病	拉血粪，剖检可见肠道发炎
普通病	肺炎	体温升高，剧烈咳嗽，呼吸困难，喘息
	饲喂紊乱	母羊患乳腺炎或其他疾病，以致羔羊不能吃奶，甚至导致母羊死亡
	关节炎	主要发生于剪号（打耳标）之后，有时也见于剪号（打耳标）之前
	麻痹	主要发生于羔羊剪号（打耳标）之后1~2周，也可发生于断尾或去势之后，都是由于脊柱内形成脓肿所致
	酚噻嗪中毒	妊娠最后2周给母羊灌药，可导致产生死羔（未足月或足月）
	碘缺乏和甲状腺肿	有时甲状腺肿大
	地方性共济失调	步态蹒跚、麻痹，以致死亡

附录

疾病类别	疾病名称	主 要 症 状
普通病	分娩时受到损伤	大的健康羔羊可因分娩时受到损伤，而使肝脏、脾脏、肺脏破裂或发生窒息
	产羔过程中冻饿、天气不好或发生急症	均可导致羔羊死亡

（3）突然死亡（先兆症状很少或者没有） 引起突然死亡的常见疾病及其主要症状见附表 A-3。

附表 A-3　引起突然死亡的常见疾病及其主要症状

疾病类别	疾病名称	主 要 症 状
传染病	羊快疫	病羊痛苦、胀气、昏迷而死亡，第四胃发炎或坏死，肾脏和脾脏变软而呈髓样，腹腔有渗出液
	羊肠毒血症	主要危害青年羊，受染羊数多，见于饲料丰富或吃多汁饲料的时期，可死于痉挛（主要为羔羊）或昏迷（主要为成年羊），肾脏肿大或呈髓样肾；小肠几乎是空的，内容物是乳酪样，肠容易破裂；心包液增多，心肌出血；体温不升高
	黑疫	发生于有肝片吸虫的地区，在体况良好的青年羊身上表现最为典型。在肝脏上有小面积的灰色坏死区
	炭疽	通常一发生即死亡。尸体膨胀，口鼻及肛门流出血液。禁止剖解尸体，如果已错误地做了剖检，可发现脾脏肿大而柔软，在身体各部分有许多出血点，胃、肠严重发炎，大多数发生在夏季
	公羊肿头病	肝脏显示有新近的肝片吸虫感染；剥皮以后，可见皮肤内面呈深红色或黑色（因为充血）；病羊死前无挣扎，心包有积液，主要见于公羊；组织内有黄色液体，体温高；通常发生于抵架之后；先是眼皮肿胀，以后由头、颈下部延至胸下
	沙门氏菌感染	肝脏充血，肠系膜淋巴结肿大，脾脏肿大；有不同程度的肠胃炎；呈流行性；有些病羊可缠绵 2～3 天
	破伤风	主要见于羔羊，常发生在剪号或剪毛后；特点是肌肉僵硬和牙关紧闭，接着发生强直性痉挛，常常胀气而迅速死亡

疾病类别	疾 病 名 称	主 要 症 状
传染病	急性水肿和气肿疽	感染部位周围肿胀、发黑，最常见于剪毛、药浴或剪号以后；可能发生胀气，鼻子有泡沫；有时生殖道排出黑色而有不良气味的液体
	类鼻疽	目前该病的发现很少；摇摆、侧卧，眼鼻有分泌物，肺脾有绿色脓肿，鼻黏膜有溃疡；关节有感染，转圈，迟钝而死亡
	羔羊痢疾	拉痢中带血，迅速死亡
	败血症	与不同微生物引起的恶性水肿相似；全身性出血，特别是淋巴结和肾脏
寄生虫病	急性肝片吸虫病	患羊贫血（结膜苍白），肝脏肿大发黑，肝内有肝片吸虫造成的出血通道，腹腔有大量血色液体
	严重的寄生虫感染	显著贫血，第四胃有大量捻转胃虫（常在肥胖的情况下因贫血而死亡）。一般见于羔羊及青年羊；如果是在湿热季节，在严重感染的牧场上可因突然严重感染而贫血致死
普通病	肿气病	腹围胀大，特别是左侧更为明显；见于大量饲喂青草的情况下
	急性肺炎	流鼻液、咳嗽，急者突然死亡，但常常延滞数日而死亡
	低血钙症	主要发生于产羔母羊，见于吃青草的情况下；大多为突然发病，跌倒、挣扎、麻痹、昏迷而死；家庭饲养（饲养不良）或者用含有草酸的植物饲喂均可促发本病的发生；有的突然死亡，有的可能延迟数日死亡；注射钙剂可以挽救
	草地抽搐	与低血钙症相似，但更易兴奋，单独用钙无效，需加用镁
	植物中毒	吃了产生氢氰酸的植物或含有硝酸钠的植物。主要症状是口流泡沫，臌气，呼出气中带有杏仁气味，死前黏膜发红或发绀；刺激性植物可引起肠胃炎；其他杂草可引起蹒跚、痉挛、疯狂和昏迷
	中毒	砷中毒较常见，主要见于腐蹄病的浸浴，特征是胃肠炎，下痢

（续）

疾病类别	疾病名称	主 要 症 状
普通病	全身性中毒	其症状依化学性质而不同：刺激剂会引起肠胃炎，士的宁会引起抽搐等症状
	蛇咬伤	主要见于奇蹄动物，羊发生很少；特征是昏迷、死亡
	毒血性黄疸（急性）	皮肤及内脏器官黄染，步态蹒跚，迅速消瘦，尿呈褐色或红色；尸体发黄，肝脏呈橘黄色，肾脏呈黑色
	卡车运输死亡	肥羊在用卡车运输时，常于卸下时发生死亡；特征是麻痹，后肢跨向后外方，取爬卧姿势；多由于低血钙所致
	结石	主要见于去势羊，有时发生于种公羊，病羊由精神沉郁到死亡；剖检可发现结石
	鸦啄病	发生于眼窝，一般见于产羔之后
	热射病	毛厚的羊，如果在日光暴晒之下或密闭拥挤的羊舍内，均容易发生该病

（4）延迟数日死亡 引起延迟数日死亡的常见疾病及其主要症状见附表 A-4。

附表 A-4　引起延迟数日死亡的常见疾病及其主要症状

疾病类别	疾病名称	主 要 症 状
传染病	恶性水肿	有些病例可延迟数日才死亡，表现为伤口周围的皮肤和皮下组织发炎
	气肿疽和败血症	主要发生于剪毛、药浴、剪号或其他手术之后，也可见于注射抗肠毒血症疫苗之后；特征是从产道排出黑色分泌物，体温升高
	沙门氏菌传染	有些病例可延迟数日死亡，病羊体温升高，胃肠道充血，下痢
	肠毒血症	慢性型，精神沉郁，下痢，食欲减退，一般均发生死亡，死后 1 小时左右呈髓样肾
	羊快疫	有的病羊离群独处，卧地，不愿走动，强迫其行走时，则运步无力，运动失调。腹部鼓胀，有疝痛表现。体温有的升高到41.5℃，有的体温正常。发病羊以极度衰竭、昏迷至发病后数分钟或 1~2 天内死亡

疾病类别	疾病名称	主要症状
传染病	公羊肿头病	2天多死亡，肿胀组织内含有清朗的黄色液体，但在败血症病例中则含有血色液体
	破伤风	大部分数日死亡，病羊痉挛、僵直、胀气、死亡
	口疮	发生于羔羊，病羊鼻子、面部、小腿有痂；可能继发细菌性感染，有并发病者常引起死亡
	肉毒中毒	有吃腐肉或其他陈旧有机物质的病史，病羊体温降低，发生迟缓性麻痹
	李氏杆菌病	较少见，病羊转圈、呆钝、死亡；有些病例发生流产和繁殖障碍
寄生虫病	寄生虫感染	大部分不会死亡，如果死亡可延迟一些时间，病羊贫血或下痢，剖检可发现寄生虫
	绿头苍蝇侵袭	由于蝇蛆造成的严重发炎和损害，继发性的蝇蛆能够深入组织，引起严重发炎，且可引起毒血症或败血症而死亡
普通病	肺炎	流鼻液、咳嗽、气喘，体温升高；症状因原因而异，大部分经过一些时日死亡。因灌药造成的肺炎（肺坏疽），症状严重而迅速死亡
	妊娠中毒症	体温不升高，发病慢，有时表现迟钝、瞎眼、麻痹，剖检可发现脂肪肝，常怀双羔
	亚急性中毒性黄疸	特别多见于发病后期
	低血钙症	也可以延长数日才死亡
	植物中毒	许多病例表现其特有症状，延迟数日而死
	四氯化碳中毒	有灌服四氯化碳史，病羊精神沉郁，昏迷而死亡
	龟头炎	见于去势羊，包皮鞘周围有局部炎症，病羊精神沉郁、不安、昏迷以后死亡
	光敏感	有吃光敏感植物史，表现瘙痒，无毛部分肿胀

（5）下痢　引起下痢的常见疾病及其主要症状见附表 A-5。

附表 A-5　引起下痢的常见疾病及其主要症状

疾病类别	疾病名称	主要症状
传染病	肠毒血症	下痢时间很短，一般发病羔羊死亡很突然，成年羊病程慢可延长，剖检见髓样肾，心包积液，肠脆弱
	沙门氏菌病	肠道发炎，肝脏充血，肺炎，心肌出血
	副结核	有断续性下痢，有时大肠黏膜增厚而皱缩
	败血症	心肌、肾脏和其他部位出血，下痢被认为是继发性症状
寄生虫病	黑痢虫病（毛圆线虫病）	剖检见小肠内有寄生虫
	球虫病	侵袭 4 周龄～6 月龄的小羊，肠壁上有黄色大头针样的结节，小肠有绒毛肉头瘤
普通病	青草饲喂	长期吃干草之后突然给予多汁饲料可以引起下痢
	饲养紊乱	大量饲喂饼渣或不适当的干日粮，常常发生下痢
	中毒	许多中毒都可发生下痢，如砷、磷、所有刺激性毒物、某些植物性毒物
	矿物质不足和不平衡	铜不足、钴不足和其他矿物质不平衡均可发生下痢，它们的特征都是贫血和步态蹒跚
	羔羊发育不良	主要表现为消瘦，流鼻液和有不同的消耗性继发症

（6）流鼻液和（或）咳嗽　引起流鼻液和（或）咳嗽的常见疾病及其主要症状见附表 A-6。

附表 A-6　引起流鼻液和（或）咳嗽的常见疾病及其主要症状

疾病类别	疾病名称	主要症状
传染病	放线杆菌病	可以产生鼻腔病灶，有时发生流鼻液现象
	类鼻疽	鼻黏膜溃烂；肺炎，不同器官发生脓肿
寄生虫病	肺寄生虫	死后剖检可发现肺丝虫
	鼻蝇蚴病	鼻腔内有鼻蝇幼虫，且有地区性病史
普通病	肺炎	肺炎有 14 种类型；其共同特点是咳嗽、体温高、精神沉郁、食欲废绝，且有羊群病史

疾病类别	疾病名称	主要症状
普通病	灌药错误而致	灌药技术不良可造成化脓性肺炎以及咽、喉和头部的损伤
	植物损伤	部分植物能够引起肺炎和流鼻液
	羊栏内灰尘太大	可引起鼻阻塞
	营养不良	羔羊或幼羊流鼻液为营养不良的症状之一
	鼻半塞	容易见到，常成群发生，主要是流鼻液，没有全身症状

（7）惊厥 引起惊厥的常见疾病及其主要症状见附表 A-7。

附表 A-7　引起惊厥的常见疾病及其主要症状

疾病类别	疾病名称	主要症状
传染病	肠毒血症	羔羊在死亡以前发生惊厥，死后肠脆薄，有髓样肾变化，心包积液
	破伤风	步态蹒跚，痉挛，全身僵直，头向后仰，腿直伸，蹄向外，发生于剪号、去势、剪毛之后
普通病	士的宁中毒	痉挛以致死亡
	牧草强直	共济失调，麻痹，注射镁制剂及矿物质有效
	植物蹒跚	采食有些植物后能够引起打战，步态蹒跚和惊厥
	转圈病	转圈，神经紊乱，最后惊厥和昏迷
	乳热病	有时步态蹒跚，出现惊厥现象
	酮血症	易与乳热病或牧草强直相混淆，但酮试验为阳性
	发生中毒	当前许多复杂的中毒，如有机磷化合物及其他不少药品中毒，都能够影响神经系统

（8）黄疸 引起黄疸的常见疾病及其主要症状见附表 A-8。

附表 A-8　引起黄疸的常见疾病及其主要症状

疾病类别	疾病名称	主要症状
传染病	钩端螺旋体病	流产、产出死羔、血尿、黄疸
	黄大头病	除了发黄以外，敏感和皮肤，有地区性史，如饲喂过致病的植物

（续）

疾病类别	疾病名称	主要症状
传染病	毒血症黄疸	皮肤和黏膜发黄，尿色黄，突然死亡或渐进性消瘦，肾脏发紫
	铜中毒	补铜过量，由于吃了含铜多的植物而使肝脏受损，用硫酸铜进行蹄浴，为了消灭螺、绦虫而用大量硫酸铜
普通病	光敏感	除了黄疸外，皮肤脱落和坏死
	面部湿疹	放牧在青葱的草场上，有地区史，面部和乳房有湿疹
	肝炎	造成肝功能受损的原因有磷、四氯化碳等导致的肝中毒
	亚硝酸盐中毒	血液、皮肤及黏膜均带褐色

（9）头部肿胀　引起头部肿胀的常见疾病及其主要症状见附表 A-9。

附表 A-9　引起头部肿胀的常见疾病及其主要症状

疾病类别	疾病名称	主要症状
传染病	公羊肿头病	通常发生于抵架或受伤以后，伤口局部含有黄色或血液渗出液，衰竭，突然死亡
	放线杆菌病及放线枝菌病	头面部有多个肿块，或者下颌或面部的骨头肿大
	气肿疽恶性水肿及其他局部败血性感染	均可产生炎性肿胀
	干酪样淋巴结炎	颌下或耳朵附近的淋巴结肿大
	口疮	鼻镜和面部有黄色到黑色结痂，主要感染羔羊
	蝇子侵袭症	蜂窝织炎被蝇蛆侵袭引起肿胀，其特征是体温升高、衰竭、羊毛被分泌物浸湿
寄生虫病	水肿性肿胀	发生于颌下，形成所谓"水葫芦"，一般是由于严重的寄生虫感染所引起，有时是因为营养不良引起的虚弱
	大头病	头部皮肤及黏膜黄染，头部组织有水肿性肿胀，通常与光过敏的其他症状并发
	光过敏	耳部及鼻镜皮肤发红，接着发生水肿，有炎性渗出物，甚至组织脱离；羊只找寻阴凉处。在对酚噻嗪光过敏的情况下会发生角膜炎

疾病类别	疾病名称	主要症状
普通病	灌药性损伤	由于用自动注射器或药枪粗鲁地灌药所引起，特别是用硫酸铜、砷制剂或烟碱的情况下，因为有黄色炎性渗出液而发生大面积的肿胀，可以看到口腔的创伤
	鸦啄症	鸦啄之后，可引起眼窝的败血性感染
	肿瘤	可以发生于头部或身体的任何部分，最常见于耳朵上
	草籽脓肿	为含有脓汁的肿胀，切开时可以看到排出物中含有草籽
	变态反应	由于植物、食物或昆虫刺螫引起的斑块状肿胀或生面团样肿胀

（10）身体其他部位肿胀 引起身体其他部位肿胀的常见疾病及其主要症状见附表 A-10。

附表 A-10　引起身体其他部位肿胀的常见疾病及其主要症状

疾病类别	疾病名称	主要症状
传染病	干酪样淋巴结炎	受害的淋巴结肿大；切开肿大的淋巴结，其中含有典型的绿黄色豆渣样脓块
普通病	局部感染	可发生肿胀
	恶性肿瘤	可发生于身体的任何部位
	脓肿	由于草籽或其他原因所引起，肿胀处含脓
	腹肌破裂	腹部下面或后腿前方肿胀，若使羊仰卧并用手按压，肿胀即消失
	腹部胀气和扩张	特别表现在腹部左侧

（11）跛行 引起跛行的常见疾病及其主要症状见附表 A-11。

附表 A-11　引起跛行的常见疾病及其主要症状

疾病类别	疾病名称	主要症状
传染病	腐蹄病	蹄壳下方有灰色坏死组织块，以后蹄壳脱落，在羊群中易流行
	关节炎（化脓性和非化脓性）	主要发生于羔羊剪号之后，有时见于断尾之后；也曾见于剪毛药浴之后的成年羊

（续）

疾病类别	疾病名称	主要症状
传染病	口疮	小腿和蹄子上有黑痂
	类鼻疽	很少见，特征是步态蹒跚，眼鼻有分泌物，关节肿胀，有时发生关节炎而引起跛行
寄生虫病	类圆线虫	小腿和膝关节的皮肤发炎和肿胀，表现提步或跳动或跛行
	恙螨病、毛虱仔虫病	蹄冠周围发红，局部有咬伤，有时溃疡和跛行
	蝇子侵袭症	腿上腐烂，常会引起跛行
普通病	蹄脓肿	仅一肢发生急性跛行，趾间有绿黄色脓汁，甚至可涉及深层组织，向上可以高达膝部
	蹄叶炎	有吃大量新谷粒史或有严重的热性病史，病羊急性跛行，大多数严重病例蹄壳脱落
	草籽脓肿	引起步态僵硬或跛行
	药浴后的跛行	用不含杀菌药的液体药浴以后，容易发生跛行
	三叶草烧伤	由于蹄壳太长，导致污物残留面积较大，但是浓度不高，而药物会长时间对皮肤造成损伤
	跛行、损伤及骨折	均能引起跛行

（12）皮肤发黑 引起皮肤发黑的常见疾病及其主要症状见附表 A-12。

附表 A-12 引起皮肤发黑的常见疾病及其主要症状

疾病类别	疾病名称	主要症状
传染病	黑疫	发生于肝片吸虫地区，突然死亡，皮肤发黑（有青灰色区域），心包积液
	肠毒血症	主要危害优秀的羔羊，有时可见腹部和腿内侧的皮肤发黑，肠空虚，肠壁脆弱，心包积液
	恶性水肿和气肿疽	突然死亡，受感染的局部发黑
	乳腺炎	病程较长时，可见乳房发黑，并延伸到腹部
普通病	撞伤或跌伤	撞跌部位发黑

量 的 名 称	单 位 名 称	单 位 符 号
长度	千米	km
	米	m
	厘米	cm
	毫米	mm
面积	平方千米（平方公里）	km^2
	平方米	m^2
体积	立方米	m^3
	升	L
	毫升	mL
质量	吨	t
	千克（公斤）	kg
	克	g
	毫克	mg
物质的量	摩尔	mol
时间	小时	h
	分	min
	秒	s
温度	摄氏度	℃
平面角	度	(°)
能量，热量	兆焦	MJ
	千焦	kJ
	焦［耳］	J
功率	瓦［特］	W
	千瓦［特］	kW
电压	伏［特］	V
压力，压强	帕［斯卡］	Pa
电流	安［培］	A

附
录

参 考 文 献

[1] 权凯. 肉羊标准化生产技术 [M]. 北京：金盾出版社，2011.

[2] 赵兴绪. 兽医产科学 [M]. 4 版. 北京：中国农业出版社，2010.

[3] 权凯. 农区肉羊场设计和建设 [M]. 北京：金盾出版社，2010.

[4] 王建辰，曹光荣. 羊病学 [M]. 北京：中国农业出版社，2002.

[5] 权凯. 牛羊人工授精技术图解 [M]. 北京：金盾出版社，2009.

[6] 张英杰. 羊生产学 [M]. 北京：中国农业大学出版社，2010.

[7] 权凯. 羊繁殖障碍病防治关键技术 [M]. 郑州：中原农民出版社，2007.

[8] 赵有璋. 羊生产学 [M]. 北京：中国农业出版社，2002.